浦江创新论坛·创新研究丛书

经济全球化与自主创新

——2009浦江创新论坛文集

主　编　梅永红
副主编　朱岩梅　陈　强

知识产权出版社

内容提要

本书集合了包括万钢、韩正、吴敬琏、柳传志、威廉·恩道尔在内的众多国内外知名学者、企业家、政府官员在浦江创新论坛上的演讲以及三篇极具价值的调研报告，内容丰富、权威，紧紧围绕"经济全球化与自主创新"这一主题，就金融危机和全球竞争的新格局、经济波动中的中小企业创新、研发全球化的态势及影响、新兴经济体产业技术突破的典型经验、如何以创新驱动发展等问题，以及建设创新型国家的热点、难点和重点开展了广泛而深入的研讨。

责任编辑：刘　忠　李　潇　　　**责任校对：**韩秀天

装帧设计：李雨璇　　　**责任出版：**卢运霞

图书在版编目（CIP）数据

经济全球化与自主创新：2009浦江创新论坛文集／梅永红主编．—北京：知识产权出版社，2010.8

（浦江创新论坛·创新研究丛书）

ISBN 978－7－80247－847－3

Ⅰ．①经…　Ⅱ．①梅…　Ⅲ．①科技政策－中国－文集　Ⅳ．①G322.0-53

中国版本图书馆CIP数据核字（2010）第017176号

经济全球化与自主创新

——2009浦江创新论坛文集

梅永红　主编　朱岩梅　陈　强　副主编

出版发行：知识产权出版社

社　　址：北京市海淀区马甸南村1号　　　邮　　编：100088

网　　址：http://www.ipph.cn　　　邮　　箱：bjb@cnipr.com

发行电话：010－82000860转8101/8102　　　传　　真：010－82005070/82000893

责编电话：010－82000860转8133　　　责编邮箱：lixiao@cnipr.com

印　　刷：北京市兴怀印刷厂　　　经　　销：新华书店及相关销售网点

开　　本：787 mm × 1092 mm　1/16　　　印　　张：18

版　　次：2010年8月第1版　　　印　　次：2010年8月第1次印刷

字　　数：322千字　　　定　　价：48.00元

ISBN 978－7－80247－847－3/G·321（2820）

《浦江创新论坛·创新研究丛书》编委会

成　员（下列人员按姓氏笔画排列）

马俊如　国家外国专家局原局长
王　元　中国科学技术发展战略研究院常务副院长
王志学　科学技术部副秘书长
王奋宇　中国科学技术发展战略研究院副院长
尤建新　同济大学经济与管理学院教授
朱岩梅　同济大学中国科技管理研究院副院长、经济与管理学院副院长
刘　忠　知识产权出版社编辑室主任、编审
刘小龙　上海张江（集团）有限公司常务副总经理
刘琦岩　科学技术部办公厅调研室副主任
寿子琪　上海市科学技术委员会主任
李　雄　科学技术部办公厅巡视员
李逸平　上海市委副秘书长、市政府副秘书长
陈　强　同济大学中国科技管理研究院服务科学与工程研究所副所长
陈宏凯　上海市科学技术委员会办公室主任
欧　剑　知识产权出版社总编辑
周　箴　上海市政协教科文卫体委员会常务副主任
胡　钰　科技日报社理论部主任
姜　樑　上海市委副秘书长、浦东新区区长
骆大进　上海市科学技术委员会发展研究处处长
顾淑林　中科院科技政策与管理科学研究所研究员
徐美华　上海市科学技术委员会秘书长
翁铁慧　上海市政府副秘书长
梅永红　科学技术部政策法规司司长
梁　桂　科学技术部火炬中心主任
彭　崧　上海市浦东新区副区长
蒋昌俊　同济大学副校长
路　风　北京大学政府管理学院教授

目录

2009浦江创新论坛开幕词（代前言）

徐冠华　全国政协常委、教科文卫体委员会主任，科学技术部原部长，中国科学院院士，中国科技管理研究院院长

1941年12月出生于上海。大学学历。中国科学院院士、第三世界科学院院士、瑞典皇家工程科学院外籍院士、国际宇航科学院院士。1994~1995年任中国科学院副院长。1995年后任国家科学技术委员会副主任、党组副书记。1998年任科学技术部副部长、党组副书记。2001年2月任科学技术部部长、党组书记。2008年3月任第十一届全国政协常委、教科文卫体委员会主任。

浦江创新论坛创办于2008年，是围绕创新战略和政策研究的高层国际论坛。首届论坛于2008年5月18~19日在上海举行，论坛邀请了国内外政府官员、著名专家和知名企业家，聚焦如何建设企业为主体、市场为导向、产学研相结合的技术创新体系，集中讨论中国迈向创新型国家进程中的瓶颈问题。首届论坛被媒体和业内认为是我国以创新为主题的最高层次国际论坛，获得了广泛好评。通过围绕中国创新战略和政策的讨论，论坛形成了一系列重要观点。

在成功举办首届论坛的基础上，本届浦江创新论坛围绕“经济全球化和自主创新”主题，邀请了国内外政府官员、著名专家和知名企业家50多人，此次与会的演讲嘉宾都是在国内外创新领域最活跃、最具影响力的一批人士，他们或在决策领域，或在学术领域，或在商业领域影响了中国创新实践的进程。这些人士的聚会将会使此次论坛成为中国创新领域的一次思想盛宴。

进入2009年，新中国进入第60个年头，回首中国科技事业取得的巨大成就，我们为我们的国家和人民自豪，这些巨大的成就既是未来发展的良好起点，也对持续发展提出了更高的要求，如何依靠科技创新，应对国际金融危机带来的冲击，如何在下一个60年实现以创新为驱动力的发展，成为全国上下特别是科技界面临的一项重大任务，也是本届论坛集中关注的问题。

在中国迈向创新型国家的进程中，我们必须清醒地认识到当代经济竞争

中的突出特点是超越一国界限在全球范围配置资源和市场。30年来中国通过改革开放调动和激活了国内的优质资源，同时吸引了大量国际资源，推动了中国竞争力的持续快速提升。在未来的时间里，这种发展背景依然存在，而且会越来越强烈，如何利用好国内外两种资源，积极参与国际竞争，将是决定中国创新能力提升的一个基本要求。今天日益加剧的全球化的规模和深度，使得经济活动的范围超越国界，生产的全球化配置越来越普遍，原本局限于一定区域的价值链被拉伸到不同国家，全球价值链因此形成。向价值链上端移动要求不断创新产品和服务，事实上这种创新能力正是发达国家在全球价值链上居于优势地位的关键所在。对于发展中国家来说，单纯依靠引进技术，不注意引进技术的消化吸收和再创新，不注重原始创新和集成创新，只能让自己的创新能力萎缩，让自己始终处在价值链的低端。在新的全球竞争态势下，中国在分析了其他发达国家成长道路之后，提出了自主创新战略和建设创新型国家的目标，这正是准确地把握了中国向全球价值链高端迈进的主要路径。我们要充分利用全球创新资源，不断提高对外开放的深度和广度，更大力度发挥全球技术和市场对我国自主创新的支持作用。

此次论坛将围绕“经济全球化和自主创新”这一主题展开深入讨论，通过演讲、案例分析、现场对话等形式，分享国内外实施创新战略、应对全球金融危机的方法和理念，从而推动中国提高自主创新能力。论坛将围绕金融危机和全球竞争的新格局、经济波动中的中小企业创新、研发全球化的态势及影响、新兴经济体产业技术突破的典型经验，以及如何以创新驱动发展等问题，就建设创新型国家的热点、难点和重点开展广泛而深入的研讨。

期待此次论坛能为中国自主创新战略实施提出更多的宝贵意见和建议。

期待浦江论坛成为中国建设创新型国家的重要思想库和推动力。

01 论坛开幕式

以更加宽广的视野推动科技创新和制度创新

韩 正 上海市委副书记、上海市市长

1954年4月生，汉族，浙江慈溪人，经济学硕士，高级经济师。现任中共上海市委副书记、上海市市长。

1994年毕业于华东师范大学。历任：上海市化工局团委书记，市化工专科学校党委副书记，上海胶鞋六厂党委书记、副厂长，大中华橡胶厂党委书记、副厂长，共青团上海市委书记，卢湾区区长，上海市政府副秘书长、市计委主任。1998年2月，任中共上海市委常委、上海市副市长。2002年5月，任中共上海市委副书记、上海市副市长。2002年10月，任上海市常务副市长。2003年2月，当选上海市市长。2008年1月，再次当选上海市市长。韩正是中国共产党第十六届、第十七届中央委员会委员。

当今世界经济全球化深入发展，科技革命日新月异，提高自主创新能力越来越成为增强各国综合国力和国际竞争力之关键，本届论坛以“经济全球化和自主创新”为主题，开展广泛而深入的研讨，这对加快创新型国家建设、提高上海自主创新能力、加快经济发展方式的转变具有重要的促进作用。

当前上海正面临着外部国际金融危机冲击和自身经济发展转型的双重考验，我们必须坚定不移地走科学发展之路，把提高自主创新能力作为加快发展方式转变和推进产业结构调整之关键，更加注重依靠科技进步和创新活动来实现上海经济社会的可持续发展。上海促进自主创新的工作主要有以下几点：

一是要加强重点领域的聚焦与突破。我们坚持以应用为导向，以产业化为目标，一方面全力配合和保障国家重大专项任务在上海的顺利实施，推动形成一批有自主知识产权的核心技术；另一方面加快高新技术产业化，聚焦新能源、新材料等九大领域，启动实施新一轮科技成果产业化的重点项目的推进。在此基础上，设立了100亿元的政府专项基金，引导全社会加大对科技创新和成果转化的投入，推动上海产业结构的优化升级。

二是充分发挥企业在技术创新中的主体作用，鼓励高校、科研机构和企业联合攻关，支持企业建立研发机构，全面落实技术开发费用150%的加计扣除、政府采购自主创新产品等一系列支持政策，不断增强企业创新的动力和能力，积极抓住国际产业转移的机遇，加快吸引外资研发机构在上海的发展。

三是努力营造促进创新、创业的良好环境。上海着力加强公共技术研发平台和公益性科技服务体系的建设，大力发展天使投资、股权投资和创业风险投资，积极推进创业苗圃和科技创新的孵化器建设，为各类创新主体提供良好而有效的服务。

四是重视培养富有创新精神的人才队伍。人才资源是第一资源，我们以重大产业项目、重大工程建设及重大科技攻关为主要载体，加强领军人才开发和创新团队的建设，同时不断加大引资工作力度，完善生活、居住和工作环境，积极吸引海内外各方面人才到上海创业、发展。

今天诸多国内外资深专家学者、企业家以及来自于全国各省区市的有关方面领导会聚上海，就研发全球化态势及影响经济波动中的中小企业创新等专题展开讨论与交流，这对我们来说是一次难得的学习机会，我们将充分吸取论坛的成果，以更加宽广的视野推动科技创新与制度创新，从而促进上海能够按照科学发展的道路和要求推进各项工作。

预祝本届论坛获得圆满成功。

把握全球产业调整的机遇培育和发展战略性新兴产业

万　钢　　全国政协副主席、科学技术部部长

工学博士，教授。1978年毕业于东北林业学院并留校任教，1979~1981年在同济大学结构理论研究所实验力学专业学习,1981年获得硕士学位并留校任教。1985~1991年赴德国克劳斯塔尔工业大学机械系攻读博士学位。1991~2001年在德国奥迪汽车公司工作。

2001年1月，任同济大学新能源汽车工程中心主任，2001年8月任同济大学校长助理，2003年6月任同济大学副校长（主持工作），2004年7月起任同济大学校长（副部长级）。2006年12月，任中国致公党中央副主席。2007年4月起，任科学技术部部长。2007年12月，任中国致公党中央主席。2003年起，当选十届全国政协委员、常委；2008年3月，当选为十一届全国政协副主席。

今天，把近期科技部在发挥科技支撑作用、保持经济社会平稳较快发展的情况作一个报告。报告的内容分成四点：

第一，探讨发达国家科技创新战略和政策的动向。

2008年下半年以来，全世界经济遇到了21世纪以来最大的深度创伤，给各个国家带来巨大冲击，走出经济的低谷需要全世界携手合作、同舟共济。历史的经验提示我们：科技在应对经济危机时具有不可替代的作用，依靠科技创新培育新兴的战略产业，造就经济增长的内生动力，这不仅是国家发展的根本途径，也是克服当前危机的必然选择。进入21世纪，科学技术发展迅猛、学科交叉融合加快及新兴技术不断涌现，推动了全世界产业结构的快速升级和调整。以新能源技术、生物技术、信息技术、新材料与先进制造等为核心的先进技术，已经成为当前各国高度重视的新的增长点。最近与美国总统科技顾问蒋厚俊博士共同召开了中美科技联委会。蒋博士说：美国联邦政府2010年的研发投资预算达到1 476亿美元，是美国历史上的最高投入，在经

济复苏的法案当中把89亿美元投到能源输配和替代能源上，218亿美元用于节能产业的投入，200亿美元用于新型汽车的研发推广。能源部部长朱棣文博士说，能源部把7.77亿美元投入支持46个能源前沿研究中心。在欧洲的经济复苏当中特别强调要绿化欧盟的创新和投资，加速向低碳经济转型，提出绿色汽车伙伴行动，以能效建筑伙伴行动和未来工厂伙伴行动推动创新，在交通、建筑和工业流程上进一步加大节能减排，发展新能源的绿色创新。日本将推动提高新能源利用的预算，在882亿日元基础上大幅增加到1 156亿日元。韩国计划到2012年投资6万亿韩元研发绿色能源新技术。

当前信息产业又进入科技发展的新时代，集成电路已经进入纳米时代，网络技术加速向宽带无线智能化方向发展，高性能计算机向计算密集和海量存储方向发展，软件系统加快向网络化、智能化和高可信阶段迈进。美国提出要进一步加强宽带普及率和基于宽带的接入和服务，让美国在宽带普及率和互联网方面进入世界领先地位，同时要加大对电子信息技术系统、公共安全网络、智能电网等现代化基础设施的建设。欧盟提出要加快全民高速互联网建设作为经济复苏的行动，提出2010年实现高速网络的100%覆盖。英国、法国相继出台数字英国、数字法国的战略，要使每一个国人都能够通过宽带上网。着力于生物技术，发展生物产业。生物技术通过20世纪70年代DNA重组技术成功，20世纪80年代重组胰岛素上市，20世纪90年代以转基因农业为标志，生物技术在各个领域迅速应用，已经涉及医药、卫生、农业、环保、能源领域的技术创新，近年来全球生物技术产业的销售额每5年翻一番，年增长率达到25%~30%。即使在经济危机的严峻形势下，各国不但没有减少对生物技术研发的资助，反而加强了对这些领域的支持，美国总统奥巴马提出增加国立卫生研究院经费，未来10年间使国立卫生研究院经费翻番；英国计划在10年内将150亿英镑投入癌症和其他疾病的相关生物医学研究中，这比任何时间对生物医学研究投入都要多。

纳米技术已经在应用领域取得了重大进展，为新材料和先进制造业发展提供了新的空间。目前纳米技术已经扩展到信息、生物、医药、能源、环境、空间等诸多领域，纳米技术结构性创新使纳米器件被大规模运用到电子领域，促进了相关产业的革命性的进步。纳米生物技术使医药缓释及靶向给药更为有效。在能源领域，纳米技术提供了更加高效的照明材料，并在燃料电池、氢存储、太阳能电池分布式发电以及电力存储方面发挥了重要作用，纳米领域仍然是各国创新投资的重点。美国国家纳米技术计划2010年的研发预算是16亿美元，俄罗斯在2009年6月的时候，宣布将新投资2 000亿卢布发展纳米技术，使它成为国家科技战略的“火车头”。

第二，发挥科技自身作用，促进经济平稳较快发展。

胡锦涛总书记在2008年中国科协成立50周年纪念大会讲话中指出，党和国家事业的发展，比以往任何时候都更加迫切需要坚实的科学基础和有力的技术支撑，明确将科技置于优先发展的战略地位。温家宝总理多次谈到，每次大的危机常常伴随着一场新的技术革命，每一次经济的复苏也都离不开技术创新。通过科学技术的重大突破，创造新的社会需求，催生新一轮的经济繁荣。为了应对国际经济危机，促进经济平稳较快发展，党中央、国务院出台了一揽子计划，其中把发挥科技支撑作用、推进自主创新作为应对国际金融危机的重要措施，充分体现了党中央、国务院对科技工作的高度重视，也对科技工作提出了新的更高要求。

2009年3月15日国务院颁布了《关于发挥科技支撑作用促进经济平稳较快发展的意见》（即“国务院9号文件”），在文件中国务院要求第一要加快实施重大专项，培育战略性产业；第二要加快先进技术的推广和应用，支持产业振兴；第三要大力支持企业提高自主创新能力；第四要加快高新技术的产业集群；第五要动员科研院所和高等院校的科技力量服务于企业；第六要加强科技人力资源的建设。这就是“9号文件”提出的六大科技政策措施。在实施重大专项、培育战略性产业方面，我们回顾国家在重大专项方面的部署：高档数控机床与基础制造，涵盖了先进制造业的先进内容；在电子信息产业，核心器件、高端芯片和基础软件以及新一代宽带无线通信网和其他规模集成电路制造工业，为发展电子信息产业打好坚实的基础；生物技术产业方面，为生物培育、重大新药创制和艾滋病、病毒性肝炎等重大疾病的防治提供了坚实基础；在能源环保方面，大型油气田及煤层气开发，大型先进压水堆和高温气冷堆核电站以及水体污染控制与治理等重大专项都是在2003~2006年，由温家宝总理亲自主持的国家中长期科技发展规划当中所确定的重大专项。30年以前谁也没有估计到会碰到这场金融危机，但是30年以后金融危机过程当中我们纵观全世界各发达国家发展的重大方向，可以深深感受到科技工作的超前部署和几千名科学家经过几年努力所确定的战略发展专项，是符合我们现在和未来的发展方向的。

在国务院出台关于发挥科技作用促进经济平稳较快发展的意见之后，各专项根据应对国际金融危机的要求，调整和加快实施了一批产业需求迫切、研究基础好、有望快速实现产业化的创新项目。各重大专项在重大任务安排的时候，充分考虑国家重大工程与科技项目相结合，注重发挥行业龙头企业的牵头作用，加强了产学研合作，以点带面，促进产业结构的调整和升级。“十一五”期间，重大专项的中央财政预算在

600亿元左右，各地方政府和企业也积极给予配套支持，按照专项预计，“十一五”达到的成绩将新增及带动相关产业产值达到6 000亿元，实现新增就业25万人。经过将近一年的努力，重大专项取得了一些阶段性的进展。TD-SCDMA商业化进展顺利，TD-ITU的技术标准制定工作已经基本完成，相关的芯片和设备已经完成试验样片和样机的研发，并将在2010年的上海世博会园区里面进行第一次试验运行，尤其在专项研制大型地震仪样机等部分重大装备已经进入到试制和组装阶段，该技术的装备水平达到了国际先进水平。数控机床研制的数控重型桥式五轴联动车铣复合机床已进入了用户现场进行装配，集成电路装备专项的两种95、65纳米12英寸的刻蚀机、比样机、β样机已经进入了芯片制造企业进行考核验证，并且达成了初步的销售意向。专项启动了检测技术平台实验室，为我国应对新发传染病提供了重要的技术准备和物资准备，尤其为有效防控和延缓H1N1传染病的大流行发挥了重要的支撑作用；新药专项幽门螺杆菌疫苗等新药在“863”及“973”计划多年支持的基础上得到了新药专项的延续支持并获得了新药证书；抗早老痴呆性的新药西普林已经在欧洲完成了口服剂二期临床试验，一批创新医药将进入临床实验。这些重大技术、产品和装备的成功研制、示范应用和推广，不仅在当前扩内需、保增长当中发挥了重要作用，更为今后调结构、上水平提供了有力的支撑。

在国务院已经发布的调整和振兴十大产业的规划中，要求通过自主创新，技术改造提高盈利水平，淘汰落后产能，支持重点产业做大做强。从长远看来更重要的是促进产业结构的优化升级，增强经济发展后劲。结合十大产业振兴的科技需求，集中力量组织实施了高品质特殊钢生产技术，尤其在安全高效制造业信息化工程等一大批专项中，加大了重点产业的关键技术和共性技术的攻关力度，为钢铁、汽车、船舶、石化、纺织、轻工、有色金属、装备制造和电子信息、物流等重点产业提供了有效的科技支撑。在大力支持企业提高自主创新能力方面，科技部会同有关部门实施了技术创新工程，一是推动产业技术创新战略联盟的构建和发展；二是建设和完善技术创新服务平台；三是推进创新型企业的建设。结合十大产业的振兴，在原有的钢铁可循环流程、新一代煤化工联盟等四个联盟基础上，利用市场机制，积极推动了汽车轻量化、数控机床高速精密化、半导体照明、杂交水稻等20个战略联盟，涵盖了汽车、钢铁、装备制造等产业。同时构建面向企业的公共技术服务平台，通过整合国家重点实验室、国家工程中心、国家工程实验室等国家科技资源，面向企业开放共享，为企业特别是中小企业的产品创新、技术改造提供科技支撑。

加快高新技术的产业集群，积极推进以产业聚集、公共平台、科技金融和人力资源建设为核心的国家高新技术二次创业，加快发展高新技术产业集群，提升高新产业的持续发展和国际竞争能力，重点支持新能源、信息通信、生物技术、创意产业、软件、动漫、游戏等新兴技术和产业，积极发展现代服务业，抓紧升级一批国家高新技术开发区，加强对国家高新区的建设和发展指导服务。2009年上半年国家高新区经受了考验，普遍达到了15%的增长率。科技部、教育部、国资委、中科院、工程院、自然科学基金委和中国科协七部门共同制定了《关于动员广大科技人员服务企业的意见》，联合组织实施科技人员服务企业的行动，动员高等院校、科研院所科技人员深入基层，服务企业，加快科技成果转化，帮助企业开展技术研发，改善企业技术创新管理水平，构建产学研结合的有效模式和长效机制，为企业培养技术和管理人才，形成科技人员服务于企业的长效机制，预计2009~2010两年有10万科技人员服务于企业。科技部调整了国家科技计划，安排经费6.4亿元支持科技人员与所服务的企业联合提出的研发项目，14个省市配套经费超过了7.6亿元。加强科技人力资源的建设，实施了国家高层次人才引进千人计划。在重点学科、重大专项、高新技术和金融管理方面加快高层次人才引进，在高新产业领域加强对创业者的管理能力、对技术人员的创新能力和对劳动者技术能力的培训，采用见习培训和参与科技项目等办法积极吸收高等院校的毕业生就业、增强高科技产业的人力资源储备，通过聘用农村和企业的科技特派员助理的办法，吸引大学生深入基层工作，培养和锻炼创新和创业的能力。

为了保证上述六大措施的实施，科技部强化了政策支持和引导。首先，从国家财政投入方面，2009年中央财政的科技投入达到1 460亿元，增长25.6%，在调整投入结构、保证基础研究投入的前提下，调整了国家科技计划优先支持产业振兴和高新技术产业发展的各项任务。中央投资的产业振兴和技术改造专项资金也安排一定比例经费加强重点产业的振兴和科技支撑。在2009~2010两年的中央和地方预算内，将调整投入1 000亿元用于科技支撑政策的实施。通过落实自主创新优惠政策并强化支持引导，加强对自主创新产品的推广和应用的支持，加快对高新技术企业的认定，提升企业自主创新的能力，落实企业研发经费的加计扣除、技术转让税收减免等自主创新的政策，鼓励自主创新技术和产品的研发，鼓励使用国产的首台套装备，建立首台套装备的风险补偿机制，组织实施用户示范工程等方法，支持产学研用结合，创新产品。对于服务于企业的科技人员给予政策的支持，科技人员在被选派到企业服务期间，其待遇保持不变，同时允许他们按照国家的法律法规、相关政策分享创新收益。落实《科技进步法》，制定职务科技成果股权激励的政策激励，鼓励科研院所和高等院校的科技人员以科技成果、知识产权等无形资产入股的方式参与创办科技型中小企业，各级高新区、创业园、孵化器、大学科技园、农业科技园、技术转移机构，为科研人员创业提供条件和支持。

第三，发展战略性新兴产业，推进结构调整和产业转型。

随着技术变化问题的凸显，绿色经济、低碳经济概念开始风行。低碳经济就是以低能耗、低污染为基础的经济，低碳经济实现目标就是在经济发展的过程中消耗最少的能源，排放最少的温室气体，获得整个社会的最大产出。

纵观历史，发达国家在发展过程中，在GDP增长过程中，总有一个增长的高峰然后向下拐点的过程。我们的目标是在我们的发展过程中，尽可能利用先进技术，减少温室气体的排放，也就是我们国家在“十一五”期间制订了约束性的节能减排的指标，其标志就是通过单位GDP能耗的降低，来保证我们国家走一条清洁发展的道路。经过多年的发展，我国的新能源产业取得了长足的进步，风电装机容量连续第四年实现倍数增长，2008年已经达到了1 200万千瓦，提前两年实现2010年的目标。2007年我国电池生产能力达到2 900兆瓦，产量居全世界第一位，但是其中98%出口到国外。结合农村能源和生态建设以户用沼气为主的生物燃料得到了大规模的推广，农户沼气用量达到2 600万户。核电装机能量仅占全国电力装机的不到2%，还有很大的发展空间。因此大力推动新能源产业发展，有利于优化能源结构，实现能源转型，有效地拉动材料、装备等相关产业的发展，及时拉动内需，是调整产业结构的重要措施，也是应对气候变化发展低碳经济的有效途径。

“十五”期间和“十一五”前两年，科技部先后启动了电动汽车、半导体照明、光伏发电等重大科技专项，取得了一批科技成果，在应对国际金融危机的科技支撑措施中，科技部联合相关部门及时推动了节能与新能源汽车“十城千辆”的行动，推动半导体照明“十城万盏”计划和推动光伏发电的应用“金太阳示范工程”。把多年来国家科技计划的成果推向规模产业化的前沿。在光伏发电方面，目前全过程的单位能耗已经达到2.67千瓦斯，其中多晶硅的环节占1.86千瓦斯，每瓦斯光伏电每年发电以1.35千瓦斯来计算，回收期为两年，电子寿命大于20年。在多晶硅生产污染方面，采用了加氢分离的循环使用的方法回收四氯化硅，回收率大于50%，多余的四氯化硅被后续阶段加工其他产业使用，因此加大国内的推广使用力度是我们当前的任务。我国的光伏电池出口过多，目前国外市场疲软，价格大幅度下降，使美国每千瓦斯的发电成本可以低于1.5美元。适时推动规模光电发展，一可以调整能源结构，二可以稳定国际价格，因此科技部与财政部和能源局共同推动“金太阳示范工程”，综合采用财政补助、科技支撑和拉动市场的办法，加快国内光伏发电的应用，调整能源结构，发展光伏产业，促进技术进步。我们推广的内容是大型的并网光伏电站，公共建设的用户光伏发电，偏远地区的风光水互动光伏发电，总规模在500兆瓦左右，每个电站不低于300千瓦，运行期为20年以上。

半导体照明已成固态照明，是使用全固态发光器件作为光源的照明，具有高效、节能、环保、寿命长、易维护等显著特点，节能效率达到了60%以上。随着LED光效提高和成本的降低，半导体照明逐步向高功率化、高效率化发展，开始经营中大尺寸的液晶背光全彩色显示屏以及汽车前大灯等领域。经过多年努力，我国在LED的外延材料、芯片制造、器件封装等方面已经掌握了自主知识产权，逐步形成了从上游材料、芯片制造到中游器件封装以及下游集成应用的比较完善的研发体系。我国已经成为全球LED全屏显示器、太阳能照明以及景观照明等应用产品的最大生产国和出口国，在奥运会上大量使用半导体照明，比如舞台上的大屏幕、绿色的鸟巢和光亮五环、水立方和鸟巢的景观照明以及大型显示牌等。我们面向市政工程加快半导体照明的规模化应用，到2010年将在全国20个城市示范推广20万盏以上的LED市政照明灯具，用政府采购公共产品、国家财政对用户补贴等方法带动LED市场照明灯具的产业规模化推广，如许多城市高架公路的照明、景观照明以及路灯照明，其节能效率超过了60%。

我国的新能源汽车在进入21世纪的时候，就开始着眼于未来，设立了重大专项进行研究，“十五”期间启动了电动汽车的重大科技专项，从动力电池、驱动电池、电子控制等方面推动了混合动力、燃料电池整车研发。经过8年多的努力，我国初步形成了各类电动汽车的整车产品，市场运行的里程已经超过了1 500万公里。采取了电子控制系统、驱动电机、动力蓄电池为“三横”，混合电力汽车、纯电力汽车、燃料电车为“三纵”的研发布局，在全国形成了整车和关键零部件的研发布局。在奥运会和残奥会期间，由一汽、东风、上汽、奇瑞、长安、金华等一些企业研发的600辆各类电动汽车，累计行程达400万公里，载客700万人次以上。在奥运村、奥运会周边、奥运会马拉松赛上，我国研发生产的纯电动汽车、混合动力汽车和燃料电动汽车都发挥了重要的作用。为推动节能与新能源汽车的产业化，中央财政安排资金给予补助，支持大中型企业、城市推广混合动力、纯动力和燃料电池汽车，优先在城市公交、出租、公路、环卫、邮政、机场等方面推广应用，到2012年要在全国推广6万辆新能源汽车，之所以选择在公共交通领域率先推广节能与新能源汽车，一是体现公交优先，让公众享受科技创新的成果；二是在强度和要求较高的公共领域中考核产品，有利于产品质量的不断提高；三是公共车队运行形式，有利于车辆的维护和保养，保证运行的质量。我们的示范运行以公交公司为主体，地方政府组织保障，国家财政按照各类车辆的节油力度给予部分差价和补助。2003年已经有13个城市参加了示范运行。在2010年举行的上海世博会上将有各类形式的1 000辆新能源的汽车，在“十城千辆”的支持下进入示范运行，特别是园区内将有300多辆纯电动和200多辆燃料电池汽车，保证世界上第一次达到世博园区的交通零排放。

智能网络产业在网络融合和智能化为特征的下一代网络产业当中，是IT产业发展的重要方向之一。当前我国互联网、固网和移动网与广电网的用户已占世界第一，加强三网融合为目标的智能网络技术与产品研发应用推广，将形成庞大的产业链和巨大的产业规模，在高性能宽带信息网项目取得重大原始性突破的基础上，继续实现3TNET的百万用户工程。目前上海正在推动以城市中心区为240万有线电视的数字化转换和50万户广播网的示范网络建设。我们同时高度关注正在兴起的智慧地球、云计算、传感网和物联网等新技术，在拓展开发和应用的同时，着力解决网络安全的问题。在生物技术方面，现代生物技术为解决粮食问题、医疗保健、能源环境等重大问题奠定了基础，并为现代生物医药工程产业提供了广阔的空间，我国水稻、玉米等主要粮食的转基因技术已经具备了技术基础，生物医药产业拥有巨大的市场空间。此外在环境、能源和生物加工领域，现代生物技术同样促进了技术进步和产业变革。早在“十五”期间科技部就抓住了生命科学研究和生物技术开发，并且促进技术在农业比如超级杂交水稻和小麦上的应用，在转基因抗病虫棉花的应用。生物技术的研究和开发，在口蹄疫、禽流感防治以及生物能源方面奠定了基础。这些已成为今后发展的方向。

第四，把握新兴战略产业发展的规律。

战略性产业是指在国民经济体系中具有战略地位、对国家经济社会发展和国家安全具有重大影响的产业，这些产业具有在未来经济发展中成为主导产业和支柱产业的可能性。产业的技术特征、市场前景、成长潜力、国家资源等特定条件，现有的产业结构状况，已经成为影响战略性产业发展的关键因素。随着产业技术创新和经济发展，一些传统的产业被新兴技术所替代，比如数码相机和数字图像技术替代了传统的胶片产业，更新了摄影技术。一些产业的关键技术替代了传统技术，产业形态发生了重大变革，而这些变革将会影响和改变经济的格局。回忆我们国家电视产业的发展，改革开放以后通过多次引进和改造，在黑白、彩色、平面和投影方面都逐步跟上了世界发展的脚步。在20世纪末21世纪初的时候，我们国家曾是最大的电视机生产国，性价比也是最好的，但是随着平板电视的产生，传统的生产线被逐渐淘汰，而新技术的掌握没有跟上步伐，以至于2006年电视机行业生产的平均利润降低了3%，这是一个鲜活的例子。它告诉我们技术创新的优势会打败传统经济的优势，规模经济优势缺乏核心技术，再大规模也无法创造更多的价值。因此在科技创新方面要重视其对经济的影响，首先是科技创新的重大突破颠覆性替代旧的产业，形成新的经济优势，科技创新和关键技术突破将带动新一轮产业革命，新技术的应用推动产品周期的缩短，造就新的追赶超越的机会。技术经济在经济规模的博弈中，关键技术、持续研发能力将是产业竞争的关键所在，因此我们有必要在研究战略性新兴产业的时候，研究其发展的规律。我们总结一下，有以下四条规律。

首先是超前部署。科学技术发展有其自身规律，需要经历基础研究、技术研发、实验验证和应用推广等阶段，而经济发展又有其自身规律，能否在经济复苏过程中，充分发挥科技创新的作用，关键在于科技要率先投入，关键在于是否能够把握方向、超前部署、率先投入和引领发展。早在21世纪初“十五”期间，国务院实施了芯片设计、电动汽车、半导体照明等重大科技专项，为我国的信息技术、新能源、电动汽车、半导体照明等新兴产业打下了重要基础。由温总理亲自主持制定的中长期规划纲要选择的16个重大专项，不但对于我国培育和形成自主知识产权的战略性产业、增加国家核心竞争力具有重要意义，而且在实施过程中将产生科技重大成果，对带动新产品开发、产业升级，催生和引领革命性变革将起到积极作用。回想21世纪初电子信息产业处于“有机无芯”的状态，这一阶段在国务院领导亲自主持下，科技部抓住了信息、软件和移动通信，设立一系列重大专项，使我们在20世纪的后几年当中能够研制突破百万亿次超级计算机，建立我国自主推进的TD-SCDMA的标准，研发PC机和低成本计算机，有助于行业关键技术的突破和创新，这个创新具有重要意义，尤其对于我们国家广大农村的孩子们，使他们能够逾越数字鸿沟，为未来的发展奠定良好的基础。

其次是把握好新兴产业发展的规律。新兴产业发展也是从一个技术到产品再到市场应用的过程，新兴产业产品的应用推广也需要相应的基础设施和系统配套，必须要解决好创新技术进入市场后如何走向成熟的问题，适应发展的规律和节奏，给予其科学支撑。在培育和发展新兴产业发展的过程中，由于扎堆投资和配套技术的不同步，往往会出现阶段性、配套性的过剩现象，我们要科学分析和判断各种现象缘由，把握好环节，下决心从调整产业结构入手，以持之以恒的毅力促进战略性新兴产业的发展。回顾数码相机的发展，也有一个相对停滞的过程，但由于互联网、移动网的发展，解决了图片的传输问题；由于数字相册发展，解决了图片浏览和储存的问题；由于彩信技术的发展，解决了图片浏览的问题。这些使整个相机产生了大的变革，任何一门技术都有相应的配套环节。当前正在着力发展太阳能产业、风电发电产业，2009年在达沃斯论坛上，有记者问是否存在过剩的现象，我们现在确实碰到了电网输配的难题，解决难题的最重要方法是发展智能电网，加大网络输配能力，发展大容量储电，来保证输出稳定，加强分散式发电的应用和配电来解决问题。这些环节的解决会继续大力推动太阳能产业和风电产业。我们是否应该把发展新能源作为在调整国家能源结构问题上的考虑，这不仅是经济的一个点的问题，而且是整个系统的问题。我们很高兴地看到在智能电网和大容量储电方面，我们已经有了重组的技术储备和科技项目的支撑。

再次，把握好政策引领和推动规律。国家中长期发展规划纲要颁布以来，已经出台了一系列的创新政策，涉及成果转化、产学研结合、财税、政府采购、引进消化吸收再创新。在当前我们要进一步加大对于前沿研究和科学技术研究的支持力度，这一点不仅对于长期发展，而且对于当前也十分重要。在推动新兴产业发展过程中，要找准着力点，支持产品研发的前端和推广应用的后端，对于自主创新产品做到政府首先采购，要打通战略性新兴产业的系统技术和配套环节，实现战略目标。我们要更加关注创新型中小企业的发展，在鼓励大企业、大集团开展创新的同时为中小企业创造宽松的投融资环境，激励民间企业发展的积极性。为解决科技型企业融资难的问题，我们改革了科技管理体制，综合利用政府资助、科技贷款、创业投资、资本市场发放债券五大科技支撑措施支持中小企业克服困难。第一是对中小企业的技术创新通过补贴资助、贷款贴息方法来支持产品开发；第二是通过阶段性参股支持创业投资公司；第三是建立长效科技贷款的专家评估机制；第四是大力推出创业板，并且试点非上市企业的股份转让机制；第五是支持国家高新区发展科技型中小企业的集合债券。我们要把握好人才聚集和成长的规律，人才是全球化时代的制胜法宝，随着经济危机的到来，人才流动出现了加速的现象。新一轮的人才争夺在新一轮产业结构的调整中扮演重要的角色，能不能吸引好人才和用好人才是我国面临的重大问题。目前国家实施了面向海外高层次人才方面的“千人计划”，将在一系列重点学科、重大专项、高新技术和金融管理方面加快引进海外高层次人才，同时在重大专项实施过程中和战略性新兴产业发展中，大力增强和造就一大批创新型人才，特别是为青年人才脱颖而出创造良好的环境。同时我们要高度重视管理人才以及专业人才的培养，给那些勇于在新兴产业领域创新创业的人才提供良好的环境，激励他们的创新、创业热情。

新一轮科技创新意味着新的国家竞争制高点，意味着国家综合能力竞争的提升，历史上中国曾经与数次科技革命和工业革命失之交臂，在这一轮竞争当中我们一定要迎头赶上，在开放的这30年我们抓住了国际产业分工调整的机遇，取得了重大发展，在今后30年当中我们必须抓住用科技创新驱动经济社会发展的重大机遇，实现我国从大国向强国发展的奋斗目标。

增长转型、产业提升是彻底走出危机的必由之路

吴敬琏　　国务院发展研究中心研究员、著名经济学家

1930年1月24日生于江苏省南京市，中国著名经济学家。

1954年毕业于复旦大学经济系。1984年以来，曾任国务院经济体制改革方案办公室副主任，第八届、第九届、第十届全国政协常委兼经济委员会副主任；现任国务院发展研究中心研究员、国家信息化专家咨询委员会副主任，中国社会科学院研究生院、北京大学、中欧国际工商学院教授，《比较》、《洪范评论》杂志主编。曾在耶鲁大学、牛津大学、斯坦福大学、麻省理工学院任客座研究员或客座教授；并在1984年、1986年、1988年、1990年和1992年五次获得中国经济学的最高奖励——孙冶方奖；2003年被国际管理学会授予“杰出成就奖”；2005年吴敬琏教授荣获首届“中国经济学奖杰出贡献奖”。

首先，对于面临的问题要有一个基本的认识。从现象上看，现在面临的问题就是由于受到金融危机的冲击，造成虚拟资产泡沫破灭以后，出现流动性的极度短缺和需求不足。从短期看，它的深层次问题正好是相反的，现在因为是虚拟资产泡沫破灭，所以显得缺钱、缺需求，但其根源在于从21世纪以来，整个世界的金融体系里面充满了泡沫，其根源在于货币超发、流动性泛滥，在金融体系里面大量充斥着泡沫。从深层次看，它的现象和本质是相反的，所以就使得我们判断问题有了复杂性，在选取对策的时候，就有一些两难的选择。

就中国来说，为什么会深深地融入这样一个扭曲的世界经济体系里面呢？根本原因在于增长方式，或者是增长模式、发展方式的问题。我们从1953年第一个五年计划以来，采用了苏联式的、用投资拉动经济的一种增长模式。这种增长模式给中国造成了很大的灾难；改革开放以后，又学习了日本和“四小龙”的做法，就是用出口导向政策，用出口的需求弥补国内需求的不足，因为中国是用投资来支撑增长的，投资率越来越高，相对来说消费率越来越低，最终导致需求不足。东亚模式开出了药方，就是用出口的需求

弥补国内需求不足，但是正如日本和其他东亚国家采用出口导向政策的国家和地区一样，都发生过这个问题，即成功地执行政策一段时间以后就发生外汇存底大量增加，为了保持出口的动力，所以用中央银行干预外汇市场，用大量的中央银行货币购买外汇来保持低汇率，用低汇率支撑出口。于是我们这个体系里面，跟以美国为首的世界金融体系发生同样的问题，大量的虚拟资产，因为货币超发，泡沫形成。由于大量虚拟资产在里面，虚拟资产一旦在某一个环节爆破，出现所谓资产负债表危机，一个企业的资产负债表危机会连锁反应到整个经济，所以短期现象的表现和深层的长期问题的表现形式是相反的，因此我们在应对金融危机的时候，就需要标本兼治，从表象来说用政府的政策增加需求，但是从长期考虑就是要从根本上解决增长模式的问题。这两种短期考虑和长期考虑，有时候又是有矛盾的，所以很费斟酌。这里存在一个问题，因为危机出现以后冲击很大，短期的考虑占了上风，现在甚至不考虑长期了，只考虑短期。报刊也好，甚至经济学界也好，常常用一个凯恩斯主义短期宏观经济分析去分析根本性的问题，这就会误事。举个例子，三个支柱——投资、消费、出口，现在出口不行了怎么办？其次这是凯恩斯主义的短期分析框架，不能用来分析长期问题。有一个经济学家叫罗伯特·索洛，改写过生产函数。我发现传媒朋友已经不记得“十一五”规划讲的转型是什么，也不记得党的十七次代表大会讲的发展方式转型是从什么转到什么了，就是转到需求拉动。我们对这个问题的最基本的判断好像有点问题。

我要强调标本兼治。短期问题要用一个增加需求的方式解决，长期问题的根本解决还是在于增长方式、增长模式的转型和企业的升级、产业的升级。现在的状态怎么样？现在的态势怎么样？从短期政策看起来力度足够大，而且已经看到了效果，所谓短期政策无非就是用政府的财政政策和货币政策来增加需求，力度很大，货币政策今年贷款要超过10万亿元，从2009年1~9月的情况看，大概全年的情况差不多。狭义货币和广义货币，即是发票子，增长率达到了历史的空前高位，2009年1~9月我们的M1和M2增长接近30%，发票子增加了30%。供给2009年8%是没有问题的，但是票子的发行差了十几个百分点，现在有一种争论是会不会出现通货膨胀，这个有点误解，通货膨胀说物价上涨和货币扩张中间有一年以上的滞后期，所以说现在因为票子发得很多，说马上要通胀大概不会，或者说因为现在没有通胀，所以再发就没有关系，这两种判断我看都是有点问题的。但是有一点很明显，票子发多了，首先反应的是资产市场，就是说泡沫又来了。对付危机的时候，都在做区域杠杆化，我们出现一个问题就是再杠杆化，杠杆就是资本和债务的比例，再杠杆化就是这个比例中债务的比重增加了很多，从短期政策来说已经见到了效果。2009年8%以上的增长率是没有问题的。问题是长期问题没有解决，现在必须把主要的注意力放在长期问题的解决上。所谓长期问题，关键就是要从过去用投资和出口支撑的增长模式，转到靠效率提高、靠技术进步支撑的增长模式，这是“十一五”规划和党的十七次代表大会的决定所规定的。

开始我们用比较多的精力应付，用财政政策和货币政策防止市场崩溃，这是对的，但是必须要及时地解决长期问题，就是产业提升和增长模式的转型。从各地的情况来看，也可以看到这一点，哪一个地区，哪一个产业，哪一个企业过去在“十一五”规划前几年，在升级和转型上做得好，受到的冲击就小，甚至是逆势上升，地区产业、企业都这样。所以，我们现在应该提出要把主要的注意力、把主要的工作转向解决长期问题，要实现我们的产业升级和整个增长模式的转型。转型问题是“九五”规划提出的，1995年制订1996~2000年第九个五年计划的时候，中共中央建议和后来的人民代表大会通过的计划，都做出了这个要求。但是那个计划不太具体，过了10年以后发现这个问题仍然没有解决，所以“十一五”规划再度提出要把这个作为一个中心的红线，而且“十一五”规划比起“九五”规划要进步得多。这个技术进步、效率提高的途径是什么？人民代表大会通过的“十一五”规划讲得相当清楚。像上海、深圳、重庆、无锡制造业集中的城市，其核心是服务业，但是有两种情况，一种情况就是现有的制造业企业增加其服务业务内容，通俗地说用宏碁施振荣先生在1992年提出的微笑曲线，向微笑曲线的两端延伸。制造业主要集中在微笑曲线的低端，要想办法将产业链向两头延伸，从前端来说就是研发、设计，在后端来说，就是品牌、营销、销售渠道、管理、售后服务、金融服务等，这些是附加值高的、盈利性强的，每家企业都能够想出一些办法来，尽量地往两端延伸。我原来的说法叫产业升级，后来我到东莞去，他们对升级觉得容易被误解为一步登天，其实不是这样，所以我现在叫“提升”。

这是个阶梯，能走出几步就走几步，走出去一步附加值就提高一步，很多地方也做出了很多成绩。比如我最近到无锡、苏州、昆山，看到最近这3年取得了很大的进步，“提升”对于他们应付金融危机起到了实际的作用。另一方面就是要培育构建新兴的支柱产业。以前经济学家有争论，说中国的比较优势在于一般的劳动力资源丰富，而且成本很低。实际的情况已经发生变化，经过这30年的改革，我们创新的技术力量应该说不弱。先说数量，受过大专教育的技术人员数量是世界第一，特别是20世纪90年代以来，人员素质提高不可小视。走到每一个地方，哪怕是边远的地方，都有一些接近世界前沿的技术，我们的难点在于产业化，产业化的一个问题是市场组织比别人差，另外一个问题就是政府的扶持帮助，沿用了1956年以来搞科学规划从苏联学来的办法，政府做规划，政府定项目，政府调动资源，分钱、分人、分物，然后有了发明，政府来组织产业化。虽然科技大会说了，企业是技术创新的主体，但是因为改革没有到位，我们政府的改革可能也没有到位，所以充当主体时，一方面企业自己的能力还比较弱，另一方面受到各种各样的规定和纠缠、扯皮、干扰，所以产业化是一个很大的问题。

我估计和海峡对岸的台湾同胞合力来做的话，在一些产业和某些产业的分支上培育新兴产业，这是完全能够做到的，就看我们怎么努力。这里要提两个问题，第一是发挥小企业在技术创新中的关键性作用。企业是技术创新的主体，小企业更是主体中的主体。从生产来说规模经济仍然具有很重要的作用，特别像高技术产业。用经济学语言来说，边际成本几乎忽略不计，所以其规模意义非常重大，赢家通吃就是这个道理。但是技术创新不是这样，技术创新的规模往往不经济，这个有经验数据，西方国家的技术创新主要来自小企业，我们的数据也证实了这一点。国家统计局和工商联前几年有调查，70%多的技术创新都来自小企业，最重要的一条就是发明人希望实现自己的价值，而企业大了以后，为了保障整个企业的步伐统一，一定要有严格的规章制度，于是疏忽了创新人员，他们对这样的环境不习惯。第二是企业规模越大，创新人员得到的回报越打折扣，这被称为利益关系的疏远化，在第二次产业革命以后，一些大的创新型企业到了20世纪50年代后新的技术革命来了以后，渐渐没落了，有名的朗讯，都是过去很有名的创新型企业，现在不行了。现在的大企业用了另外的办法，都有投资部，在小企业里面放一点钱，柳总（指柳传志）的弘毅就有联想投资。如果热心于创新，一定要帮助小企业。有争论说，给小企业特殊政策是不是违反市场经济的平等竞争的要求？不对，因为小企业有外部效应，使得整个市场能够活跃，这是社会效益，所以应该对小企业予以帮助。

最近的一个状况不是太好，就是小企业似乎有点受到挤压，要想办法。这有两个方面的原因，一是思想方面的原因，2004年以来的思想回潮，指责市场化改革思想，仇富的情绪在社会上很流行；二就是政策，为了支撑经济的大量放贷，就会出现一些金融风险，于是银行为了自保，会选择国有大企业和有国家项目的企业放贷，10万亿元贷款下去主要给了各级政府、大企业和有国家项目的企业，这样一来有挤出效应，现在发生一种情况叫做国进民退，这个情况我建议领导要充分注意，这不是一个好的情况。有政治方面的原因，也有经济方面的原因，因为大企业拿到了很多贷款，他们手里非常有钱。我们回想一下1998年应对亚洲金融危机，现在人们记得的就是1 000亿元国债投资，这是1998年国务院采取的非常重要的措施，就是扶持小企业，对于成功地应对亚洲金融危机，这一条要充分总结经验。那个措施是整套的，因为正好是“十五大”以后，政治上的气氛也很好，所以起到了很好的作用。

国务院最近出台了一些措施，各级政府都需要在这方面下工夫。政府怎么能够在技术创新、在提高效率上正确地发挥作用？首先还是要重温“十一五”规划和“十七大”关于经济发展方式转型的论述，这个基本的判断和基本的路子要肯定下来，现在有些地方好像有点动摇，有些地方反映说我们这里经济这么困难都是转型导致的，还是要回到2003年重化工业路线，引进几个大的炼油和汽车制造企业，从而解决问题。其实我们这两年的经验可以充分证明，经济发展方式转变是唯一的出路，这个很艰苦。一方面政府要加强扶持的力度；另一方面我觉得更重要的还是方法问题，就是政府去扶持的方法问题。政府首先要解决增长模式转变的制度性障碍，在“十一五”规划中已经总结过，我们要打破现存的制度性障碍。所谓制度性障碍就是旧的计划经济遗留的东西，从正面说就是按照规则的、法制的市场经济。政府扶持方式要有所为有所不为。据我观察，有些不该为的为了，有些该为的没有为。我很冒昧说说我的观察。

有几件事情好像不应该为，第一个是设立行政许可，设立市场准入。本来“市场准入”这个译法是在外贸中用的，即market access，就是“市场进入”。就国内市场来说，应该说凡是没有法律明文禁止的，每一个公民，你愿意干什么就干什么，即“非禁即入”，但是我们这里好像是沿袭过去的习惯，要上面行政管理机关准你入你才能入，这本来就不对。我们有《中华人民共和国行政许可法》，限制各级政府行政许可，但是这个法律执行得不好，现在的民营企业，准入范围比外资企业还要小。第二个是指定技术路线。指定产品路线是很危险的事情，看起来我们的政府机关比日本通产省工作水平还差，通产省确定技术路线犯了很多大错误，最有名的错误就是高清晰电视，他们说模拟值，肯定是事半功倍的，结果给美国的数字式超过了，整个落后了一个时代。而我们的能力比他们差，我们有本事看准了什么就什么吗？不一定。第三个是直接订购产品或者提供产品，我们有些行政部门说，肥水不落外人田，搞一个项目，这个产品在本地的就给本地企业，比如“十城千辆”，我看有一个问题，拿到了电动汽车，拿到了这个项目，就安排本地企业生产了，这个办法不行，会使得投资效率很差。第四个就是补供方，各种各样的问题都有补供方，就是补自己所属的企业。一般来说尽量补需方，像节能灯泡做法比较好，不管买什么就补给你了，选择哪一家的产品比较好，中间有市场起作用，效率就高了。最重要的是经营环境的提供问题，还有共用技术，包括孵化器。这种东西由政府牵头，但是走的是PPP的方式，就是政府和民间伙伴关系来提供。很多地方在开发区里面的一些孵化器，他们用了这种办法是很好的。补需方有一个争论，比如说节能汽车补需方应该不应该补？说买汽车的都是富人为什么要补他们？这是有误解的，从经济学上的原因分析，是因为汽车不节能会造成一种外部的负效应，增加了社会成本。国务院发展研究中心的陈清泰同志主张用能源税把社会的负效应收回来，然后补节能汽车，这是一种提高整个社会效率的办法。

总之，政府怎么来帮助我们国家的增长模式的转型，需要总结经验，需要改善方法。我举个例子，刚才万部长讲到汽车的问题，我们现在有一种误解，认为我们技术人才不够，发明创造不够，所以要搞自己的新兴产业很困难，其实据我的观察不是这样，现在的问题是产业化。现在看起来，最成熟的还是高储量的动力电池，美国、欧洲都是朝着这个方向发展，从技术来说我们不比人家差，就是这种车从混合动力到插电式混合动力到全电动，关键是电池。电池有两个东西，一个是振级，一个是模，特别是这个振级，全世界最高水平是由麻省理工学院发明的磷酸铁锂电池。美国能源部给了这位教授1亿美元的科研经费，这个企业（A123 SYSTEM）采用纳米技术开发出来了这种电池，充电时间很短。这个技术我们并不差，深圳一个小企业叫德方纳米，整车生产，包括混合动力和插电式混合动力。新能源动力方面，比亚迪在全世界比较起来也在前面。这两个企业都不是我们发现的，比亚迪是巴菲特发现的，一入股股价增加了6倍。这两年来跟踪观察，我们原来稍前一点，现在不敢说了。因为跟踪观察我们的进展和美国的进展，A123原来的加工企业在中国，生产量很小，装备了风力发电站，汽车上的没有，但是当它的技术得到了美国能源部1亿美元资助以后，很快开发出来，在2008年奥巴马的支持汽车产业的转型申请贷款中申请了18亿美元的贷款，在密歇根建了一个厂。密歇根州就确定一个目标，要把密歇根州变成“世界电池之都”，又给了1亿美元的退税，最近美国能源部又给了2.7亿美元的建厂资助，他自己又上市，这两天IPO拿到了没有，现在也公布了。专利授权拿到了，叫纳米磷酸什么的一个牌子。现在已经开工建设，而且最近又宣布跟上汽订了合同，就是供应上汽动力电池做电动车，他们的追赶速度比我们快，另外，他们的市场组织比我们好，我们因为法制不健全等原因，每个企业尽量想做小而全、大而全，追赶速度比较慢。到底从哪些方面做改进？过去常常出现这种问题。失之交臂，其实我们已经到了这个时候，完全可以赢得国际标准、技术标准的竞争，建立起我们自己的或大或小的新兴产业。

以联想为例谈中国企业国际化

柳传志　　联想控股有限公司总裁、联想集团董事局主席

江苏镇江人，1966年毕业于西安军事电讯工程学院（西安电子科技大学前身），高级工程师。现任联想控股有限公司董事长兼总裁，联想集团董事局主席，中国民间商会副会长，中共十六大、十七大代表，九届、十届、十一届全国人大代表。

1984年，与其他10位中科院计算所科研人员以20万元人民币创办了中科院计算所新技术发展公司（“联想”前身）。联想集团于2004年12月8日宣布并购IBM全球PC业务，成为全球第四大PC厂商。

先后被评为第二届“全国科技实业家创业奖金奖”第一名、“全国有突出贡献中青年专家”、“中国改革风云人物”、“全国劳动模范”、“亚洲最佳商业领袖”、“CCTV中国经济年度风云人物”、“全球25位最有影响力的商界领袖”、“蒋震科技成就奖”得主、“推动美中关系杰出贡献人士”等。

所有的创新，技术创新、体制创新、管理创新等，真正的目的无非是让经济得到发展，最后落实还是在企业上。对企业来说做大做强和做长相比，做长还是第一位的，否则就会把长跑当成短跑，寿命就长不了。但是企业毕竟是要做大做强的，怎么解决这个矛盾？

先从企业海外扩张谈起。就某些领域，对成长到一定程度的企业，要走向海外，品牌性的扩张是做大做强的一个非常重要的途径。2004年财年联想还没有并购IBMPC部分的时候，营业额是29亿美元，到了2007年财年，营业额达到169亿美元，并购以前利润是1.4亿美元，并购之后是4.84亿美元，市场国际份额在并购前是2.3%，2007财年是7.6%，现在呢，上个季度（2009年第三季度）是8.9%，股价也有很大的变化。说明品牌性扩张确实是企业做大做强的重要途径。但是扩张以后会遇到很多问题，怎么才能真正做长，又能够做大做强，又能够走向海外？

有两个层次的原因，一是企业运作层面，像制造业，企业必须对自己

的行业有深刻的认识，甚至要有创新性的、突破性的认识。这是向海外走、做大做强的一个根本条件。除此以外还有一个管理基础层面的问题，比如机制、体制等，以及企业管理基础的问题。可以归纳为管理三要素，即企业怎么建班子，怎么定战略，怎么带队伍，才能把这个企业管理基础做好？这就要“扎马步”。

联想集团专做电脑，在并购IBMPC部门以前对行业有相当深刻的认识。这个认识是如何形成的呢？1990年以前我们国家为了保护自己的民族工业，用关税、用批文的办法不让外国PC进口，保护的是中国的企业，比如我们的老大哥长城，国家花了很多钱，但质量不行，严重影响了国家计算机应用。到了1992年、1993年，国家降低了关税、取消了批文，打开了闸门，让外国企业进来。仅一年的时间，长城品牌的声音就迅速消失，与IBM合作了。当时我们想，在资金、管理、技术、人才方方面面远不如人家的时候，怎么办？我们没有想人家怎么强，而主要想的是自己到底有什么地方不足。当时选29岁的杨元庆做了事业部的总经理，在5年当中不断体会，在电脑行业里怎么跟人家竞争？从技术、销售到供应链等，最后我们在中国市场远远超出了国际竞争对手，那时已经成为亚太第一。当时国际最强的竞争对手没有注意中国，那就是戴尔。戴尔从1998年才开始注意中国。当时戴尔从美国打到欧洲，所向披靡，攻无不克，康柏就败在了它的手下，惠普也败在了它的手下。到了2000年以后戴尔在中国的份额越来越大，而联想在战略上也有错误，因此戴尔直接挤占了我们的份额。我们在2003年底跟戴尔大打了一仗，主要是把戴尔研究透了。其业务模式主要是跟大客户之间发生联系，其供应链是前端驱动，即客户要什么，他们做什么，是从需求对研发采购进行驱动。而联想从来都是做消费起家，主要卖给中小企业与个人的电脑，都是后端驱动。通过了解英特尔要搞什么，微软有什么新东西，我们早早知道了以后设计什么样的新电脑并推动市场，这叫后端驱动。跟戴尔对打，到底我们怎么做？我们冒险决定，原来的市场也要，戴尔这边也要打，建立了两个供应链。后来发现成本太高了，一条供应链不能做两件事情。之后我们详细研究在这个供应链上什么地方能够结合，什么地方需要分开。这要有非常强的执行能力才行，我们下决心这么打了。到2004年，最后我们赢了。这对我们极其关键，因为那年，我们同时在与IBM谈判并购的问题，付款方式是一半用现金，一半用股票。12.5亿美元，其中6.5亿美元用股票买，如果跟戴尔打败了，股票大跌，我们就不知道要多花多少钱来买了，如果打赢了，股票价格上来，那买的价钱就便宜。所以那一仗非常重要。通过这一仗使得我们对这个行业本身有了很深刻的认识。正因为这样，所以在并购IBMPC部门的时候，我们能够把一些事情想清楚。

媒体很喜欢说：请用一句话谈并购的体会。如果我说一句话，那就是把事情想清楚，把问题想透。那么把问题想透的根本是什么？实际上是靠对行业的深刻理解。当时我们把几个问题想得比较明白，IBM为什么卖PC部门？为什么到了我们的手里面能够赚钱？凭什么？另外我们主要买的是什么东西？主要买的是它的牌子，中国的企业要形成品牌出去，一个是自己建，一个是并购。IBM的thinkpad品牌花了十几亿美元，用了6年时间建立起来，今天我们买到手了。还买了技术，因为IBMthinkpad的技术以日本的研发队伍为主，技术有的地方就像窗户纸，比如中国的国画在和西方融合以前，画得再好，没有透视，没有人物解剖，画出的永远是写意，没法写真，但是和西方融合以后，画出来就不一样了。技术也是一样，我们现在能够把中国和国外的研发人员混合在一起，这样就完全不同了。

那么并购的风险在哪里？怎么控制？比如说真的买了品牌以后，过去都说是IBM的，外国人看到了现在并购后的产品以后还会买吗？美国IBM团队他们原来觉得为IBM服务很光荣，中国人并购了以后还愿意干吗？最大的问题就是最高管理层，中国人和外国人怎么磨合？我们不想只是赚钱，还希望我们中国人的管理经验能够起作用。我记得在和戴尔打仗以前，一位学者曾经说过，中国加入WTO的时候，中国打赢了也别高兴，其实人家派的是残奥运动员，而我们是奥运运动员。在电脑行业不是这样的，在中国电脑市场竞争的都是精锐部队，所以我们打的是最硬的仗。但是最高层怎么磨合，文化上怎么结合，也是最大的问题。只有把这些问题都想透彻了，我们才敢动手。所以，第一个就是要把房顶弄明白，同时，把房顶弄明白了以后，还会带来别的好处，比如我们购买的时机，和IBM谈判的时候，由于把这个问题搞透彻了，有的地方也会占很大的便宜，比如说买入的时候账上肯定是没有现金的，因为如果有现金的话，你就得花钱把这个现金买进来，但是这个时刻正是现金往外出的时候还是往里进的时候很重要，如果买的时刻计算好了，其实就等于买了一大笔现金。这些事情都是对于行业理解以后才能做到的事情。

只有对行业的认识还远远不够。2008年、2009年联想出现了大的亏损，到2009年3月31日是2008财年结束的时候，联想亏损了2.67亿美元，是历史上空前的亏损，在第三季度已经亏损了9 700万美元。再回过头看亏损是怎么形成的。

国际金融危机只是亏损的导火索。从2008年九十月份以后国际金融危机一出现，国际上各大企业为了控制成本马上不再购买电脑了，我们在海外的业务主要做的不是消费类，不是老百姓，而主要是大客户，因此营业额马上锐减。这个是导致我们亏损的直接原因。但是根本原因我认为不在这里，为什么呢？我们在并购IBMPC的时候，早就看到电脑行业的趋势是消费类的客户呈现巨大增长，而商业客户增长停顿，因此早就应该在国际市场上布置向消费类客户进行发展。这里主要的问题是，管理人员，比如最高层管理人员的短期行为问题。而我在这里说一下我的感觉，这个感觉也可能对工商管理学院很有作用，也可能是个挑战。今天的国际企业有一个大的缺口，给中国好的企业出去带来机会，在国际上大的企业不管是科技企业还是传统企业，到了两三代以后，这个企业没有大股东，全是股民在买你的股票，因此董事会成员全部都是独立董事为主，一个董事局主席兼CEO，几个执行董事，其他的全都是独立董事。独立董事的主要工作就是要替股民看好钱，不要被公司套走。但是公司的长期业绩会怎样？肯定会大大削弱。联想为什么在前两年打不动？因为并购之后，ERP系统建设上不肯投资。联想的供应链原来是我们的一宝，动作反应快，但是在ERP系统不肯投资，马上就软了，投资要七八亿美元。还有长期研发的投入，今天各位领导讲到，信息领域里面移动互联网出现以后，必然会有新的产品出现，这时候不肯投钱到里面，事情肯定不能做成。因此短期行为是重大问题的根源，还有文化和执行问题等。

我总的感觉不是东方和西方文化的差异，而是企业与企业之间的差异，好的企业基本差不多。我去马云那儿看他的文化跟我们很像，我到美国去看，跟我们也很像。比如有的企业开会永远迟到，说过的话永远不算数，难道是西方文化？东方文化不也是这样吗？所以实际上是自己企业的文化问题。

联想有了大亏损以后，我在2009年2月重新出任董事长，人家说你是在悬崖边上。杨元庆当了CEO以后，我跟媒体说，我认为联想是转折点，而不是在悬崖边上，3年见分晓，后来改成了1年见分晓，是2010年的4月1日见分晓，现在我还想说会更提前见分晓。因为我们了解这个行业，我们懂企业管理。但是刚一出海时，面对海外市场、海外的员工，甚至对董事会和管理层的管理我们不明白。即使是我们最精锐的部队，杨元庆直接当CEO，一样会出事，出事以后董事会如果像足球队一样，把教练立刻炒掉，那就损失大了。所以，我们最主要的是摸清水深水浅，希望看一段以后，再请杨元庆归位。原定是想看5年，现在差不多了，金融危机一到，我们认为杨元庆当CEO可以了。正常的情况下CEO是导演，我当主席应该是制片人，真正的导演应该是他。

杨元庆当了CEO有什么不同呢？第一，我们用班子来讨论问题。过去的CEO习惯很有权威的工作方法，比如说要并购其他企业的时候，CEO只和CFO、CTO讨论问题，不是一起研究。现在高层8个人，4个外国人，4个中国人，有很高的智慧，先从务虚的角度研究透，然后制订战略。第二，战略执行得非常好。在班子成立以后要带出好的队伍，这就涉及队伍的文化和长期激励问题。

最后讲一句话，给领导们的建议，刚才万钢部长说人才引进的时候，特别强调了管理人才。中国真的把高科技企业做起来的，一个一个想想，是什么在起关键作用？是企业的第一把手CEO在起关键作用，因此企业管理人才的培养是最重要的。那些高科技人才其实就是珍珠，没有CEO串联起来，珍珠永远成不了项链，所以希望各级领导注意这根“线”的作用。

当前的全球危机与中国

威廉·恩道尔　美国著名经济学家、地缘政治学家

策略风险顾问，作家，讲师，于德国Rhein-Main大学教授国际经济学，并在北京化工大学任经济学访问教授。曾获2007~2008年度最佳受审查新闻奖，是广受关注的地缘政治和经济发展方面的分析师。自20世纪70年代早期以来，不仅在石油地缘政治方面，并且在农业，能源，政治经济方面都有著作，其中《石油战争：石油政治决定世界新秩序》、《粮食危机：运用粮食武器获取世界霸权》、《霸权背后：美国全方位主导战略》被译成多种文字。

我想谈的是目前全球系统危机的本质，以及它可能对中国经济未来的创新所包含的意义。

我的主要观点很简单很明确：当今唯一的超级大国失去了“天道”，这对于世界，特别是对中国，到底意味着什么？美国的统治者滥用了人民对他们的信任和自己的职责，专横地对待世界人民和自己国家的人民；美国的统治者或者说那些权贵精英，失去了“天道”，假如他们曾经拥有过的话。

首先我们必须弄明白，这场危机到底是怎么一回事。看起来这是美国房地产债务市场上很小的那个“次贷”部分在2007年8月出现了危机。这是一块高风险的按揭市场。但是这场危机真正的源头，是在38年前制定的一项决定命运的决策。

1971年8月15日，当时在任的总统理查德·尼克松，听从了戴维·洛克菲勒和保罗·沃克尔的建议，采取了一个胆大包天的行动：撕毁了1944年的布雷顿森林协议，就是那个确定了战后国际货币秩序基本规则的协议。从那一天开始，美国将不再允许外国央行用手中持有的美元兑换黄金，而这正是布雷顿森林协议规定的。这一天就是纸币美元汇兑体系的起点。美国经济实力的基础从那时开始受到侵蚀，可是没有几个经济学家看明白过这一点。美国国内的制造业基础遭到逐步的系统性破坏，越来越多的基本生产被这种经济体系外包到国外更便宜的地方去了，服务业因此而兴起。

用20世纪70年代的时髦话语来说，美国要成为“后工业”国家，成为一

个服务业主导的经济，就是依赖于全世界其他一切地方制造业的劳动力的那种经济。

从表面上看，这个体系运转得好极了，但是只限于一定的时期。这个时间段的终点是2007年8月，德国一家很小的银行发生了危机。那一家德国银行持有的10亿美元规模的美国次贷债券，忽然之间没有人愿意购买了。以本人的愚见来估计，在50年后这样的事件还要发生，那将是一个制度的终点——那个制度最初出现在17世纪末，以英格兰银行的成立为标志。英国18世纪的工业革命使得它进一步展现。

自由市场美元体系

美国在1971年8月的金融决策是实用主义的，它的后果直到很多年之后才显现出来。在那个布雷顿森林货币系统中存在着根本性的缺陷，可是美国在1971年没有去纠正它，这是一个失败，正是这个失败导致了今天的危机——这是一场用了将近40年时间酿成的危机。

1971年之后，美元不再依赖黄金，于是华尔街的权势集团和纽约的国际银行发动了一场它们所称的“第二次美国革命”——把尽可能多的国家职能私有化，把政府的管制尽可能削减掉，这是这场“革命”的动力。

理解了这一点才能明白，今天的这场美元危机为何不是一个可以轻松度过的事件。美元作为世界的主导货币和关键性货币，现在是它谢幕之前的最后一段时光了。

20世纪70年代初美国经济政策的转变，是美国最强势的大银行和大工业界对于一场危机的回应。美国的跨国企业和银行从1945年以来曾经在全世界享有的优势，到那时在总体上已经不复存在。美国的研发在20世纪50年代曾经是世界的标准，到了20世纪70年代这个地位也已丧失，只有少数几个部门例外。美国政府在战争年代对工业进行了投资，到那时也需要新的推动力了。美国的公司面临更先进、更现代的竞争，特别是来自德国和日本的竞争，这两个国家的技术已经达到更高的水平，有更高的获利能力。概括地说，就是美国的银行和公司必须提高利润率。它们对这个危机的回应，就是向海外而不是在国内进行投资，“贱买贵卖”。

在洛克菲勒集团的带领下，美国精英圈子的决定是：绕开自己的国家。他们这个行为，在数年之后在英国被称为“撒切尔革命”，在美国被称为“里根革命”，在欧洲大陆被称为“新自由主义革命”。这是一个错误的行动，他们需要解决营利性危机，但是却用外包摧毁了自己的工业基础。就这样美国经济被改造了，变成了金融化的经济。他们生产的唯一重大商品是债务，并且是越来越多的债务。对于纽约的一小撮银行巨头来说，这样做太能盈利了，至少在金融化经济2007年崩塌之前，的确是这样。

这个模式有两个与众不同的特点。第一个特点是收入分配的流动，背离了那个正在扩大的中产阶级，财富通过税收和其他途径日益集中起来，流向人口中10%最富有的那一群人。第二个特点是新自由主义的宏观经济战略的不可持续性。这里的问题包括工业企业资本积累锐减，以扩大消费信贷来为GDP增长融资，对外贸易逆差，政府性公司和私营公司经常账户出现巨额赤字。

只有看清楚历史，才能看清楚这场危机的严重性。这是始于20世纪70年代的美国式“自由市场革命”的崩溃，是里根新自由主义体系的死亡，是纸币美元体系的死亡。

对美国国内的影响

在美国国内，新自由主义革命是一种倒退：在大萧条年代，全国范围的工会经过艰苦的劳工运动，为人口中的大多数赢得了社会保障和稳定的工资水平，这些现在又失去了。新自由主义革命通过大规模的宣传，鼓吹缩小政府规模，解除对经济的管制，鼓吹把优质的国有公司私有化。里根当政的模式是直接对工会实施打击，那时26%的美国工人是由工会代表的，而今天只有12%的工人还是工会会员。过去强大的汽车工会、钢铁工会和卡车司机工会，现在都只剩下空壳了。它们的会员或者退出了，或者老去了。而新自由主义革命的目标，正是在美国全面压低工人的工资。

与此同时，政府对银行业管制被取缔，对金融的限制没有了——这就是“自由的市场”，曾经强有力的公司被毁坏，向“股东价值”的利益敞开了大门。这种教条的逻辑是，在一个稳定的工业部门中，不论资本是投向固特异轮胎、通用汽车还是通用电器，唯一最重要的利益是投资人的利益，而整个工业产业的利益、工人的利益、美国经济的整体利益，都不再重要了。一部1980年热映的、名为《华尔街》的好莱坞影片（导演奥列佛·斯通），把这个要点抓住了。

被解除了管制的华尔街发明了许多新金融产品，总称为金融衍生品和期货-套值工具。从20世纪90年代以来，不受管制的衍生品交易，已经变得比股票交易和商品交易更加赚钱，比石油股票还要赚钱。根据巴赛尔国际结算银行所说，全世界的金融衍生品价值，不管是想象中的还是名义上的，2009年初时总值已经达到600万亿美元。其中41万亿是所谓的“信用违约互换合同”（CDS），这正是这场美国银行危机中最核心的麻烦。从银行借了钱去持有的这种“信用违约互换合同”，达到了5万亿美元，大部分都是场外交易的（OTC），这就是说，根据1999~2000年通过的法律，它们根本不用接受任何政府监督。

这是“蛮荒的西部”——这里是没有规则的游戏场。起草解除金融衍生品管制法案的那两个人，一个是提姆·盖特纳，另一个是拉里·萨莫斯，今天他们正在主持美国政府的经济政策。而美国本应该纠正的，恰好是他们这些人制造出来的错误。可是迄今为止，除了把纳税人数千亿美元的钱送给华尔街大银行以外，美国无所作为，在这样一个白宫经济政策班子的领导下，这是毫不奇怪的。

因此，里根自由市场革命在国内的效果，正是摧毁美国工业的基础，并且建立一种以债务为基础的寄生性经济。现在这一切要终结了。

“竟底”的经济

美国和G7集团（其中最活跃的是英国）中最有权势的家族“收复失地”的下个步骤就是，制定新的国际贸易规则，以便让美国的公司和银行向国外的生产部门投资，这就是所谓的“外包革命”。截至1994年，美国、G7以及另外几个同伙澳大利亚和新西兰，结成一帮，联手共同对付发展中国家，他们推进了一项激进的新贸易谈判——乌拉圭回合，借此建立了WTO这个历史上第一个全球贸易“警察”机构。

WTO的规则是美欧的“富人俱乐部”制定的。这个机构打开了廉价劳动力的防洪闸。美国美其名曰“全球化”，其实这不过是里根式的“自由放任”向全世界的传播——这就是所谓的“自由的市场”。新的WTO规则给美国整个工业行业找到了一条外包捷径，把生产外包到劳动力更便宜的国家去，美国从中得益，公司利润和股票价格在20世纪90年代后半期大大飙升。首批国家如墨西哥的免税的边境加工区最受欢迎。到了世纪之交，中国成了外包的首选国家，因为中国在2001年加入了WTO。

20世纪70年代初著名的“乒乓外交”和随后尼克松总统访华，其实是美国新自由主义革命的一个战略组成部分；为尼克松的出访做准备的，正是亨利·基辛格和戴维·洛克菲勒。这是极有讽刺意味的。打开中国大门，让美国的经济渗透进去，是洛克菲勒和美国精英的百年之梦，自从1840年他们帮助英国人打了鸦片战争以后，他们一直都在这样梦想。洛克菲勒和美国的金融和工业精英是这样想的：只要他们能够用现代投资诱使中国上套，他们就能把中国纳入他们的“新世界秩序”，即他们设计和建构起来的全球化模式，就能实现压低工资和提高利润。中国将会对美国市场产生依赖。这是一种新式的“鸦片战争”。

中国冲击波

这个计划太成功了，中国在不到30年的时间里，飞快地变成了世界上最大的经济力量之一。美国为了工商业的利益，要玩的是一场“中国游戏”，他们要把中国这个廉价劳动力的大水池维持住，把生产的成本降得更低。WTO的规则允许通用汽车公司或者克莱斯勒公司在中国生产汽车，然后出口，卖到美国或者其他国家去，赚取巨额利润，而置美国国内的生产部门于不顾。在过去的15年中，搜寻更加便宜的劳动力，正是推动WTO式全球化的引擎。这是一场“掉到底”的竞争，结果是美欧国内的工资下降，美欧厂商在中国低廉的工资水平的竞争下只能挣扎自保。

意料之外的事情从2005年开始出现。“底”开始升高了。中国的工资开始上涨，因为工人的技术提高了，他们为世界市场生产出技术含量更高的产品，因而提高了自己的所得。中国工资水平的变动在华盛顿并没有引起多少注意，但是却发出了美国经济霸权走向终结的信号。

“竞底”，即越来越便宜的生产成本，把美国的股市撑到了前所未有的高度。在20世纪末网络泡沫大涨的时刻，以万亿美元计的股资涌进美国去买首次公开募股的股票。在亚洲金融危机后，资本都往美国市场走。美国模式在达沃斯大受追捧，被当成世界上最成功的经济。这是建筑在沙滩上的成功，但是几乎没有人理解这一点。

美国不会复苏

时至今天，2009年，已经有两位来自不同党派的美国总统，都尝试过重建美国经济的世界领导地位。尽管从2007年危机爆发以来已支付了超过两万亿美元巨款，两位总统还是都失败了。在美国房地产市场的16万亿美元债务市场面前，泡沫后的市场下行——这个痛苦的房产价值调整过程，至今还只走过了1/3。这个过程至少会持续到2012年底。在这个时期中，次生的经济振荡对美国经济产生的影响，将会比大萧条的后果更严重。

成百万套美国住宅已经闲置。在今后的数月中，还有成千万套住宅将被闲置。为美国贡献了70%的GDP的普通消费者家庭，欠下了大量的债务，为买车欠债、为子女上大学借款、为购房欠债，用信用卡消费欠债。他们欠的债相当于可支配收入的三倍。消费者退缩了，他们减少支出，尽力付清信用卡债务。这些都加剧了经济的收缩，形势的严峻程度远远超过美国官方数据的估计。今天如果用1950年的可靠的统计方法来估算，在美国有能力的劳动年龄人口中，真实的失业率已超过20%。

今天美国的工业和就业形势是1930年大萧条以来最坏的。战后婴儿潮一代在以往的20年中，先是把他们的退休基金大量投资于股市，然后又转向房市，现在他们要退休了。从2009～2011年开始，上千万的退休者为了生活下去，需要兑现股票，把本来在退休后要住的房子出售到正在下滑的房地产市场上去，他们将停止向政府、向公共年金基金付税。他们要靠卖出股票来生活，这样就会有更多的资本从股市退出。对于华尔街的金融大腕来说，这相当于坐在今后一二十年中的一场危机之上。

经典债务陷阱

在政府方面，美国的公共债务失去了控制，于是动用纳税人的钱对华尔街上的大银行实施紧急救助，如花旗、高盛、摩根大通、美洲银行等，其资金规模超过数万亿美元，情况正在变得越来越糟糕。巨资注入后，银行仍然不能进行借贷，因为没有人借得起钱了。说到美国政府的债务，正如中国人民银行非常痛苦地看到的那样，美国是世界上最大的欠债人。公共债务总计约12万亿美元，几乎等于一年的GDP。在以往的八年中，美国的公共债务翻了一番还多；为了打伊拉克、打阿富汗，政府必须通过赤字为战争融资。打这几场战争的钱，不论人们是否喜欢，事实上是来自中国的储蓄：是中国投资到美国财政部的国债，或者对半政府企业如房地美的投资。

让我们把话说清楚，目前的这场危机，不是全球的经济危机，而是全球经济中一个部分的危机，是美元体系的危机。到现在为止，中国和世界上的大部分国家，多多少少避免了最坏的情景，即美英这两个国家正在经历的，正是它们曾经最卖力地鼓吹的所谓新自由主义的“自由市场”革命。

1945年当上全球霸主的美国，正在进入它自己最后的一场金融危机、经济危机和社会危机。在今后数年里，美国的全球霸主地位会被这些危机急剧地削弱。像美国主流经济学家那样，希望美国经济会出现V型复苏的预期的那些人，都完全没有看到事实。我们需要记住，美国主流经济学家没有一个人预见了此次危机的深度和广度。我在2004年曾经警告过房地产市场正在出现泡沫，未来将发生崩溃。几年前我做了一项明确的决定，绝不盲目跟从主流经济学的思考，而是尽我所能，做独立的分析工作。当所谓的主流在污染了的急流中挣扎的时候，我在很大程度上站稳了脚跟。污染主流的有毒物就是次贷和衍生品。

这一场美元危机的根本性质和它的深度决定了，不管是谁来当美国总统，就算是耶稣基督下凡，如果不把九家最大的金融机构收归国有，任何人也无力回天。从高盛开始，美洲银行、花旗等都在其中。必须按照1999年以前的法令，即实行“去管制化”之前的法令，对金融界重新实行管制。对华尔街银行的权力，我在自己最近写的《金融海啸：一场新鸦片战争》一书中称为“货币托拉斯”的权力，必须大刀阔斧地削减，只保留常规的银行信贷功能。那些银行巨无霸必须被分拆，它们必须受到严格的控制。废除衍生品场外交易的法律必须实施。但是自从危机爆发以来，我们并没有看到过这样做的任何一点迹象——相反，我们看到纳税人的钱被更多地拿走，去支持那些腐败的华尔街银行。

中国创新角色的独特之处

今天，仅仅在20年前还被美国大公司用作廉价工资之“底”的这个国家——中国，以大多数人无法设想的速度，上升到了这样一个地位：当这个世界的经济需要一个新的秩序，并且需要实现稳定的时候，中国能够承担一种具有决定性意义的角色。

这不是靠中国用真金白银灌注美元债务这个无底洞；中国要依靠自己的活力、聪明才智和创造力，去开创一种和平的新风尚。

请允许我分享我从最近几次中国之行中得到的观察。直到目前为止，中国在经济建设中，还不得不采用美欧的公司模式，采用外资直接投资模式。然而面对无控制的全球化中存在着的真实危险，中国在2008年11月对全球危机做出的回应表明，中国是能够果断行动的，中国能够灵活应对一场全球性的危机。

中国具有这样的地位：中国有工业的基础，一个在世界上最现代化并且还在成长的工业基础。你们有教育水平很高的中产阶级和劳动力，并且技术还在日益提高。儒家道德文化所具有的优势，以本人的一己之见来看，西方国家无一可比。

中国今后发展最重要的一点是，不要像过去那样向西方或者美国寻找“成功”的模式，而应更多地向内看，更加专注于中国文化的核心与传统，而这种“内观”应考虑到当今中国经济发展的现代化起点。

创新的挑战与过去的挑战非常不同。这个挑战更大，但是对中国的企业家来说，回报也更大。我也认识几位离开了神话般的硅谷回来建设新中国的企业家。你们必须决定创新应该聚焦于哪些项目。我只想作为一个外人，根据自己亲眼所见提出一点建议。你们完全有能力完成你们的心智希望实现的事情。G7 集团那些国家是正在衰老的、停滞的或者下滑的经济体。它们的创新，无外乎是那些关于减少污染、让老人生活得比较容易的事情。

在美国和英国，操控战略的精英圈子最大的担心是，欧亚大陆国家会从它们的鼻子底下抓走大量的市场和潜在的利益。上海合作组织就集中代表了这样的新市场的潜力。中国同俄罗斯、哈萨克斯坦和中亚国家以及中东主要产油国联合起来，就能够经受住美元体系衰落过程中将会发生的任何经济震荡。参与合作的每一方，都具有各自的战略优势和战略上的劣势，然而作为一个集团，“上合组织”拥有军事上的保障，有原材料资源，有出色的劳动力和科技能力，它能够为地球上 60% 的人口改善生活。欧亚大陆是未来的学习班——它如何发展，它是否能够实现发展，都取决于组成它的那些成员国家。我对它的未来十分乐观。

中国的经济是年轻的，充满活力和生气。中国依然尊重老人的智慧。如果你们能够集中注意力于中国今天所缺乏、明天所需要的领域中，在所需要的技术方面，去关注最邻近的市场，去关注中亚和东亚、非洲和南美洲，你们就是在为一个更加和平的可持续的世界作出贡献。这当然不是一个轻而易举的过渡。中国还有另外一个选择，那就是跟着美元巨轮泰坦尼克号一起沉下去。

世博会与创新

杨 雄 上海市委常委、上海市常务副市长

1953年11月生，汉族，浙江杭州人，经济学硕士，高级经济师。现任中共上海市委常委、上海市常务副市长。

1985年7月毕业于中国社会科学院研究生院。历任上海市经济研究中心副处长，上海实事公司综合信息部副经理，市计委长远计划综合处副处长、处长，市计委主任助理兼计划投资处处长，市计委副主任，上海联和投资有限公司总经理，上海市信息投资股份有限公司董事长，上海航空公司董事长，上海航空股份有限公司监事会主席。2001年2月，任上海市政府副秘书长。2003年2月，当选上海市副市长。2007年5月任中共上海市委常委、上海市副市长。2008年1月任中共上海市委常委、上海市常务副市长。

今天距离2010年上海世博会开幕还有189天，非常高兴有机会和大家交流探讨世博会与创新这个话题。下面从三个方面阐述有关内容。

第一，创新是世博会的灵魂和生命。

世博会是由一个国家政府主办，多个国家或国际组织参加的国际性的大型博览会，150多年的世博会历史就是一部人类社会创新史。

首先，第一次工业革命的伟大创新，催生了首届世博会，1851年为了展示英国工业革命取得的巨大成就，显示其雄踞各国之首的地位，英国女王维多利亚亲自邀请28个国家参加，在伦敦成功举办了首届万国工业博览会，这届世博会上最引人注目的无论是展馆、水晶宫，还是蒸汽机、电报、冶金机械等，都代表了第一次工业革命的伟大创新。首届世博会展期140天，参观人数达到了630万人次，跨时代的壮举激发了各强国举办和参加世博会的热情，也加速了第一次工业革命成果在世界范围内的传播和推广，加快了全球工业化的进程。

其次，历届世博会都以创新引领时代发展，对人类历史产生了巨大的影响。国际博览界有一句名言：一切始于世博会。自1851年以来世博会已经在近30个国家举办了120多次，每一次举办都在科技、文化、艺术、建筑和生活等各个方面引领时代发展，为后人留下大量的物质财富和精神财富，其影响一直延续至今。比如1851年第一届英国伦敦世博会首次展示了蒸汽机和电报，留下了建筑史上有名的玻璃建筑——水晶宫，世博会结束以后一度被拆除，后来根据大家的要求，又重建，重建以后发生火灾，火灾以后现在没有留下；1876年美国费城世博会首次展示了贝尔发明的电话；1880年澳大利亚墨尔本世博会首次展示了爱迪生发明的留声机；1889年巴黎世博会不仅首次展示了戴姆勒制造的四轮汽车，还留下了著名的埃菲尔铁塔，开创了新的钢结构时代；1904年美国圣路易斯世博会首次展示了莱特兄弟的飞机；1915年美国旧金山第一次放映了电影；1970年大阪世博会第一次展示了人类首次从月球上取回的月亮石等。在展示人类创新的同时，世博会自身也在不断创新发展，最具标志性意义的是在世界经济刚刚从大萧条当中复苏的1933年，美国芝加哥世博会将主题定为一个世纪的进步，明确提出科技发明和创新是今后人类进步和社会发展的主要动力，从此以后各届世博会都有各自的主题，从能源、淡水、海洋，到居住环境、运动与交流、人类与自然，世博会也从非交易的产品展、成就展，逐步发展成为主题展，不仅充分展示世界各国科技、经济社会发展成就，而且日益成为世界各国围绕共同发展的问题，总结经验，交流合作，展望未来的重要舞台。

第二，创新始终贯穿于上海世博会筹办的全过程。

中国2010年上海世博会同样秉承世博会一贯的宗旨和精神，将创新贯穿于整个筹办过程的各个方面。在主题上，上海世博会的主题是：城市，让生活更美好。这是世博会历史上第一次将视角转向城市。2006年全世界已经有超过50%的人口居住在城市，标志着世界已经进入一个城市时代，城市和城市生活正日益成为国际社会共同关注的重要课题。我们希望通过上海世博会集中探索回答三个问题，一是什么样的城市让生活更美好；二是什么样的生活方式让生活更美好；三是什么样的城市发展模式让地球家园更美好。在展示内容上，2010年上海世博会除了展馆展示以外，我们在城市最佳实践区和网上世博会做出了两个大的创新，这是历届世博会没有的。城市最佳实践区是世博会历史上首次让城市参展，经过全球范围内的遴选，共有50多个实物和展馆案例入选，它将是模拟城市生活、工作、休闲、交通等重要功能的综合街区，可以使参观者提前领略未来生活的生活方式，通过把各个地区和城市进行组织推荐，把目前世界上大家认为最成功的城市建设和各方面的建筑技术、生态技术、新能源技术结合在城市过程当中形成实物案例。网上世博会是上海世博会的首创，通过互联网、虚拟现实、实时互动等多种先进技术，把实体世博会的精彩内容呈现在互联网上，让全世界更多参观者通过互联网参与上海世博会，使上海世博会成为永不落幕的世博会，现在在已确认参展的242个国家和国际组织当中，已经有210个左右已签署了参与网上世博会的协议，所以我们将用三维技术和虚拟现实把上海世博会的有关内容在网上呈现。这样通过网上世博会的形式，通过现实参观和虚拟参观，这届世博会的影响将会扩展到几亿或者十几亿。更为重要的是上海世博会首次提出低碳世博，在规划建设上，我们对世博园区规划区域内能源消耗大、污染排放严重的工厂实现了搬迁和改造，实现了产业结构的调整和产品升级。大幅度减少碳排放和其他污染物排放，明显改善了环境质量，提高了人民的生活水平。世博园区有超过100万平方米的绿地和公园，占总面积近1/3，为了保护和延续好城市历史文脉，减少资源浪费，世博园区内利用改造建筑总面积超过30万平方米，占总建筑面积的20%。上海世博会将率先广泛应用节能低碳技术，世博园区内包括世博中心、中国馆、主题馆等主要场馆，都将大面积使用太阳能发电，园区内太阳能发电能力达到4.5兆瓦以上。世博中心等大型建筑将部分采用江水源系统作为制冷和制热系统，世博轴的空调系统完全采用江水源和地源热泵系统，创造了我国公共建筑节能减排的新纪录。在最佳城市实践区，沪上生态家园等一大批实物案例将集中展示全球先进的低碳技术，同时将充分展示新能源技术，园区内有纯电动、超级电容和燃料电池的技术，使园区内的公共交通实现零排放。园区外有混合动力汽车，园区周边实现低排放，我们预计世博园区内清洁能源使用比例将达到50%以上。污水全部收集处理，工程建筑废弃物和垃圾回收率达到100%，资源化利用率达到50%。此外上海世博会还将组织召开全球环境变化与城市责任主题论坛，集全球智慧共同探讨如何应对气候变化，发展低碳经济，我们还将积极参与联合国环境规划署在全球发起的10亿棵树活动，与美国环保协会共同推行世博绿色出行活动，在长三角范围内广泛开展环保宣传。此外，世界各国和各国际组织也带来很多创新的成果，表现在从展馆的设计建设到展示内容、展示技术等各个方面。

第三，抓住世博契机，加快建设创新型城市。

举世瞩目的2010年世博会对于上海影响深远，意义非凡。不仅仅意味着城市基础设施、市容环境和文明程度的改善，更为上海转变经济发展方式，加快建设创新型城市带来历史性的机遇，世博会将有力地推动上海的科技创新，科技创新是上海未来可持续发展的不竭动力，上海世博会为大量高新技术的研发应用提供了第一需求，已经成为上海高新技术产业化的主战场之一。由万钢部长和韩正市长共同挂帅，科技部和上海市政府联合实施的世博科技计划，已经在建设能源、环境、运营、展示和安全等6大领域，累计布局实施140多项科技攻关项目，大部分项目成果已经获得应用，同时上海已经出台9个高新技术产业化重点领域行动方案，上海世博会大量运用的新能源汽车、半导体光源、太阳能光伏发电、新一代移动通信等高新技术产品，将帮助相关行业实现跨越式发展。万钢部长讲，希望移动通信技术除了在3G技术以外，还要搭建TD－LTE的试验网，希望4G从上海世博会开始。世博会将有力地推动上海城市管理创新，为了以更好的城市面貌和服务水平迎接世博会，全市上下开展600天世博行动计划。力求通过管理创新实现市容市貌明显改观，管理水平明显提高，服务能力明显增强，市民生活环境明显改善，城市的文明程度明显提升。我们将对全市实有人口和实有房屋信息进行一次全面的核对采集，率先建立人口房屋全覆盖的信息化的城市管理体系，提高我们的服务能力；比如说为虹桥交通枢纽设置先进的管理系统，为来沪游客提供全方位的交通信息服务。世博会将有力地推动文化创新，除了开闭幕式等重大庆典活动，上海世博会期间将举行大大小小各类文艺活动2万余场，其中不乏重演和原创活动，对上海市乃至全世界的文化创意发展，以及人才培养提供难得的舞台。同时上海世博会将举行高峰论坛、6场主题论坛以及多种主题论坛，力求在交流文化传统、传播科技知识和弘扬创新知识方面，为今后世界范围内城市创新、城市发展留下宝贵的精神财富。

世博会与创新是永恒的话题，也是常谈常新的话题，我们期待通过举办一届成功精彩难忘的世博会，让全世界各种创新的要素在世博会这个宏伟的舞台上充分展示，最大限度地发挥世博会对创新的引领、示范和带动效应，努力让中国2010年上海世博会成为创新的典范。

最后，我代表上海世博会执委会和上海市政府向各位嘉宾发出热情的邀请，欢迎大家2010年来上海参观世博会。

02 市长论坛

创新型城市

袁岳（零点研究咨询集团董事长）：今天一共有六位市长出席我们创新型城市的论坛，有请重庆市副市长童小平，深圳市市委常委、常务副市长许勤，沈阳市副市长邹大挺，南京市副市长王咏红，合肥市副市长李红，西安市委常委、高新区管委会主任岳华峰。市长们比较高瞻远瞩，所以希望本场论坛能够创造一些市长论坛的特色，包括市长们看待问题比较生动、有智慧的那一面。

先看一下在座市长的背景特点，主要是三高：学历高、见识高、地位高。现场论坛分三个部分，第一部分，请每个市长发言10分钟，大家已经习惯从电视上看到市长们念稿子，今天我们要求所有的市长不念稿子，现场跟我们分享一下他们的城市在创新管理方面有一些什么经典之处、得意之处、创新之处，包括他们工作中抓的核心焦点在什么地方，当然也可以分享下一步要抓的重点在什么地方，所以市长们可以有一些选择，让我们了解这个城市在这个方面的特色；第二部分，我会从市长们所讲的里面请教一些问题，我也会从我的角度提出一些问题跟市长们进行交流；第三部分，我们要拜托我们现场的嘉宾朋友们，其实好的论坛不能单向，得有上下交流的平台，特别是我们前排有一排专家，后排也有很多专家，我们专家平时有一些郁闷的问题，跟市长们不太有机会说，所以今天给大家这样一个机会，请大家把一些问题提出来，跟市长进行交流，而且问题提完了还有一些要继续问的话，还可以进一步对话。

童小平（重庆市副市长）：当今世界是一个多元化的世界，一切都是多元的，人们的文化制度包括我们的服饰都是多元化的。所以在这里结合我们重庆这座发展中的城市，按照主题“创新”这个关键词，讲以下几点想法和大家探讨。

首先，当今我们国家西部或者说整个中国的核心竞争力在哪里?

我想应该是产业的提升。产业的提升是一个国家，特别是重庆市老工业城市必然要加快发展的必然选择。重庆产业提升的主要驱动力和动因有以下几个方面：第一，中国的改革开放30年走到今天，必然要解决西部的发展问题，经过西部开发10年的发展，我们解决了产品和产业提升的问题，比如基础设施保障、能源的保障、人才的培育等等。那么在具备了一定的产业升级和产业提升的基本条件下，我们呼唤的是产业，所以说改革开放后30年要解决我们国家持续发展的动力就必须解决包括重庆在内的所有西部地区的产业发展问题。在这一前提下，我们就提出了城东的产业转移。第二，改革开放30年，我们国家解决了东部的快速发展问题，那么西部的发展是不是仍然要选择一个开放的理念？因此我们提出要把重庆打造成为西部的开放高地，这个开放高地的定位，也就是说在中国后30年，我们改革开放的路子在西部也得以实现，开放的问题就是我们通过开放引进各种要素，尤其是科技要素、人才要素、创新要素等等，实现开放的格局，来加快产业提升。第三，我想重庆作为老工业基地，它曾经辉煌过，但站在今天的信息社会来看，我们的产业要进一步有竞争力，老工业基地要焕发青春，就必须要革命，革命就要创新。第四，把产业和就业相连，没有产业就没有就业，没有就业就没有收入，没有收入就没有消费，消费和就业，消费和产业之间就不能形成联通，那么我们共产党所追求的“三个代表”和“以人为本”，代表老百姓根本的利益就很难实现，我们所追求的发展模式，消费最终拉动经济的发展也很难实现。综上所述，就是说一个地区，包括重庆，特别是西部，我们下一步要加快发展，必须要在产业创新发展上有实质性的突破，没有这个突破，我们的发展在今天的条件下就很难实现。

其次，怎么样才能实现产业的创新，产业的提升?

我们在做产业的发展和创新上实质上有三支队伍，一个是企业，我们经常讲这是创新的主体；一个是科研团队，包括科研院所和研究机构；再一个就是政府。那么这三支力量怎么有效地整合在一起，通过制度保障来实现这个联动，最终着力于企业这个创新主体能够很好地发挥创新主体的作用？我感到这是目前我们国家都还没有完全解决好，重庆也没有解决好的一个问题。实践当中，我们市政府通过科委正在组织实施重庆的十大产业联盟，把各个团队所有的力量放在一起，比如新能源、混合动力，包括纯电动的汽车这个产业联盟在重庆是比较有基础的，因为重庆是中国第四大汽车生产基地，摩托车在中国也是第一位的。那么这个产业联盟是以企业作为创新主体。比如上飞红、上海菲亚特、重庆红岩组成的联合体，企业根据它的需求，背后支持它的是研发团队，政府给予政策导向，包括各种优惠政策的扶持。我们还有医疗器械，如超声治疗刀。这十个产业联盟我们今年刚刚在重庆推进，我觉得要使这十个产业联盟紧紧地联系在一起要解决利益上的问题、工作机制上的问题和工作方法上的问题，我们这是刚刚起一个头，但是我认为产业联盟是实现产业创新、产业提升，特别是科学技术产业化的一个非常关键的环节。就是要通过产业联盟的形式来使我们所有的创新要素能够聚焦在我们企业身上，使企业作为创新主体的动力比较足，而且又紧贴市场，最后这个创新主体的成果会造福于我们的人民，科技应该是一个大科技的概念，它会渗透到老百姓的餐桌、服饰、住宅，包括上天入地。所以必须要通过产业联盟这一有效的链条，这是一个科技链条，才能够实现科学技术的产业化、科技成果的有效转化，科技追求的不仅仅是论文、专利，如果它没有转化为社会的有效产品，就不是真正的第一生产力。

最后，我要说，科技成果的转化路漫漫，里面的问题还很多，所以要下决心解决我们科技成果怎么转化的问题。创新可以讲很多，但是创新只有在产业上有所作为，最后在产业上收到效果才是真正有意义的。

许勤（深圳市委常委、常务副市长）：谈创新，一定要看一个城市，如果讲创新城市建设，一定要看城市本身的历史过程。深圳是中国的经济特区，它的建设时间只有30年，过去只有3万人的一个小渔村，经过30年的发展，深圳现在处于什么位置？深圳的经济总量在全国大中城市排第4位，地方的预算收入排第三位，深圳的机场是中国的第4大机场，深圳的集装箱码头位居全球第4，深圳的国际专利申请量排全国大中城市的第1位。应该说经过30年的建设，深圳是我们国家改革开放的一个缩影，所以深圳人在思考：经过30年的建设，我们的经济规模、我们的产业结构达到现在这个水平，下一个阶段我们的主导战略是什么？所以深圳市委市政府非常明确地确定自主创新是这座城市未来发展的主导。

深圳在未来建设国家创新城市过程中有很多关键的理念和原则：

第一，深圳过去30年的发展，靠的是改革开放，更多地引进了国外资源、国外的市场和国外的投资。但是未来30年，我们的主攻方向是什么？我们认为是创新，“改革、开放、创新”这六个字是发展的主线，但是在未来30年创新的分量要更重、更占据主导地位。

第二，深圳的特点是企业的创新走在前面。我们在研究国家创新体系建设的时候，往往在考虑创新主体缺失的问题，但在深圳恰恰是企业自主创新走在前面，过去我们总计有4个90%，包括投入产出还有机构人员90%都在企业，但是我认为要想真正使企业成为创新的主体，很重要一点，就是企业要既有动力，又有能力。为什么这个主体从整体上缺失？是因为我们现在所处的发展阶段有很多垄断型企业，大企业是有能力的，但是它创新动力不足，而中小企业应该说是有动力的，但是它能力不足。深圳出现了一批像华为、中兴、大国极光、比亚迪这样的创新型企业，我认为它们是处于既有动力又有能力的发展阶段。

第三，自主创新作为国家战略的核心，在十七大报告当中表述得非常清楚，但是我个人认为在建设创新型国家的征途当中，我们需要各项政策能够集中支持自主创新，能够落实；在投资政策、财政政策和信贷政策上都应该集中资源向自主创新倾斜，构建国家未来的竞争力。

第四，讲自主创新绝不是封闭起来的创新，我个人更主张开放式创新。在当前形势下，如何能够聚集外来资源？对一个城市来讲就是要调动包括其他区域的、包括国家的、包括国际的资源。对一个国家来讲就是要调动国际上的资源，整合各方面的资源，用这样开放的态度来对待创新。

第五，自主创新要和经济发展、产业创新紧密地联系在一起。在创新的过程中，我们要强调产业创新，当然，创新的内容更丰富，包括科技创新、产业创新、文化观念理念和机制体制上的创新，广义上有一个大的范围；而从狭义上我们谈的更多是科技创新，无论是狭义还是广义，我们都不能忘记我们的产业创新，它会支持我们的发展。

王咏红（南京市副市长）：创新是城市发展之魂。创新决定一个城市的竞争力，决定一个城市的前途和命运，也是一个城市不断发展的动力。

南京是一个历史文化名城，南京两千多年的历史之所以能够在中华民族的历史上留下浓墨重彩，其中很重要一个原因就是在科技创新上留下很多篇章。当今的南京发展靠的是什么？也是创新，通过创新使南京这个城市成为我们中国重要的科教中心城市。我们南京现在进入“211”大学的学校在全国同类城市是第一，每万人大学生数量是全国第一，我们有众多的科研院所，我们有众多的科学家，光院士就有79名，南京的科教资源非常丰厚，在这么丰厚的科教资源的基础上，市委市政府通过创新使南京的高科技企业不断地发展，将南京的软件名城打造成为一个亮丽的品牌，2000年提出南京要建设软件名城，当时软件年销售产值只有18个亿，而2008年的软件销售额已经达到471亿元，这是一个什么概念？这就是说8年增长了26倍，所以科技给这个城市带来的发展是一种裂变式的发展，这几年来我们的科技进步力在城市社会发展中已经达到52.46%。未来的发展南京靠的是什么？我觉得靠的还是创新，在2009年4月，科技部把南京定位为全国科技体制改革的综合实验城市，这个城市在全国目前来讲是唯一的，为什么是唯一的试点城市？就是说南京一方面科教资源非常丰富，另一方面我们也要看到南京科教资源还没有很好地更进一步地发挥出来。比如南京的高校科研成果每年转化70%，只有40%在南京本地转化，所以我们在想怎么能使南京这个城市在科技创新上走得更快。我觉得南京在科技上的很多问题，聚集在一点上，还是一个机制和体制的问题，尽管我们的高校很多，科研院所很多，专家很多，但是它是在不同的管理体制、不同的运作模式、不同的利益构架下进行科研以及科研的产业化，好比有很多珍珠是散在沙滩上的，如果我们把珍珠串起来就是一条非常漂亮的项链，我们那么多的科教资源比较散，所以如果我们从体制上做好文章，就抓住了科技体制改革的创新驱动的牛鼻子，这才是四两拨千斤。

那么怎么做好科技体制创新呢？我们认为有六个方面的体制创新：

一是管理协调体制创新。怎么把科教资源有效地统筹协调起来？我们现在的科教资源70%是省属的，要怎么结合在一起？在探索当中就是要通过一些有效的载体聚集人力、资本、科教等各种资源。

二是要进行企业技术转化的创新。要使企业真正成为技术创新的主体，这个就是进行科技转化的创新、产学研的结合，要建立一些战略联盟，通过战略联盟促进高新技术产业的发展。

三是投入的创新。一方面政府要舍得把钱花在科技上，软件在南京为什么能够发展那么快？去年在金融危机的情况下，南京的软件仍然保持30%的增长，2009年9月末是50.2%的增长。2009年初中组部部长李源潮在南京开座谈会的时候，企业家就讲我们的政策是春天的政策，政府拿出1个亿，带动县区10个亿，整个社会投入100亿，引来了全国各地的软件企业到南京；南京还将准备三年拿出20个亿，用以引进高科技人才，用于科技平台的建设和产学研的转化，带动社会的200多个亿、2 000多个亿。投入机制首先是政府要先投，然后就是风投、创投等社会资本要集聚，另外就是评价机制、激励机制等六个机制。

四是机制的创新。机制创新将使创新驱动得到很好的发展。要把资源聚集起来，通过平台的建设，我们提出了科技腾飞4530计划，就是要用4年的时间使高新技术产业翻一番。

五是要打造软件名城、生物医药谷、无线谷、农业谷和创新街五大平台。通过平台把人才、大学科研院所聚集起来，这样驱动发展，把这些资源要素结合在一起，通过物理变化产生化学变化，聚集了就是物理变化，各种要素聚合在一起，加上各种创新要素又会产生化学变化，最后就是剧变，产生一个巨大的创新磁场，又带动整个城市的创新发展。

邹大挺（沈阳市副市长）：我原来是科技部的，在科技部工作了10多年，2005年时卸任，我一会儿要谈的观点与我这4年多的体会有关。我走的时候自己给自己出了一个题目，科技部是国务院综合科技管理的部门，地方科技工作一定是与科技部的工作有差异的，差在何处，这是我出的题目。现在4年下来我基本上已经能回答这个题目。这也是我今天讲的主题。

全国科技大会以后，全国各地都提出了要建设创新型城市，沈阳也提出了这个口号。

当时我在想一个问题，怎么样衡量创新型城市，怎么样达标？我自己的体会是有两个指标可以衡量。第一，学术性的指标。这个城市科技人员的拥有量、院士的拥有量、独立科研机构有多少，高等院校有多少，重点实验室、国家工程中心有多少，以及专利获得量、科技投入量等等。第二，非学术性指标或者成型指标。比如产值、产品、企业。经过一段时间的思考，我提出一个观点：建设创新型城市重在抓好或者培育一批世界级产品、世界级企业。学术类指标是资源，这些资源能不能够转化为创新成果。有两点依据：沈阳研究这个问题的时候，到深圳、西安、成都学习过，我们重点是把深圳和沈阳做一个比较，如果用学术性的指标衡量，沈阳的所有指标几乎都是深圳的两倍以上，我们院士大概有26个，原来是29个。但是反过来，深圳的经济总量、出口都很强大，国际专利全国第一，那很不容易，前面还有北京和上海。深圳的GDP、工业产值、工业增加值、一般财政收入出口、高新技术产值等等，我大概做了一个比较，是沈阳的2倍或4~5倍，个别的出口指标是沈阳的几十倍。所以我们比较之后非常震惊，突然发现深圳为什么发展得这样好，它的高新技术企业在2006年春就有200多家了，而沈阳当时只有17家，远比我们多。深圳现在有600多家高新技术企业，沈阳只有100多家，只是深圳1/5。所以我发现，真正的活力是靠产品和企业，靠知识产业。而且这个产品和企业在现在已经开放的市场上必须要用时间的标准来衡量，真正的创新型城市真正要培育一批，或者研发一批世界级产品，培育一批世界级的企业，一个产业撑起一个城市的案例早就有了。在美国底特律，一个汽车业撑起一个城市，在西雅图两个产品撑起一个城市，一个是波音飞机，一个是软件，这两个产品撑起一个城市，一个城市的核心产业不一定需要很多，关键是要有世界影响力，要有控制力，这两个东西是我们发现真正抓科技创新，建设创新型城市的关键，我绝不排斥院士的重要性、博导的重要性、专利的重要性，但是我们更多的是要解决产品和企业的创新问题。

我们在科技工作会议中提出六大突破：一是高新技术产业建设取得突破；二是科技企业的孵化器建设取得突破；三是造就培育企业集聚取得突破；四是投融资取得突破；五是人才开放取得突破；六是重大专项取得突破。

思路明确后我们就好处置了。第一，我们把创新的复杂问题简单化了，知道了方向和重点在何处。我们做了很多计划，比如说领航性企业的培育计划、产业链打造工程、技术成果的整合集成。沈阳这种老工业城市有很多优势，很多技术也很好，但是没有串起来，所以发挥不好。比如风电、太阳能发电等新能源发电，沈阳这方面的生产厂家很多，另外电网，如今天提到的智能电网的开发和高容量储电在沈阳也不错，就是要把它串起来成为一个产业链条，这样竞争力就很强，包括企业联盟，企业联盟就是产业链条。

经过几年努力，我们有几个结果了，第一个是近5年来，我们梳理了一下，沈阳到底培育了多少世界级产品，有10个大类，66项。我们世界级产品的标准是两条，第一条这个产品具有当今世界先进技术，第二个是生产这个产品的国家是少数的，什么是少数？全世界5～6个国家，最多不到10个国家。按照这个标准我们选了一批，可惜这些产品的规模不够，说实在的，沈阳做市场现在做得还不好，产品的国内外市场开放不好。应当说创新是我们的主题，也是一个长期的任务，沈阳在创新上今后还有很多事情要做。

最后，我个人认为要坚持“一个精神，两个原则”，第一是求真务实的精神，要发扬这种精神，第二是坚持科学发展的原则和坚持因地制宜的原则。

李红（合肥市副市长）：在现阶段，创新对合肥而言，最重要的就是实践。我简要地从两个方面汇报。

第一，合肥选择走创新型发展道路是基于合肥的历史促成了这个选择的三次契机，或者说是三次城市的转变。各位领导和专家可能有的不太了解合肥，可能知道的也只知道合肥是一个不太发达的、不太有影响力的中小城市，历史上合肥只是一个县城，新中国成立后还只有5万人口、5平方公里，历史上从来没有做过大城市，可以说是一张白纸。在新中国成立初期一直到1952年是经毛主席钦定为安徽的省会，通过60多年的建设发展也取得了一定的进步，应该说建国之初合肥没有工业，没有一所有影响力的、有规模的学校。合肥今天成了有500万人口、城区达到300平方公里、常住人口达到300万的新兴的年轻省会城市。我们在做这样的抉择：有没有基础，有没有发展的空间和能力？这是曾经困扰我们的大问题。在这样一个一穷二白的县城基础上发展的城市，在20世纪的70年代和80年代，我们第一次重大的转变，就是中央重点的研究院所和大学，像中国科技大学、中国科学院的四个研究所搬到了合肥，20世纪80年代三线迁移又来了一批电子部、机械部的部委重点科研院所，这给合肥带来了巨大的知识资本的积累，正因为如此合肥才有了65万的在校大学生和各级科研技术人员，占到我们城市人口的10%以上。

第二次重大的转变是因为近10年不到的时间，应该说是“十一五”以来国家的铁路和高速公路各大类的重大交通项目的建设，包括我们新的通港和航运使合肥从原来历史上的交通盲点逐渐成为了中国大交通体系的枢纽焦点，这给我们经济带来巨大的推动。

第三个转折就是我们的短板，我们有那么雄厚的、长期的科教力量和资源的积累，和我们经济相对滞后发展形成了巨大的反差。在这种情况下，我们怎么样去发展自己？如果再走20世纪80年代初沿海地区的加工制造业的发展道路的话，我们所处的经济大环境和地理区位等各种条件都已经不可复制，我们没有出路。如果不学习的话，仅仅单纯地模仿没有出路。所以在这种情况下，经过痛苦的思考，我们选择了走新兴工业化创新型的道路，并且能够在2004年10月得到科技部的批准，成为国家第一个创新型试点城市。这也是像合肥这一类的规模还不太大，或者说经济规模不大、企业数量不多、产业聚集能力较弱的一批城市在发展中进行的尝试，具有典型性和针对性。在这种情况下，合肥毅然决然地选择了走创新型发展的道路，应该说也是一条艰难的、努力探索的道路。自2004年10月被批准为试点城市以后的发展过程中，我们得到了国家和各部委及社会各界的支持，也包括安徽省委省政府的重视和支持，在具体的工作中我们既是学习研究和借鉴，更多是在摸着石头过河。所以我们具体做的一些事，可能以前在发达地区和城市都做过了，也是一种在我们这个规模状态城市中的探索。

第二，我们在重点工作上做了一些事。首先是致力于企业作为创新主体的培育。我们的企业数量不够多，水平不够高，所以重点把企业推向科技创新的主体一线，这是我们非常努力去做的一件事，通过制订创新型企业的培育计划，制订了创新型企业的评价体系，并且基于培育本地企业还不能达到预期效果，在规模不够大的情况下，致力于引进新的创新主体，所以这也是为什么招商引资工作重在引资，同时也使得整个城市的产业结构得以转型提升。第二是不断加强创新载体的环境建设。不仅仅是城市建设的示范区、试点区、企业孵化平台、开发区等这些硬件环境的建设，更强调软环境、金融支持和行政审批的服务环境，还有法制环境、诚信环境，甚至还包括文化教育环境的建设，应该说是一个系统工程。第三是重在建立和完善自主创新的支撑体系。这就是把我们的一些尝试、一些努力形成制度和政策，取得了良好的效果，防止了“人走政息”，一届领导一个想法。有了制度化的保障，就保证了这项工作的长期性和可持续性。第四是我们进一步积极地打造一个创新发展的公共服务平台，比如高新区孵化器等。我们做了一项工作，合肥在现有科技资源的基础上最大限度地努力整合我们现有的科研院所、大学、企业的仪器设备资源、项目资源，整合企业提出的项目需求，还有成果，已经在研究所产出的一些成果资源，还有我们的技术专业人才资源，这样成为一个公共共享的平台。同时还积极搭建促进科技成果转换的会展交易平台，我们从2001年到2009年已经连续9届举办项目资本对接会，这个会在经过7年之后，在2008年第8届的时候国家很多部委都作为主办单位参与，像科技部、工信部，还有科协、科学院都参与支持，应该说得到国家层面的大力支持。第五是着力加强金融服务支撑体系的建设。当然各类金融机构也都致力于这方面的努力，应该说我们发挥政府的主导作用，积极地形成合力。在这方面一些点上的探索受到了较多关注。最近李长春同志到合肥和安徽省调研工作的时候也特别指出，合肥去年引入了京东方项目，是单个工业项目最大的投资项目。他也指出在发展方向上是明确的，在融资模式上合肥进行了在一个不太发达的城市引入建设知识密集型和投入密集型产业和企业的探索，对于这样的创新，他认为合肥的实践是有借鉴意义的。第六是加强各类创新人才队伍的建设，特别是加大了海外引资工作的力度。2009年中科协的海事计划第四个基地也设在合肥，这让我们拥有一个很好的资源，但是我们应用得还不够充分，比如中国科技大学，包括科学院合肥分院有庞大的海外校友会，但是因为我们的工业基础比较薄弱，所以在很多项目承载和人才的对接上面我们还是远远滞后的，我们正在弥补这个差距。第七个方面的重点工作是加强产学研的联盟体系建设。这项工作我们过去也做过。针对过去做的过程中的困惑、难点和重点，我们突出以产品、以企业为核心来构建这样的联盟，就是说以一个产业体系和产品的结合，而不是以企业和实验室的结合。

在这些具体工作的基础上，我们在当前的发展阶段取得了四个方面的阶段性成果：一是经济发展速度比较快。在“十一五”以来合肥的发展速度在全国省会城市中一直是领先的；二是经济发展方式明显转变，科技含量逐步加大，高新技术产业占我们经济的50%以上；三是科技成果转化明显加快，特别是合肥工业大学提出把论文写在产品上，研究工作做在工程里，成果转化在企业里；四是创新环境建设明显加快，对全省其他城市起到了示范带头作用。在工作中我们有这么三点深刻的感受，一是走创新型城市发展之路要全市形成合力，二是要注重综合的配套改革，三要持之以恒，不被干扰，不被诱惑，始终坚持科学发展。

岳华峰（西安市委常委、高新区管委会主任）：西安是一座古城，这个我想很多人都了解。但对西安的科技，大家不一定非常了解。我曾经接待香港一个大学生，他来了以后走在西安街上问我说，怎么看不到骆驼，他以为来到中国的西北就应该在街上看到骆驼，所以从另一个方面看，西安还没有完全被外界了解。我们引以为骄傲的东西，有天上飞的“神五”、“神六”，包括“神七”，包括未来的推进器、精载器、计算机，包括高精密照相机，都出自西安。六十周年国庆阅兵式上飞的第一款完全具有自主知识产权的飞机，就是西安制造的。中国第一架无人机也是西安高新技术开发区制造的，所有展示的无人机都是西安制造的。所以我们通常讲西安集中了中国航空航天1/3的科研任务，我们有80多所大学，在校的大学生有80万，科研机构有3 000多个，两院院士有42个，这个数字最近可能还会变动。同时西安是中国最重要的国防工业基地。但是我想说一个问题，我讲刚才这些数字是讲西安的优势，西安的科教力量位于全国的前三四名，这里，我提出一个问题，近几年，虽然西安的经济总量在全国副省级城市里面保持了持续快速的发展，2008年我们的增长速度为14.5%，高于沿海的一些城市，2009年1~9月我们仍然达到了13%接近14%的速度，但从经济总量包括产业的情况看，应该讲我们还是排在15个副省级城市的后面，13～14名或12~15名这么一个水平。我经常想一个问题，小平同志说了多年科学技术是第一生产力，我就想第一生产力为什么没有把我们的经济规模加大，达到第一生产力水平，进入第一梯队，我们科教是第一梯队，为什么我们经济规模、经济实力没有走进第一梯队？

我曾经在西安交通大学工作多年，做了11年的西安交通大学的校长助理、产业处长、产业集团的老总，也做过昆明市和交大合作成立的公司的董事长。应该说在科技成果转化和科技创业上做了很多年的工作，也有很深的一些感受。我有一个基本的观点，硅谷没有那么多的大学，我们经常说它在一所大学的边上，但是它比西安的大学少得多，西安的大学生在硅谷就有上千人的规模，为什么他们到了硅谷？为什么他们到了硅谷就做了像样的公司？我2003年才到政府做副市长，后来到西安高新区工作了一年多。我们西安高新区应该说在全国的高新区中总体的实力还是比较好的，2008年我们的经济规模是第四名，税收是第三名，企业利润率是第五名，我们的孵化器100多万平方米，是全国高新区里头最好的孵化器之一。但是细心地去看，我们成立了17年，我们的孵化器孵化了17年，我们看到我们孵化出来的企业规模上10亿元的都很少，更不用说世界级的。那么这个问题又是出在哪儿？我认为这些现象值得我们去探讨。我有一个看法，我认为在中国目前的情况下，有三方面的要素或者说体系没有形成，我们讲创新，但是这三个方面如果没有突破，创新就很难取得突破性的进展。

第一，不具有很好的创新文化。我在大学里面做科研成果的转化时，很多大学的教授什么都管。西安一所大学有一个非常好的产品，这个技术应该讲10年前是领先的，现在还是领先的，可进了西安高新区以后，世界有一个很知名的企业跟它合作，它说：我不干，我现在一年自己能做3 000万元，和别人合作能拿多少？当然这是一个例子，我认为在我们创业者中，在我们社会对整个创业活动的舆论导向的很多方面，我们是不是真正形成了促进创新、容忍失败这样一种文化？我认为还没有。

第二，我们没有建立一个创新、创业的政策体系。高新区这么多年孵化了很多的企业，生生死死，创业非常活跃。2008年我们一年新成立的企业是2 800多家，2009年一个工作日成立11家企业，还没有算出来一个工作日死多少企业，问题是这么多年我们为什么没有活出来一个世界级的或者国家级的企业呢？回顾一下政策体系，我们的地方政府也好，中央政府也好，出台了很多政策。如外包热了，各省政府就拿出多少亿元支持外包，半导体热了就拿出钱支持半导体。但是没有形成一个政策体系，它是不可持续的，而且往往随着领导人注意力的转变而转变。今天这个热就拿一点出来，明天那个热又拿一点出来，光各种支持产业发展的领导小组就搞了一大堆。我当副市长的时候给我弄了两页的头衔。有的我是组长，有的我是副组长，有的我找不到组长是谁，只听到很多小组不开会了，只听到每个时期大家觉得这个东西重要了就赶快成立一个组，有的成立起来从来没有开过会。这样形不成稳定的政策体系和稳定的创新机制，这是不可持续的，甚至有的时候是浪费资源。

第三，没有形成创新的、创业的社会服务体系。《文汇报》曾评论上市的创业板28家公司。说创业板不创业，最早找的是20世纪60年代的公司，当然20世纪60年代的公司也可以焕发出二次青春，但是创业板的选择是否真正把创业作为第一要素？有一句话叫做“风险资金不风险，担保公司不担保”。风险资金都投到什么上头了？我们有银行，为创业型的公司想了很多办法，但没能解决，我们并没有营造出一个支持创新创业的社会服务体系。

袁岳：六位市长跟我们分享了他们在创新型城市上的一些经验和一些思路，现在请每一位市长针对其他市长说的东西表扬一下，请教一下。

童小平：首先我非常赞赏深圳许勤市长讲到的城市创新活力迸发。深圳的活力是我们望尘莫及的，深圳是在改革开放大潮中成长起来的，它的这种机制是市场经济的产物，市场经济就是一种活力经济。这是我想赞扬的。我感到很困惑的是西安市长所讲到的企业要作为创新主体，要解决三个问题，一个是投入机制，一个是分配机制，一个是运营机制。投入机制中的前端投入大家不愿意投，许多风险投资者所说的风险其实都像保险。我现在做了50亿元的风险投资，用不出去，就是我政府拿出10个亿，我让社会拿40个亿。（袁岳：你是想引蛇出洞。）对，我就是想引蛇出洞，他赢我赢，他输我输，那么他找了半天很难下手，他说他追求的是保险，不是真正的风险投资。所以为什么说企业做不大，我感到很困惑。我觉得这个问题大家都没有解决好，我想还是请教深圳许勤市长。

许勤：我们认为企业是创新主体，但企业成为创新主体的前提是什么？首先企业要成为市场主体，如果不成为市场主体，它的投入动力和运营动力就不存在了。深圳为什么企业自主创新搞得好？我想更多应该归功于深圳的创新创业环境，这个创新创业环境是由于深圳本身作为一个移民的城市，有更多人带着梦想过来，有好多人没有带什么资本，是带着自己的脑袋过来的。

袁岳：您说是创业梦多的城市比较容易发展？

许勤：是的，所以在这么一个环境下它会有更多的人去思考如何创业，更多的人去思考如何创新。在这样一个氛围当中就慢慢培养了许多创新型的企业，而这种企业我认为在深圳应该是市场机制完善的一种反映，所以我们建了这么一种创业投资。资金是不是能够投出去，第一看企业是不是真正的市场主体；第二是它有没有创新的动力。

袁岳：我觉得听起来您这是一个令人绝望的回答。第一，重庆不可能变成这样一个城市；第二，我建议你们把这10个亿投到深圳去吧。

许勤：应该说深圳的整个创新投资环境还是非常好的，各个城市在整个市场机制完善的过程中，企业会越来越多，你的资金就会走出去。

童小平：我要非常遗憾地告诉你，我已经引蛇出洞了，深圳的风险投资已经在重庆落户。

袁岳：您怎么引出来的？

童小平：就是说我的20%，你的80%，在你的收益里面我政府的收益很大一部分让给社会资本，就是风险我更多承担一些，老板觉得合算。

袁岳：这说明我们深圳企业家素质的问题。许市长您觉得其他城市的做法当中，谁的做法是您比较欣赏的？然后您有什么问题要请教大家？

许勤：沈阳的做法是把更多的科技成果和创新归功于产品的创新，是反映一种创新的理念和价值导向，我对沈阳谈的观点比较赞赏。

袁岳：有没有什么困惑？还是没有什么好请教的？

许勤：要请教的很多，像西安高新区，刚才岳主任讲到创新要有创新的文化，我总觉得西安的创新文化这几年还是发扬光大很多，特别是西安的文化底蕴和历史积淀非常丰厚，在我想象当中这种创新文化未来发展的空间更大。我想问一下西安，如何与我们历史的沉淀和历史上的文化结合，把这个创新的文化做得更好？

岳华峰：许市长这个问题是非常大的问题。我们经常在想，文化肯定是看不见摸不着，但是每个人在这个环境里头都可以切身去感受的。过去历史上曾经有许多很好的东西，比如说我们的海燕电视，我们的蝴蝶手表。我们也在反思我们的文化中哪些东西有利于创业的发展，哪些东西不利于创业的发展，应该讲政府也好，学者也好，很难找到统一。但是我们非常欣喜地看到现在我们研发的发展非常好，可能西安这个城市比较沉静，所有跨国企业在西安设立的研发机构都反映，取得了非常好的效果。所以我们也找我们的定义，刚才许市长讲的深圳好的几个公司，包括国际上的一些公司，在我们这边都有研发机构，现在我们研发机构已经达到了300多家，像深圳华为有5 000多人的规模，就能够跟我们的文化对接，在我们的创新活动中找到我们西安应该有的角色。

袁岳：岳主任您欣赏谁的做法？

岳华峰：我们一直非常关注深圳，包括最近的金融危机中，深圳对产业做的一些调整。深圳是一个很奇特的城市，而且深圳的地位未来有可能像美国一样，在知识领域占领高端的位置，我们非常希望跟深圳联手，当然深圳的人才不全是本地的，是全国各地过去的，成本也很高，人员越来越少，深圳对外交流很充足，竞争的机制很灵活，而我们西安的人力资源很丰富，我们在经营和对外接轨上会有很大的空间来进行企业之间的合作。许市长有没有考虑今后深圳市政府和西安市政府在科技产业的发展和科技创新上有一些合作的空间？

许勤：我认为西安是一个古城，在创新上是比较有特色的，深圳和西安都有各自的比较优势，所以在科研研发、生产制造和一些新兴产业上具有一些互补关系，我认为深圳和西安完全可以进一步加强合作。

李红：想问的问题很多。刚才南京的王市长提到过“五长”，是俱乐部还是会议制？我感到这一点在当前非常必要，因为社会各行各业对于创新的重要程度和紧迫感的认识并不是完全一致的，那么有这样的“五长”俱乐部，从各行各业代表、从源头上驱动达成共识，能够驱动创新发展，我觉得这是非常重要的，我们也会学习这样的方法。我有很多的问题，现在想请教沈阳的邹市长。因为邹市长在国家部委、大企业、研究所等很多单位工作过，我非常关注一个问题，就是作为国家部委和各级政府以及具有政府资源的单位，怎样在大的创新环境的培育上发挥更加主动积极的作用，而把真正的创新主体——企业创新的积极性最大限度地发挥出来，现在我们觉得市长干的活怎么老像总经理、董事长，因为老操心企业内部的事，老是忙着怕企业不去创新，陪着企业一块创新，所以我们也渴望在国家层面上给地方政府更多的帮助和指导。

邹大挺：创新的环境作为政府怎么去创造？我觉得政府也有很多约束，不是说想干什么就能干什么，但是也不能不承认政府的作用。所以政府也有很多的做法，投入是一个方面，政策环境也是一个方面。比如说沈阳就做过这样一件事，因为我负责科技与金融，现在企业上市之前要做审计，而这些科技企业从开始发展的时候，一般都不规范，实事求是地说肯定有不规范的地方。税务局就立了一个规矩，如果以前有一些避税的毛病，有一些不规范的问题，只要是补交了就不要处罚他，一处罚他就上不去了，这是前几年的事，以后要规范。李市长所说的其实也是我想问的问题，我想问的是创新当中企业是主体，但再往下延伸，企业是一个机构，企业由谁在操作？老板，对吧。柳传志说CEO是最主要的，CEO就是企业家，所以我讲现在创新当中企业是主体，但是企业当中的核心人物是企业家，我现在在想企业家怎么培养？如果企业家培养不出来，面对前面所说的缺少世界级产品与世界级企业，市长太着急没用。其实企业家培养出来以后，这些事情是他干的。所以我很想请教一下岳华峰市长，你在高新区工作时间也很长，究竟怎么样培养企业家？这是真正核心的所在，怎么样把企业家培养成既具有创新精神又有责任感的人？

岳华峰：应该讲，我们也没有解决好这件事，我们规模过10亿元的企业都很少，我们每次跟领导去调研的时候，这些老总跟你讲的时候总让人很激动，他一算账说有多大的市场，他的产品有多好。但是若干年以后，第二次去的时候，他又有一些新的承诺，又叫我们很激动，也许再过几年去还是这么一种状况。应该讲企业家的培育是非常难的一个问题，本土成长的企业家，我认为上任何课只能说给他一个指导，必须让他在市场中成长，而现在对我们这种二线的城市，不靠边，不靠海，所以我认为我们要加大引进企业家的力度，在各种政策上加大对引进企业家的支持。我为什么说跟深圳结合？其实我们是看中了深圳的企业家资源。（袁岳：引进一些深圳的企业家到你们那里，深圳再到外面去引进。）是呀，比如深圳要引进总工程师，应该到我们这儿引进，我们的应该比他们多。所以我认为一个是自主培养，在市场的摔打中成长，另一个是加大企业家的引进力度，这是非常重要的。

王咏红：在创新型城市建设中我非常欣赏北京中关村，因为它是一个企业创新的典范，北京是我们的首都，我们南京曾经也是“中华民国”的首都，两边资源都很丰富，但是北京通过中关村这个“一区十园”把各种创新要素集聚起来，而且更好地发挥出来，我觉得很值得南京学习；另外，我也很欣赏深圳，深圳几十年前还是一个小渔村，现在已经是全国创新型城市的典范，有一次去深圳学习的时候，我还在想这个城市为什么发展那么快，深圳的一位同志回答我说，在他们这里工作的人都流淌着不安分的血液，我想所谓不安分的血液那就是创新的血液。确实我们江南的人都生活得太好，小富即安，生活太安逸了，所以他们身上的创新血液流淌得少，确实少一点。所以我也要请教深圳的许市长，你们深圳作为几十年前的小渔村，是如何在没有资源的情况下，引来资源；没有文化，创造文化，在这么一块土地上创造了一个发展的奇迹的？

袁岳：也就是说虽然在深圳工作的人拥有创新的血液，但是这个政府总算还是干了些什么，包括持续地强化维护这个血液，因为再过一段时间他慢慢也会安逸下来嘛。所以你们干了些什么，政府怎么把这个持续住的呢？

许勤：我非常同意您讲的，深圳人流淌的血液里面创新的成分更高，因为深圳的同志都是来自于全国各地，他们离开自己的故土，能够到一个刚刚发展的区域去闯荡，就是要创新，就是要创意，所以我赞同这个观点。我认为深圳历届市委市政府在创新发展的决策上也是非常正确的，比如到了20世纪80年代后期到90年代中期，深圳抓住了信息产业发展的机遇，把信息产业作为重点支持发展的产业，大力支持，所以目前深圳成了全国信息产业重要的基地。到了20世纪90年代中后期深圳市委市政府明确把高技术产业作为主导产业，所以高技术产业起来了。2005年前后深圳市政府决定要建设全国创新型城市，把整个城市的创新放在最重要的位置，明确提出自主创新是城市发展的主导战略。我觉得一方面是这些人构成的创新的氛围，另一方面就是政府比较符合发展规律，及时地决策和引导，创造了很好的环境与机遇。

袁岳：首先我想问一下岳主任，其实我注意到很多开发区做得不错，包括像长三角、苏南、张江这样的开发区，在发展中是不是很多开发区有多种合作体制，比如说苏北或者浙江。西安开发区水平总的还是不错的，我们在发挥西安开发区的活力与把它变成辐射型的开发区方面有什么考虑和做法?

岳华峰: 西安现在是“四区两基地”，包括西安高新区、西安经济开发区、曲江区、浐灞区，两个基地是国家发改委批的国家航空高技术产业基地和西安航天科技产业基地。西安高新区是这里面规模最大的、起步最早的，目前西安高新区正在省内创办度假基地这样一种模式，就是研发的总部、研发的中心放在高新区，跟陕西省相关的区县建立一个生产型的基地，从而把高新区的招商引资能力、创新能力、要素聚集的能力辐射到全市。

袁岳: 合肥这样的城市一方面有很多的资源，另一方面可能有很多项目是要走政府的资源，把很多的资源拉到合肥。我经常看到很多领导的思路就是“跑部钱进”。你们搞创新，特别是拉大项目、搞科研基地这些方面，“跑部钱进”和自己发挥积极性各自所占的比例是多大?

李红: 这很难用数字来量化，但是“跑部钱进”在合肥或者说在中部的安徽省确实是很重要的，这一点并不完全是来自部委的支持，更多的是对政策更加准确和具有自主性的掌握，因为国家政策一出来是一把尺子，有的沿海发达地区就用得很好，中部地区缺点就是太老实，往往用得非常机械，有的地方会错失机遇，所以“跑部钱进”更多的是一种政策使用、管理水平上的学习和提高。

袁岳: 深圳创业精神的维护和创意机制的维护，有可能使更多的移民进入深圳，他们可能带着创新的项目，带着创新的梦想过来。创新是一个很重要的东西，但今天跟以往相比，小孩子热爱科研的少了，大家真正对科学感兴趣的少了。在深圳这样一个地方，对本地人来说，包括已经落地为安的这些本地人来说，深圳在社会的科学基础工作方面，做了什么样的工作呢?

许勤: 应该说对一个新建的特区来讲，它的创新创业意识更强烈，对一个已建成的特区来说这方面精神有所削弱，这也是深圳在未来30年发展所面临的巨大挑战。所以在建设国家创新型城市过程当中，深圳市政府采取更多的措施来打造创新环境，深圳的教育资源、人才资源并不多，过去几年当中，深圳市一直采取必要的措施来增加这方面的资源。第一个措施是引进了清华、北大、哈工大在深圳建立研究生院，已经培养了很多研究生。第二个是和香港紧密合作，把香港几所大学的研究院和它的很多实验室引进到深圳落户，这样研究生的研究工作可以在深圳开展，这些人可以跟深圳未来的产业和发展相结合。第三个就是深圳加快自身的几所大学的建设，深圳大学现在越来越向综合性大学发展，学科建设越来越瞄准未来的新生产业的建设，同时深圳在积极筹建国际化的南方科技大学，进一步加强教育设施建设，当然中小学的继续教育目前投入也非常大。第四个就是搞了一个虚拟大学院，引进了大概52家高等院校在这里培养研究生，到目前为止已经培养了硕士研究生25 000名左右。

袁岳：王市长提到要加大科技的投入，大家知道科技投入好投，但是投完之后不知道怎样衡量它的产出，南京市在加强投入的方面，是如何加强对产出的衡量的？是用什么指标来衡量投进去的钱达到指标且投的是合适的？不知道南京市的评估机制和衡量机制在加大投入方面有些什么独特的创造？

王咏红：我觉得政府在加大投入的同时要加强评估机制。对一些小的项目的投入更多是起一个激发创新创业热情的作用，投入并不一定要有产出；比较大的科研项目是要转化为成果的，投入以后必须要有社会和经济效益，我们有一整套完整的评估机制。

袁岳：邹市长，您提到沈阳在衡量创新型城市的时候是以世界级产品来衡量的，我看了您提的一些产品，我想知道从世界级的产品到世界级的产业品牌，具有高附加值的经营成果，这个之间有多大的距离，这个之间的距离沈阳怎么样考虑？

邹大挺：这个问题很重要也很尖锐，我说的是世界级企业、世界级产业、世界级产品，但它们是不同层面上的问题。我在沈阳4年，4年时间培养多少世界级企业是不可能的，比较容易做的三件事情当中，产品最容易。因为世界级产品的技术含量和科技工作的关联度很高。如果讨论一个世界级的产品要如何引导一个世界级企业的形成，要多久能形成，比如说像微软这样一个世界级企业要多久能形成，若回答说10年，那么我认为是错的，这不符合一个企业发展和科技发展的规律。因为这种企业很难说几年就能形成，但是我觉得要给这种世界级产品一个鼓励，然后再给企业家鼓励。企业家很重要，因为企业家不好的话，产品也会夭折。这两者要结合好才能成功，这里面任何一个环节出现了差错，都不可能成功。从沈阳来说，这条路肯定会走，但是要全部变成世界级品牌不太可能。这里面有一个客观和实事求是的问题，我想延伸两句话，刚才我讲企业家如何打造，我个人有一个想法，企业家客观上来讲是在大浪淘沙之中产生的，并不是你哪个人有意识地去培养他。这个选择比我们领导的选拔机制要残酷得多。我认为政府在企业家成长过程中肯定可以做些什么，但是不能包办。从政府角度来说有那么几件事可以做：第一，给企业家和企业宽松的环境，相信他，尊重他，政府官员确实应该多听企业家的想法，再思考政府可以帮他做些什么，这样使他走得顺畅；第二，有条件的话应该多出去走走，去世界各地走一走，我相信到那个层次的企业家有他聪明才智的一面，他看多了之后自己就会明白我应该怎么做；第三，中国的国学文化很重要，企业家应该多学习中国的传统文化，他自身的境界才能提升，才能持续不断地去追求。

袁岳：童市长，前面王市长提了一个数字，南京科研成果转化很好，70%的转化率，且有40%在南京转化。我个人觉得重庆的转化率不见得比这个更高，留在重庆的也不见得比这个比率更高。重庆有一些资源的限制，有一些人才在重庆学成之后就离开，另外有一些科研成果不在重庆转化，或者外地不要的转移到重庆去，特别好的不见得会转移到重庆去。那么重庆在留住好人才和留住好成果方面做了哪些事呢？

童小平：这是我们感到非常头痛的一个话题，但是今天的重庆正在发生很大的变化。首先科技人才到一个地方去，我觉得应该把他追求什么搞准确，科技人员是人，他需要住房、需要工资，但是科学家首先需要的是事业平台，我以大项目带大专家，带大CEO，我以大企业大课题的魅力吸引专家，这是我们基本的路线。我们始终把产业创新、产业提升作为城市发展的基本路径，所以招商引资有了项目，重庆现在招商引资，还是有很多相对优势的。比如我的要素成本比较低，能源、电力、水、土地，现在扩大内需，西部的市场空间又比较大，这样很多产业、很多项目、很多课题就来了，来了就需要CEO，就需要科学家、技术人员，这就是说大项目带科研团队。来了以后再给他两项制度，先是投入制度，建立50亿元的风险投资，成立小额的担保公司，成立科技担保公司给他投入上的保障，然后在分配制度上做了两件很有突破性的事情，第一个是植入的发明权，可以拿20%～70%奖给个人；第二个就是股权，股权转换的30%量化给个人，市政府通过的创新科技促进条例2009年9月1日正式实施，已经作为法律来规定。产业创新靠项目，项目来了靠团队，团队来了给投入、分配机制，保证他们的创业舞台和热情。

袁岳：下面把一个小时的时间留给台下的专家和朋友们。

提问：两个问题：一是中国经济究竟有多大前途，二是国际方面的影响。我举两个例子，第一个是一位哈佛大学教授做了一个研究，他说美国前50家化工企业，只有两家是20世纪20年代以后建立起来的，全世界30家最大的制药企业都是20世纪20年代以前建立起来的。换句话说就是自由竞争在完全国际化的条件下，后来者是没有任何希望的；还有一个是我的母校麻省理工学院一位老师的研究，他说日本汽车工业之所以发展起来有两个原因，一个是日本企业很努力，自己管理得很好；另一个是日本体制很好。从1960年到1980年这20年内日本市场上的进口车只占国内销售额的1%，他说就是因为高度保护国内市场，所以日本汽车企业自己的努力才成功转换成生产力。也就是说在国际化的背景下，中国的市场在我们的企业还没有准备好的情况下，已经这么开放了，中国的汽车业发展前景到底会是什么样子？剑桥大学的学者也认为，从世界历史看没有一个大国是靠自由贸易发展起来的。第二个问题是我们现在自主创新讲了这么多年，一直是讲得多，做得少，成果我认为比较差。中国的科学家、工程师和企业非常优秀，可以做出世界一流的技术、一流的产品，但是中国人自己不相信自己，自己不去用。这样的例子非常多，许市长非常清楚TD-SCDMA，我们从1998年一直做这个东西，一直做到今天，到2006年我们国内绝大多数的舆论、政府、官员、企业家基本上还是不相信我们能做成。后来发现其实不是这么回事，中国人自己不相信我们的东西，中国人自己的东西不买。大家可以看广告怎么说，这个设计是意大利的，这个机器设备是某某国的，唯独就是没有中国的。如果是这样，企业会预测在中国做了创新并不能转化为利益，那么将来还有多少企业会做自主创新？最后一个问题，我们的经济发展、自主创新是靠本土企业还是靠国外的企业？我们学院派的观点认为应该依靠外国的企业，但是我们对自己的企业有没有支持？

许勤：第一，本土企业和外国企业在中国境内的创新，我们认为都是本土的创新。第二，创新活动更多是智力活动，所以它的流动并不是依赖于企业和所有制的形式、投资主体，而是依赖于创新主体本身的价值取向是什么和它是不是可以流动。我们的自主创新是开放的创新，我们对创新主体是开放的，对创新领域是开放的，对创新资源是开放的，所以我不同意你最后讲后来者没有希望的观点。因为中国原来是后来者，但是我们整个经济发展已经说明了我们在缩短和发达国家的差距；另外，后来者也有企业的例子，比如华为和中兴，这两个企业可以说在全球的通信制造业是第一方阵，这是毫无疑问的。它们是后来者，但是它们通过自己的创新现在走在第一方阵。可以说在北方电讯规模达到几百亿美元的时候，我们企业可能刚刚是一点点，刚刚起步，现在这个大企业在中国企业竞争当中已经退下来了，已经处于非常混乱的状态，而我们发展起来了。这里面有两点发展的要素，一是有些技术已经实现了一个相对大的突破，走在前面的人已经创造出来机会了，后来者可以赶上；二是在一些新的技术和新的产业领域里一定是新企业会有进步，可以共同进步，甚至新企业的活力比它还强。比如新能源汽车，深圳的比亚迪就是后来者，就是在新的领域创造它的领先地位。第三，刚才你讲到的创新的困难和市场接受，我认为自主创新是一条非常艰难的道路，要使自己本土企业能够闯出来是相当不容易的。我个人的经历，一个是数字电视，为了制定数字电视标准奋战了8年，地面的和高清的。这个标准涉及国外各种利益团体，而我们的制造者、使用者、科研者大家的观念又不一致，是各种利益的博弈。首先外国人开始压制，其次国内不同的利益团体争执。基地在研制过程当中，好几个跨国公司的CEO找我说，我们做过仿真，你们的基地无法大面积覆盖、无法支持高速移动。他讲得非常肯定，但是我们围绕这个项目，先从自己仿真做起，而后进行实验室的设置，再进行场外设置，进行大规模主网设置，最后证明我们的技术是可以的。因为中国的通信领域就这么一个国际标准，所以各大公司就是要把你扼杀掉。

吴敬琏： 深圳我最欣赏的就是政府的行为比较得当，它着重于为企业创造一个好的环境，我印象最深刻的就是1999年那个时候正在制订十五届四中全会决定，我不是参加者，是旁观者，有一个很大的争论就是国有经济要掌握哪些部门，“国有经济占主导地位”体现在什么地方呢？在关系国民经济命脉的重要行业和重要领域，它不具体。十五届四中全会里面具体划了四个行业，第四个行业有争论，叫做“高新技术产业和重要行业的骨干企业要国有控制”，我个人是不大同意这个观点的。有一次在国务院会议上，我就讲这个最好不要划。我举了一个例子，就是华为，我讲到这里的时候，主持这个会议的领导就说你不太深入，我们已经接到举报，这家企业资不抵债，另外分配有问题，国务院已经下令，审计署做专项审计。正好第二天我到深圳，见到当时的市长李子彬，我说华为现在出了什么问题了，李子彬勃然大怒，说这不是“八分邮票耗几个月”的事吗？！我已经找了他们的领导来了，写一个报告，揭发信据说发了多少万份。自主创新需要有社会的支持，新能源汽车的核心部分是动力电池，动力电池正极和膜最好的都在深圳，比亚迪当然是第一个，插电式全世界也是第一个。应该说我们中央机关要先检查一下，为什么巴菲特发现了，我们还没有发现？（袁岳：因为他是资本家嘛。）这个事情，我觉得深圳有这个条件，从最关键的原件一直到零售。

许勤： 深圳市政府确实把打造服务型政府作为一个重要发展目标，我从国家发改委到深圳市，感觉深圳市政府的服务精神确实比较强，绝不干预企业内部事务。对于电动汽车、新能源，深圳市从年初到现在已经制定了一个新能源战略规划，把电动汽车、新能源作为支持的重点，同时从市场入手，在财政部、科技部、发改委、工信部支持下，市政府配套大概20亿资金推动2.4万辆电动汽车在深圳应用，对消费者直接补贴，这样用市场来拉动企业，完成它的初期发展阶段，同时反向支持它的科研。

袁岳： 吴老师为我们提供了一个方法论，指导我们怎样为创新找出路径，解决问题，一步一步找出问题的关键。

提问： 中国创新型城市的发展历程很短。我们如果从文献来说，也就是2006年全国科技大会以后，中央提出要建设创新型国家，于是各地都蜂拥而起，都表示要建设创新型城市。2006年一年全国就有106个城市提出了要建创新型城市，2008年年底《科技日报》统计这个数字已经超过200个，这在中国是一个非常重要的现象，对它的研究值得我们各方面关注。我觉得对于创新型问题的研究还要深化，尤其有些理念和观念还要进一步弄清楚。比如这个牌子我认为就有问题，它把创新型城市翻译成innovation oriented，这是一个错误的导向，这就认为这座城市是以创新为目标的，以创新为目的的，是以创新为导向的，这是错误的。创新只是一种手段，只是我们实现城市现代化的一种基础和各种各样的要素之一。我曾经到西部一个城市去，省里的领导很急，西部怎么发展，市长就提出来，项目就是一切，只要有项目就行，那就变成项目导向型的城市了，这样很容易出很大的副作用。现在网上对于创新型城市的翻译都用oriented，而一个城市的气质与素质，一个城市的能力应该是内涵的东西，不要把它变成表面现象。另外在座的六位市长，你们都是区域的中心城市，或者是直辖市，或者是省会城市，或者像深圳是开放型的特区城市，都有很重要的区域带领作用，所以这个创新城市后端应该加一个括号，叫区域创新中心，你们还要带动区域创新中心功能的发挥，并不能仅仅按自己的行政区划做这个文章，要突破性地来思考这个问题，今天大家都特别赞赏深圳，我觉得对深圳很偏好，而且可以说有些偏袒，但我今天要对深圳提一点期望，我不久前听说深圳撤销了科技局，把科技并到经济管理部门了。我听到这个之后，当时并没有从反面来看，我认真一想，深圳这样做可能有它的道理，为什么？深圳没有什么大学，也没有什么重要的研究机构，就是企业，因此它的创新已经完完全全是以企业为主体的，以企业为中心的，以企业为引领的，因此科技必须和经济相结合，因此它把科技局并到经济部门中。但是这个问题如果放在更大的尺度来考虑，要引起重视，深圳不是一个孤立的城市，你一边是香港，一边是东莞，作为一个创新城市必须要有系统的考虑，香港是被世界认可的145个知识领先城市之一，2008年世界评选的前50名大学，香港大学、香港科技大学、香港中文大学三个都进去了。内地进前50名的只有清华，仅排名第40位。深圳没有大学，大学是知识的源头，尤其是国外的研究性大学。我们现在的大学面临一个非常重要的教育体制改革问题，所以不得不考虑这个问题。你搞一个虚拟大学园，这个主意说是很大的创新，在深圳的前一阶段发展中是非常好的，而且又延伸到虚拟大学科技园，我那时候是教育部和科技部虚拟大学评审组的副组长，我也在探索，在这个地方是不是可以用这么一种模式，来把一种知识的前端和后端的东西向深圳进行聚集。现在靠着香港就是这样，深圳对香港的期望是什么呢？就是共建一个全球的大都会，变成一个国际的大都会。国际的大都会要具备一些重要的素质条件。现在东莞紧贴着深圳，希望借着深圳的产业下游往东莞转移，因此三个城市如果从一个很好的城市群系统的角度来看，深圳会扮演一个非常重要的中枢作用，既可以利用香港的智力资源和商业资源、资本资源，又可以利用东莞的产业发展经济的资源，而深圳在中间起到两头搭接的作用。这个时候，在创新城市当中就叫做区域创新中心。我对这个（科技局并到经济管理部门）不怎么明白。因为在外国也有这种情况，就是把科技和经济部合到一起的政府机构的设置，但是因为我们对深圳有很高的期望，深圳是改革的前沿，也是中国科技体制改革、经济体制改革、社会发展改革的一个综合试验区，在这些问题上，我希望深圳有一个更大尺度的考虑，有一个更重的区域中心的考量。这是一个期望。另外，我要借这个机会说一下，今天的论坛是市长论坛，我们要研究政府应该干什么，今天论坛应该得到的一些收获就是作为政府、作为市长，你应该干什么，我们现在很大的话题是研究企业，但是你跟企业有什么关系？你说环境不能虚拟，今天上午吴老师（吴敬琏）演讲中提到国家经济，实际上也是讲政府怎么管理经济，其中讲到三个重要的关系，一个就是宏观和微观，一个就是长期和短期，一个就是理论规划和方法论的关系，我们现在很多政府部门不重视方法论，对于长期和短期的关系也搞不太好，更别说宏观和微观。中国有三大IC，创新型国家Innovative Country，创新城市Innovative City，创新企业Innovative Company。其中创新型城市是支柱，是创新型企业的基础，对于创新型国家的构建有非常重要的作用。所以研究创新城市的市长们，不要仅仅看着我们行政区域范围的这点，中国有661个城市，大大小小的市长管理着中国95%以上的人口，责任很大，所以你不能以行政区划来约束自己，要有一个宏观的思维来指导自己微观的行动。南京和合肥之间是有一个城市联盟，在创新城市之间有一个协议，这是我们在国家创新中研究的区域创新体系，区域创新体系不能以行政区划为规则，而只能以经济、科技活动的需要建立纽带，这个一定要掌握，要是没有这个东西，中国下一步的经济体制改革是要受局限的。

我们研究好几年市长要干什么，城市市长要干什么，其中有一个，城市市长要提供超越竞争的创新战略服务，不能只去管某一件事情。不能只关注某一个企业怎么提升创新能力，一个地区创新能力怎么建设，这个地区企业的素质怎么提高。我们把它归纳为四件事，我起草过一个调研报告，归结为TPKR这四个字：T是创新方法，创新一定要掌握方法，这个问题温家宝非常重视，自主创新方法先行。P是项目管理，胡锦涛主席非常关注，“神舟六号”发射成功以后，他专门批示，认为“神舟六号”的成功不仅是科技的成功，而且是重大的科技工程项目管理的成功，这个问题涉及投资效益管理的问题。K是质量控制，涉及对创新和项目进行最后成效的一个评价。R是信誉，我们现在很多城市的信誉不好，很多企业的信誉也不好。以上这四点都是国际上认可的科学理论，都有一套方法论，都有一套软件技术支撑。所以我在几次场合提出，创新方法和项目管理在全国推广，质量控制因为牛奶事件大家都相当重视，现在唯有信誉建设有很多的问题没有引起重视。我们现在提倡软实力，现在还有一个叫软装备，但对这些方面重视还不够。虽然现在投资一点都不少，科技投入不停地在增加，但投入的效果到底怎么样很值得研究，我觉得市长应该抓一些作为市长作为政府应该抓的事情，把它做好。

提问：首先，我本人对中国的自主创新还是充满希望的，科学技术总是在变的，美国西方占据的优势是基于过去的，在新技术里面我们肯定还有机遇。回想我们改革开放30年，20世纪80年代我们提出的战略叫做“技术换市场”，提出自主创新的时候我们就进行反思，其实这个战略并没有错，只不过我们没有用好这个资源。比如说上海现在开车的人都知道桑塔纳能够17年不变，原因在哪里？就是因为桑塔纳独此一家，如果我们引进桑塔纳的同时也引进通用的话，也许它就不会是17年了。所以我觉得我们还拥有一个非常重要的资源就是市场，市长作为把握资源的人，应该认识到市场是创新最主要的资源，你们完全有条件有能力对这个资源发挥最大的配置作用。其次，我想提一个问题，我们说新技术的革命已经处在前列，中国的跨越肯定依赖于在新兴技术领域里面占一席之地，但是我们看产业革命史，任何一个国家之所以在产业革命抢占了先机，一定是重大的基础科学创新诞生在本国国土，但是我们老想摘取别人的科技成果，拿到我们这里产业化，有没有可能？深圳做新能源产业，新能源明显是新兴技术产业革命中一个很重要的分支。我想请教许市长，在新能源产业的发展上，怎么能够让新能源这样一个产业建立在非常可靠的有强大支撑的科学基础上？

许勤：从目前的市场趋势以及产业发展的增长空间来看，这个行业发展的前景是巨大的。深圳同时还规划另外两大产业的振兴，一个是包括电子商务和网络增值服务在内的互联网产业，这个产业目前增长的速度极快，我们在信息化规划和整个政策研究过程中，过去的一些问题和矛盾慢慢地在实践当中得到了解决，所以这两年发展的速度非常快，比如深圳的腾讯，腾讯在金融危机下上半年的销售收入增长73%，纯利润增长了89%，上半年销售收入是53.8亿元，纯利润超过了22亿元。像阿里巴巴的淘宝网，5年前销售收入是8亿元，到2009年将会突破2 000亿元，所以深圳目前制订了三大产业的规划和配套政策，这个支持政策是一直从科研到产业的。

提问：我非常感谢深圳这个城市，这个城市给我们企业非常大的发展空间，我们这一次作为第一批企业已经申报了创业板。在深圳像我们这样的企业非常多，有非常多的企业在创业过程中，有不安分的血液在流淌。所以我想问所有市长，我们经常讲创新，讲技术创新，然而实际上我们技术创新都是在讲高科技，讲我们的研发等，那么怎样让这些高新技术的项目研发落地变成生产力呢？我觉得这是非常重要的，在技术创新上，我呼吁一下，对于管理创新和服务创新方面政府多给一点关注，比如一个项目获得的国家奖项是在科技研发方面，但是在服务方面、管理创新方面我们没有什么标准，我希望政府在这方面加大一些力度，为更多有志于为我们国家希望在创新方面有建树的企业创造更好的环境。

王咏红：建设创新型城市，政府在当中应该承当什么样的角色？过去在城市的管理当中，政府更多的是注重资源管理，包括土地、资金等要素的管理，现在政府要更加注重在管理上的创新，而管理上的创新应涉及两个方面。一方面，政府如何提供一个创新的环境？深圳之所以能够在创新型城市中走在前面，是因为政府能够为企业、为创新型的领军人才提供一个很好的环境和土壤。另一方面，就是创新市场的培育，对这些创新企业的产品能够提供很好的支持，使产品能够落地，能够应用。这次金融危机当中，南京也来了不少企业落地。一些老总在座谈当中讲到，金融危机带来了人才、技术、管理等各种要素的大洗牌。在大洗牌当中，资金更多是向人才比较集中、环境比较优越的城市和市场潜力比较大的地区聚集。一位老总说我看中你南京，就是你们南京环境很好，历史古城，人文很好，另外看中中国的市场潜力巨大。所以政府在管理上的创新就是要注重环境的管理，要注重市场的培育，要注意政策提供的支撑，要提供更多创新的技术平台和更好的服务，这样才能留住创新型企业、创新型人才，建设一个创新型的城市。

邹大挺：我有两个观点。第一点，感觉作为市长确实应该研究政府做什么，政府做什么又有一个指向的问题，就是我为谁服务的问题，企业和政府确实是不可分割的，这是得到例证的。第二点，政府创造环境有几种做法，一种就是投入，用户政策、土地资源等这些都用了很多，我觉得政府首先是要在思想方法上和思想意识上创新，然后才能落实到管理这个层面的问题。这里面有一个问题，中国的官员，包括我们在内，是不是可以思考政府现在自身有什么问题。我就举一个例子，我们政府有很多自身的问题，如诚信社会的打造问题，在一个没有诚信的社会创新是不可能实现的，诚信里头政府的诚信非常重要，现在有多少城市的诚信做得很好？政府的诚信体现在很多地方，比如科技部下达的项目要地方匹配，政府要承诺，但是真正做得怎么样？现在国家的重大专项下来以后，企业投15%或20%，80%是政府财政，当然中央财政和地方财政一般是一比一匹配的，然而到了地方以后省政府和市政府又对半，实际上沈阳市政府拿了1块钱我就干了5块钱的事，这不是放大作用吗？而且这个事情也是国家项目，我说名利双收，为什么财政不拿钱来？关于创造环境，我们换一下角度考虑更好。

袁岳：最后一个问题，作为一个城市的领导，在创新管理方面，如果请各位推荐自己读过的书的话，大家推荐哪一本？

王咏红：我印象最深的是《世界是平的》，这本书讲互联网使经济全球化、经济信息化，本来地球是巨大的圆形，现在已经变成一个小小的村庄，当今世界信息技术扑面而来，无处不在，所以现在南京也提出要打造独具魅力的智慧之都，这种智慧之都就是要使各种智慧创新的要素在南京聚集，要使互联网技术、信息技术、生物技术在南京从中心城区到主要商务区全覆盖，达到智慧南京。

提问：有两个体会，一是建设创新型城市是一个社会工程，作为政府来讲，首先明确政府的责任，这个责任不仅仅是科技部门的，也不仅仅是经济部门的，而是市政府各个部门的共同工作。我想举个例子，我接到过一些举报，反映过一些情况，也是我们在座的这些城市反映出来的，可能他们的科技部门、经济部门都很支持这个东西，但是恰恰我们的执法部门，如公安、税务、工商管理等在这里面为了自己部分的利益破坏了环境，这对城市的创新环境是很不利的。我想强调一下，创新型城市是一个系统工程，是在市委市政府统筹领导下，调动各个部门的积极性，要把责任落实、分解到各个部门，从各个角度来检查各个部门对创新型城市作了什么贡献。二是除了在座的城市以外，我想推荐一下上海杨浦区，上海杨浦区这几年在市委书记和市委市政府领导下始终坚持做知识创新型的地区，“三区联动”，把校区、社区和科技园区紧密结合起来，充分发挥了杨浦区大学、科研院所高度集中的优势，打造发展了新的增长点。杨浦区的经验很值得重视，也是市委市政府主要领导下大的决心、统一思想把可以用于开发赚钱的土地拿出来，用于支持大学的知识创新。他们在这方面有很多经验，我也建议大家将来可以到杨浦区看一看。

童小平：《世界是平的》这本书对我的影响很大，我特别赞成这位先生提到的，创新是一个系统工程，这个系统很大，它是建立在平面上的网络联系，我们中国就像地球村的一个大队、一个公社，那么创新是一个系统工程，创新有大概念和小概念，创新从一个城市角度来讲应该是在一个平面的基础上一个网络的基础系统工程的管理，这是我想说的第一个观点。第二个，我想深化一下，我们今天就创新说创新，实际上创新也是为了发展，发展是硬道理，这句话永远都没有错，所以创新不是目的是手段，是途径，是道路，这个道路最终带来的是一个不断的和持续的发展，所以说创新是民族的灵魂，就是这样一个基本的逻辑。

李红：我推荐的是《建筑行业2050年的住宅》，我非常关注住宅产业，关注建筑业在中国的有效投入和它在安全节能环保上的重要意义，这个产业拥有巨大的潜力和发展空间，只是现在还没有充分挖掘。创新不是科技一个部门的事，也不是经济一个部门的事，而是整个社会的事，特别是城市的建设。这次我们来到上海感受了上海的创新和上海世博会前期热烈的气氛，我们也希望城市的建设更多依赖于创新，创造更美好的生活。

岳华峰：确实好书很多，学习的气氛非常浓。但是我觉得下午这一堂没有课本的课文对我同样有非常大的收获。我想说的一句话是，建立创新型城市首先要从打造创新型政府开始。

袁岳：非常感谢六位市领导的积极参与和现场嘉宾的参与。城市创新作为一个公共体的创新应该进行充分沟通，从而达成共识。今天下午论坛采取开诚布公的形式，在这个议题上大家提出了一些不同的看法、不同的视角以及共同的目标、公认的共有经验和共同存在的困惑，我们对所面对的问题有了共同的认识。从这个角度来说，此次活动也是为了推进我们更多方面的创新，希望我们今后有更多的沟通，能够凝聚更多方面的资源，能够共同推进创新型城市的建设。

03 主题论坛

结构调整的紧迫性与知识投资

梅永红　　科学技术部政策法规司司长

1987年毕业于华中农业大学农学系。1987~1995年，在农业部农业机械化技术推广总站工作；1995~1997年，在原国家科委农村中心工作；1997~2006年，在科技部办公厅工作，先后担任调研宣传处副处长、处长，办公厅副主任兼调研室主任；2006年至今，任科技部政策法规司司长。

长期从事科技发展战略和政策方面的调研工作，主持或参与起草了大量调研报告和重要文件。组织开展了对我国航空产业、汽车产业、农村发展等重大问题的调研。全程参与了国家中长期科技规划纲要研究制定工作，参与了新颁布的《科学技术进步法》的修订和许多重要科技政策的研究制定工作。

近年来，先后在《求是》、《学习时报》、《新华文摘》、《科技日报》、《中国软科学》等报刊上发表了许多有关科技发展战略、科技政策、自主创新等方面的理论文章和访谈。多次应邀到大学、企业、高新区、政府部门和地方做关于科技发展战略、科技政策、科技法制、自主创新和建设创新型国家等方面的专题报告。

第一，国际经济格局风云变幻。

这次席卷全球的金融危机，将对世界格局带来广泛而深远的影响。我认为具体反映在三个方面：

一是国际金融格局的新变化。美国股神巴菲特说："中国人每日辛勤劳作生产产品给美国人用，我们给他们的是纸片，中国到时候拿到的美元已经不可能有以前的购买力。美国目前债台高筑，又要刺激经济，唯一的出路就是货币贬值。"这段谈话给我们什么启示？刚刚过去的10月21日，美元对欧元的比值降到了1.5：1，达到了历史最低点。美国为解决国内问题，大量印美元，让全世界持有美元和持有美国国债的国家，都在替它分担国际金融危机的成本。中国以大量实物出口换回大量美元，其结果受制于汇率这个游戏规则。从目前的情况来看，美元一股独大、为所欲为的局面还不可能在短期内得到解决，但随着越来越多的人对美元信心的动摇，铁板一块的美元主权货币格局终将被撬动。

二是国际贸易格局的新变化。很长一段时期以来，贸易自由化是西方国家推行全球化的重要内容，也是包括中国在内的一些国家积极尊崇的发展方式。但是，这次金融危机带给世界各国或者向世界各国传递的贸易保护主义信息，让我们对此产生了困惑。比如，奥巴马政府提出的购买美国货法案，已经在国会获得通过。还有，中国对外贸易过程中受到贸易保护的困扰越来越多。2008年，我国36.1%的出口企业受到国外技术性贸易措施的影响，全年出口贸易直接损失达到500多亿美元。2009年1～8月对中国发起了79起贸易案值调查，案值约100亿美元，同比增长16.2%和121.2%。最近一段时间，美国等国家不断向中国发起"双反"调查：9月份美国对中国输美的轮胎实行3年内惩罚性关税以后，10月又宣布对从中国进口的无缝钢管发起反倾销、反补贴调查；欧盟10月决定对中国输欧的无缝钢管征收17.7%~39.2%的最终反倾销税，并把针对中国皮鞋和童鞋的反倾销措施至少延长15个月，继续增收16.5%的反倾销税。当危机袭来的时候，贸易自由化已经变成了一句政治家的口号。

三是国际产业格局的新变化。历史经验表明，每次重大的经济危机总是伴随着新的科学技术革命和产业革命。那么这一次危机之后，有可能拉动走出低谷的将是怎样的经济形态或者模式？我认为有两个领域值得高度关注：第一是低碳经济。美国计划在未来10年投资1 500亿美元开发新的清洁能源，到2020年将温室气体的排放量降低到1990年的水平，到2050年再减少80%。欧盟启动绿色汽车、低能耗汽车、未来工厂三大行动，大力发展低碳绿色技术，加快转向低碳经济。这种部署必然会对建立在传统石化能源基础上的工业传统带来前所未有的变革性影响。第二是生物经济。现在生物产业的产值每5年翻一番，每年的增长率都在25%到30%。在过去10年间，美国财政部科技预算中有55%投入到生命科学和生物技术领域，已经在这一领域形成了庞大的知识资产和人力资本。此次危机也许为这些积累提供了破壳而出的机会，包括转基因技术、克隆技术、干细胞研究都已经进入产业化层面，对人类社会的影响之深之广同样未可限量。

政治家对于发展低碳经济的阐述，更是让我们感觉到一场新的产业革命即将来临。温家宝总理说，新能源产业必将引领新一轮产业革命，如果说以蒸汽机为代表的产业革命我们无法追赶，以信息为核心的第二次产业革命我们没有取得领先地位，那么，以风电产业为代表的新能源产业革命我们绝不能错过。美国总统奥巴马说，可再生能源不是遥不可及的梦想，它正在被全美各地运用，尽管不断有企业倒闭和员工失业，但是可再生能源领域却在不断地创造新的就业机会。英国首相布朗认为，发展低碳经济，不应以全球衰退而延缓，相反可以成为全球复苏的强大推动力。日本政治家福田康夫认为，自从工业革命到现在，我们必须要摆脱对矿物质、燃料的依赖，为了子孙万代，我们必须尽自己的最大努力向低碳社会转变。

第二，调结构比保增长更重要。

中国政府在应对金融危机的策略中提出，要保增长，扩内需、调结构、上水平。我认为，这一系列指标其实是完整的统一体，不可偏废。这次金融危机带给中国经济影响之大，超出了我们想象，主要原因是外部市场需求下降与内部结构性矛盾相互交织。从解决问题的角度思考，我认为应把关注点更多放在解决结构性矛盾上。事实上，我国目前的经济结构的确存在着明显的失衡，主要反映在以下几个方面：

一是投资与消费的失衡。改革开放30年来，我国平均保持30%以上的投资率，2009年“保八”的目标也已经没有悬念。社科院一项研究表明，预计今年固定资产投资总额要占到GDP的70%以上，国家统计局的数字反映今年上半年投资对GDP增长贡献率高达87%。这一方面反映出中国经济发展对投资有很大的需求，另一方面也反映出中国经济增长很大程度上依赖于投资扩张、规模扩张。与此同时，另外一个宏观经济指标——消费率却一降再降，1997～2007年，我国消费率从59%降低到48.8%，其中居民消费率从45.3%降至36.7%，均达到历史最低水平。国外的情况是，1990年以来，世界平均投资率都在20%左右，2003年平均消费率是79%，多数欧洲国家是70%～80%，日本2003年是74.43%，印度是77%～78%。与世界上许多国家比较，我们的消费率实在太低了。

二是内贸与外贸的失衡。2001年加入WTO以后，我国对外贸易一直呈现高速增长的态势，2004年对外贸易总额首次突破万亿美元大关，到2008年达到25 000多亿美元，四年间翻了一番多。目前我国经济的对外贸易依存度高达65%，而且对外贸易更多地依赖于少数几个国家，比如美国占到了1/4，这反映出我国经济存在较大的脆弱性。更为关键的是，在国际产业分工体系中，中国的制造和贸易究竟处在什么环节？目前我国的对外贸易有55%是加工贸易，这意味着中国一半以上的对外贸易处在“微笑曲线”的最底端，这是一个不对称的国际贸易格局。这种不对称关系包括：依赖关系的不对称，处在国际产业分工末端的国家和企业必然形成对高端国家和企业的依赖，反向的依赖关系是不存在的；风险的不对称，处在国际分工末端的国家或企业难以主动调整自身的经济结构、技术结构和产品结构，在国际经济风云变幻的时候往往面临巨大风险；利益的不对称，付出的很多，但获得的利益非常微薄，如电视机行业的平均利润率只有1.3%，纺织品的平均利润率只有0.62%。长此以往，许多产业将会形成国际产业分工中的低端锁定——始终无法向产业链的高端攀升。“8亿件衬衫换一架空客”，这不应当是中国的宿命，更不应当是中国的荣耀。

三是产业结构的失衡。主要是第三产业没有获得相应的发展。今天主要发达国家服务业占GDP比重达到71%，中等收入国家是61%，服务业的就业比重普遍达到70%左右；欠发达国家服务业占GDP比重是45%，大部分发展中国家服务业占就业比重在1999年已经达到40%以上。我国2006年服务业占GDP比重是39.9%，就业比重32.2%，不仅远低于发达国家，而且远低于发展中国家。这样的结构失衡会直接带来两个问题：一个是影响整体经济运行的质量和效率，因为服务业的重要性不仅仅在于其自身的成长，还在于对其他产业发展的保障和支撑，如金融、通信、物流、设计等都与农业和制造业的健康发展息息相关。还有就是对就业的影响，实践证明，国家就业增长不仅仅取决于GDP增长，也取决于结构——合理的结构能够造就更多的就业机会。国家发改委的一项研究表明，“九五”期间中国GDP增长和就业的关联系数是0.13，“十五”期间降到了0.11，“十一五”前3年已经降到了0.08，这意味着经济增长与就业的关联度越来越小，实际上正是反映了产业的结构矛盾，特别是最能吸纳就业的第三产业发展明显滞后。

四是经济发展与资源环境的失衡。这些年来，我国的经济增长很大程度上还是建立在资源消耗的基础上。但是，中国并不是一个资源丰裕的国家，很多重要的资源高度稀缺，如石油、天然气、淡水、土地、森林、有色金属等等，人均占有量都远远低于世界平均水平。更大的问题是，我国对资源的有效利用过低，2007年单位GDP能耗分别是日本的11倍，法国的8倍，美国的6倍。伴随着资源的大量消耗或不合理利用，带来的直接影响就是生态环境的破坏。目前我国整体生态环境恶化的趋势尚未得到扼制，全国的酸雨面积达到了30%~40%；荒漠化、沙漠化面积占到了1/3，每年因为荒漠化和沙漠化所损失的土地面积达到2 700多公顷，相当于一个中等县的面积；80%以上的河流受到了不同程度的污染。这样的情形表明，建立在投资扩张、资源消耗基础上的发展模式是走不远的。

综上所述，中国经济面临的主要问题是自身的结构性矛盾，从这个意义上说，调结构比保增长更为紧迫和重要。增长对就业至关重要，但是就业不仅仅取决于增长，也与经济结构密切相关。调整经济结构要着眼于长远，修炼内功，那种毕其功于一役和立竿见影的现象不符合规律。金融危机对调整结构带来了难得的机遇，我们应当抓住机遇，顺势而为，否则未来调整的难度更大、成本更高。

第三，投资知识就是投资未来。

400年前，英国哲学家培根发表过一个著名的论断：知识就是力量。当代著名的竞争力大师德鲁克也认为，在未来的经济格局中，人们最关注的将不是资本，而是知识。今天的国际竞争规则更是如此，WTO带给世界最大的变化不是投资和贸易的自由化，而是将国际贸易与知识产权直接挂钩。对于一国经济来说，重要的不是生产什么，生产多少，而是盈利能力；不是物质资产，而是知识资产。

最近，美国总统奥巴马说，“科学让位于意识形态的日子已成为过去，对美国的繁荣、安全、健康和环境而言，科学比以往任何时期更为重要，正在蔓延的经济危机不能成为缩减科学投入的借口”；“美国之所以在20世纪领先于世界，因为美国在创新方面领先于世界。进入21世纪，竞争更加激烈，挑战更加严峻，因此创新比以往任何时候更加重要”。美国一位学者也认为，基地组织袭击世贸中心和五角大楼，他们认为是攻击了美国核心力量的象征，但是以哈佛和斯坦福大学等为代表的研究机构作为创造性教育和研究体系的象征，才是美国繁荣的真正推动力。

英国首相布朗也强调，“经济低迷期绝不是我们放慢科学投资的借口，不允许科学变成经济萧条的牺牲品，而应着力发展科学——把科学作为推动经济复苏的关键因素”；“恪守对科学资助作出的相关规定——确保科学投资不是用于满足短期的迫切需求，而是为研究界提供持续的支持，使其可以在中长期内取得世界一流的研究成果”；“在全球化进程中，赢家将是那些能够创造高附加值产品与服务，并能培养具有最佳制造和创造技能人才的工业化国家”。

各国应对金融危机的部署，无不反映出积累知识能力、打造长远竞争力的战略思想。比如欧盟的经济复苏计划，提出增加研发创新与教育的投资，会员国和私营部门应该增加对教育和研发的投资，以刺激经济增长和生产力。美国2009年的研究开发预算，自然科学仍然是最优先的发展目标，联邦总研发预算为破纪录的1 470亿美元。德国提出在经济衰退中，必须将教育、研究和创新作为优先工作，必须提高研究人员的流动性，改善教育环境，同时加强对创新型中小企业投资力度等等。我国也已经做了相应战略部署，提出应对金融危机的科技支撑措施。我认为需要高度关注五个方面的内容：投资科技基础设施，投资战略性新兴产业，投资创新型中小企业，投资知识型服务业，投资创新型人才。

最后引用胡锦涛总书记的一段重要讲话作为结语："要把科技放在优先发展的战略地位。党和国家事业发展比以往任何时候都更加迫切地需要坚实的科学基础和有力的技术支撑，更加迫切地需要广大科技工作者不懈进行创造性实践，以更好地建设创新型国家，实现我国科学技术的跨越式发展。"

金融海啸、超额货币与世界经济失衡

孙　震　　台湾大学名誉教授、台大经济研究学术基金会董事长

毕业于台湾大学经济学系，获美国奥克拉荷马大学经济学博士。历任台湾大学经济系教授、“行政院”经济建设委员会副主任委员、台湾大学校长、“国防部”部长、“政务委员”、工业技术研究院董事长、元智大学远东经济讲座教授。现为台湾大学名誉教授、元智大学名誉讲座教授，并任台湾大学校友总会理事长、校友会文化基金会董事长、台湾大学经济研究学术基金会董事长等公益职务。曾任台湾中国经济学会理事长、傅尔布莱特学友会第一届、第二届理事长。学术研究领域为总体经济学与经济发展，近年专注于企业伦理的研究与推广。21世纪以来的重要著作有《台湾发展知识经济之路》、《台湾经济自由化的历程》、《理当如此：企业永续经营之道》与《企业伦理与企业社会责任》等。

2007年8月美国次级房贷问题引发的世界金融危机，至2008年9月雷曼兄弟破产急遽恶化，形成所谓全球金融海啸，信用瞬间收缩，资产价格大幅跌落，使世界经济陷入第二次世界大战以后最严重的衰退。经过主要国家政府及时注入大量资金，并在财政方面积极采取刺激措施，2009年下半年以来，各国逐渐走出衰退阴影，迈向复苏。

这次金融海啸的直接原因，一般认为包括金融机构所创造的繁复结构式金融资产，隐藏问题证券，高杠杆操作使风险升高，信评失真与监督机制薄弱等。本文拟作更根本、更广泛的探讨。第一部分讨论全球化与物价膨胀行径的转变。第二部分分析这次金融危机的直接原因。第三部分分析所谓超额流动性与世界经济失衡。第四部分为简单的检讨与展望。

一、全球化与物价膨胀

全球化是指由于世界各国在经济措施方面的自由化与开放，商品与生产因素包括资本、人力和技术，超越国界，自由移动。资本和技术流入发展中

国家，使其生产力提高，贸易扩大，就业与所得增加，经济迅速成长。商品自由流动使任何国家国内物价如上涨，国外商品即流入，抑制物价涨势，特别是发展中国家（如中国）大量生产的低廉制造业产品流入发达国家（如美国）。而发达国家物价下降或膨胀率降低，有助于发展中国家物价之稳定。

因此，全球化改变了物价膨胀（inflation）的行径。传统之货物与劳务价格膨胀（goods and services price inflation），简称商品价格膨胀（commodity inflation），趋于下降，过多的货币流入资产市场，使资产价格膨胀（assets price inflation），简称资产膨胀（asset inflation），趋于上升。

在商品价格膨胀中，需求拉动（demand pull）的成分减少，成本推动（cost-push）的成分增加，而在成本推动的因素中，由于劳动短缺所导致的工资上涨因素减少，由于自然资源耗竭，其供给的价格弹性降低，所导致的价格上涨因素增加。这些自然资源包括石油、黄金、钢铁、农产品等。最显著的例子是2007～2008年上半年，石油价格上涨、生物能源（bio-energy）与粮争地，使农产品价格上涨，幸而为随后之金融海啸与严重经济衰退化解于无形。而在资产价格膨胀中，随着近年金融产品的创新，从本地化的房地产与股票市场，转向全球化的金融资产。

购买一般商品与购买资产有一重要不同，即购买商品为消费行为，购买者从商品的消费中得到满足，购买资产为投资行为，购买者从资产中得到收益。收益率大于利率，使资产价格上涨，而资产价格上涨产生资本利得（capital gain），诱使投资者继续购买，使资产价格继续上涨。资产价格上涨使其按市价计算的收益率下降。然而只要有人购买，资产价格就会继续上涨，如此相互激荡。资产价格超过其收益率所能支持的部分形成泡沫，而泡沫不断膨胀，最后终至破灭，而使资产价格下跌，财富缩小，消费减少，甚至引起金融机构亏损，信用收缩，导致经济衰退。这次金融海啸就是一个显著的例子。

20世纪90年代以来，由于商品价格膨胀趋于温和，主要国家决策阶层忽视全球化引起物价膨胀形态的重大变化，以为货币政策成功，放宽管制，扩充信用，使利率下降，过多流动性流入资产市场，导致资产价格膨胀，使资产泡沫不断扩大。

凯因斯（John M.Keynes）在其《一般理论》中，假定利率下降到某一最低点，保有货币的成本降低，人民就会无限保有货币，凯因斯称之为流动性陷阱（liquidity trap）。但人民不会长时期无限保有货币，纵然货物与劳务的价格不上涨，不必担心商品价格膨胀，也会寻求有利的投资，购买资产，结果导致资产价格膨胀。简化的概念模糊了商品价格膨胀与资产价格膨胀之别，可能引起分析和决策的盲点，必须有审慎的辨别。

二、金融海啸背后

这次金融海啸的直接原因主要有四：

（一）美国的次级房贷（subprime mortgage loans）。金融机构借太多钱给太多偿债能力薄弱的人买房子，以房屋做抵押，不顾利率会上升、房价会下跌、经济会衰退、失业会增加、有人会付不出贷款本息的风险。而很多买房子的人受到利率低、房贷条件优厚与房价预期上涨的鼓励，大胆借钱，不顾自己的经济实力，以致主客观条件恶化时，陷入困境。

（二）资产证券化（securitization）。证券化是将附带固定收益的资产或债权转化为证券，例如房贷担保证券（mortgage backed security，MBS），或资产担保证券（asset backed security，ABS）。

证券化有两个重要特质，一个是将长期债权贴现出售，转移风险，取得现金，再加运用，创造更多利润。另外一个是将“本地”的资产如房地产全球化，又可分割出售，使更多地区、更多人参与投资。这也是这次金融危机重创全世界，所有金融资产的投资人几乎无一幸免的一个原因，和1997年的东亚金融危机，在地区方面和受到伤害的投资人方面有其局限性，有明显的不同。

（三）繁复结构式金融产品（complex structured finance products）。以不同资产或债权为基础的证券组合而成所谓担保债务凭证（collateralized debt obligation，CDO），不同的CDO_s又可包装为多层次结构式金融产品，从CDO_2到CDO_3甚至CDO_n，就是所谓繁复结构式金融产品。由于担保债务凭证和繁复结构式金融产品都是由单项资产担保证券组成，其收益来自组成分子，本身并不产生收益，对经济产值即国内生产总值（GDP）实在并无贡献，但却为金融机构赚取巨额利润，因此金融机构乐此不疲。

繁复结构式金融产品内容繁杂，其优点在于可划分不同风险等级，以配合不同风险偏好投资人的需要，使高风险/高收益与低风险/低收益的投资人各得其所。但其内容过于复杂，一般投资人无法判断，唯有依赖评级机构之评等，而信评之可靠性则不无可疑，当基础资产之收益发生变化时，例如2007年美国次级房贷违约增加，市场惊恐，投资人信心动摇，更使信评失据，市场陷入混乱。

（四）高杠杆操作（high leverage operation）。财务杠杆是指金融机构资产（或负债）与资本之比。这次金融海啸爆发前，美国华尔街五大投资银行的杠杆值大致接近30：1，即以1美元之资本操作30美元之资产。如资产之报酬率为1%，则资本之报酬率为30%，当然使银行财源滚滚。然而如资产之报酬率为-1%，则资本之报酬率为-30%，几使银行损失1/3的资本额。而当银行发生资本损失时，必须以30倍收缩信用，因此市场资金迅速收缩。而在房贷担保中扮演重要角色的房利美（Fannie Mac）和房地美（Fredde Mac）杠杆值竟达60：1，所以危机发生时无力承担责任，只有让政府以2 000亿美元接管。

当市场繁荣时，金融机构的利润与股价虽高，但由股东与员工特别是高级主管所分享。及至市场发生危机，公司大量亏损，股价下跌，政府挹注大量资金救助，而政府之资金来自人民之税负，“赚钱归私、赔钱归公”（privatization of profits，socialization of losses），自然为社会所诟病，但也是近年金融市场“松绑”（deregulation），金融机构规模做大，“大到不能倒”所难免。

三、超额货币与世界经济失衡

狂飙之金融海啸导致1929年大萧条（the great depression）以来最严重的世界经济衰退，昔日兴风作浪的美国华尔街五大投资银行纷纷不支倒地，高盛与摩根士丹利转型为商业银行金控，美林卖给美国商业银行（Bank of America）、贝尔·斯登卖给摩根大通、雷曼兄弟最为不幸，申请破产。“何昔日之芳草兮，今直为此萧艾也！”真是成亦华尔街，败亦华尔街。

除了上述技术原因，这次金融海啸也有伦理或道德的因素。重赏之下，金融业的CEO们只看到公司的利润和股价，忘记对经济产值的贡献和对顾客与社会的责任。雷曼兄弟破产后，美国众院政府改革监督委员会主席魏克曼（Henry Waxman）责问雷曼CEO傅德（Richard Fuld）说：“你的公司如今破产，我们国家陷入危机，你自己却弄到4.8亿美元。我问你一个基本的问题，这样算公平吗？”傅德一脸无辜（心中可能颇不以为然）回答：“我的薪资是董事会认为对公司最为有利的报酬”。

美国总统奥巴马在2009年1月20日的就职演说中谴责说：“由于若干人的贪婪和不负责任，使美国经济陷入目前的困境。”

然而更根本的原因在于世界流动性过多的；而流动性过多来自持续的全球经济失衡，一方面是美国的国际收支经常账赤字不断扩大；另一方面是亚洲新兴工业化与发展中国家以及中东产油国的经常账盈余不断增加。由于美元为世界通用支付工具与准备货币，一般国家的经常账发生逆差必须以国际货币主要为美元支付，但美国发生逆差只需增加其对外负债。

过去金本位时代，世界的准备货币受到供给的限制，逆差国的黄金减少，货币数量随之减少，于是国内物价下降，使出口增加，进口减少，顺差国则黄金增加，货币数量随之增加，于是国内物价上涨，使出口减少，进口增加，世界经济的不平衡经此调整，得以改善。但在当前的美元本位时代，世界经济则失去此自动调节功能。

2000~2007年，美国的经常账逆差从2000年的4 174亿美元，占当年GDP的4.3%，扩大到2007年的7 312亿美元，占GDP的5.3%。在此8年间，美国的经常账赤字累积达46 578亿美元，较全世界141个新兴与发展中国家同时期增加的外汇准备尚多出11 505亿美元。在这些新兴与发展中国家中最重要的当然是中国，其经常账盈余2000年占GDP的1.2%，2007年增加为11.3%。中国的外汇准备2000年底为1 689亿美元，2007年底增加为15 313亿美元，占当年进口总额的148%，GDP的47%。目前中国的外汇准备已超过2万亿元，用任何标准衡量皆偏高，其中大约70%以美元资产保存。

国际收支经常账的主要项目为贸易差额。美国的贸易逆差扩大，帮助了新兴与发展中国家的经济成长，特别是中国，而这些国家由此获得的外汇回流美国，帮助了美国弥补其国际收支赤字。双方互蒙其利。然而美国庞大且不断增加的外债，终将动摇美元作为国际通货与准备货币的地位。一旦回流的美元减少，美元大幅贬值，拥有大量美元的国家，将产生重大损失，而中国首当其冲。

近年世界各国批评美国借债度日，以债养债，美国则批评中国拒绝人民币升值。美国诺贝尔经济学奖得主克鲁格曼说："中国给我们有毒的产品，我们给他们不值钱的货币。"克鲁格曼所说的虽然是课堂上的玩笑话，但两国实应深思，怎样做才是对自己也对世界最有利的政策。

四、明天过后——检讨与展望

2009年第二、三两季，各国经济逐渐走出谷底，止跌回升。这次衰退虽较战后各次严重，但较预期缓和，这要感谢1929年大萧条的惨痛经验与20世纪30年代凯恩斯的理论之赐，各国不但未采取保护贸易与以邻为壑之贬值措施，而且主要国家大量投注资金，并采取大胆财政政策刺激救市，力挽狂澜于既倒。

过多资金等待有利机会，抢先入市。根据2009年10月3日的《经济学人》（The Economist）报道，MSCI世界股票市场已自2009年3月的谷底上升64%。国际货币基金组织10月期《世界经济展望》（World Economic Outlook）预测2010年世界GDP增长率为3.1%，较4月的预测提高1.2个百分点，但仍低于2000~2007年的平均增长率4%。至于失业率的降低，尚需等待时日。

经过这次金融海啸，金融机构的房贷政策应趋于稳健，房贷不能不考虑客户的偿债能力，结构式金融产品应简化（对顾客而言，看不懂的东西不要买，魔鬼藏在细节里），财务杠杆应降低，未分配保留盈余应鼓励提高，未雨绸缪，财务状况应更透明化，信用评级应更切实，金融监督应加强。更重要的是金融机构用别人的钱赚钱，必须诚信、稳健，不可铤而走险。目前按市场定价（mark to market）的会计准则，于市况恶化时落井下石，经济过热时火上加油，应加检讨，代之以平和稳妥的做法。

最根本的是个别国家和世界，都应维持稳定的货币供给。战后布雷顿森林体系所建立的国际货币制度，是黄金—美元为本位的可调整固定汇率制（adjustable fixed exchange rate regime），美元和黄金维持35美元等于一盎司黄金的比价。1971年8月15日尼克松实施新经济政策，停止美元对黄金及任何准备资产的兑换，结束了黄金—美元本位固定汇率制度，进入以美元为主要国际通货的变动汇率制度。

世界美元的供给决定于美国的国际收支经常账差额，美元供给太少不利于经济增长，供给太多导致物价或资产膨胀。近年美国经常账逆差不断扩大，致国际流动性过多，不仅影响世界金融稳定，而且潜藏国际货币制度崩溃的危机。

以单一国家的负债为世界通货势难久远，世界终须重建新的国际货币制度。过去两年，金融危机重创世界各国经济，美国、英国、法国、德国等先进经济体受创尤甚，而新兴与发展中经济体多能维持增长，使世界经济版图发生重大变化。世界重大经济议题不能听凭G7或G8一言而决，因而有G20和代表美国与中国的G2高峰会议。世界经济大势今非昔比，考虑建立更符合未来发展的国际货币制度此其时矣。

对 话

提问：给中国民用航空公司的金总提个问题，第一，试航证会不会控制在美国、欧洲的手里，他们会不会有意识地从潜在金融发展的角度，不允许中国的公司获得试航证？第二，天津建一个厂，会不会想非常快地进入市场来抑制中国飞机的发展？

金壮龙：第一个问题，一般一款飞机作为客机的话，要走向商业成功必须有三个证，第一个叫型号合格证，表示研究成功；第二个是生产许可证，在生产线进行生产；第三个证是试航证，就是上天证。这个证有区别，比如说在中国上空飞行，要有中国民航上行当局发的试航证，如果飞机要投放美国市场，按照美国的法律要试航，叫FA，这个问题比较复杂，但是从目前来说，我们做国际上民用飞机的取证工作，以ARJ21为例，首先是国家民航局，发证是政府强制性措施，不是说航空公司提供什么，必须是政府强制性的，国家民航局考核取证。ARJ21国家民航局已经受理了，正在取证阶段，相当于一位考官，我们是考生，政府按照法规要求进行考核，我们按照要求进行考试，ARJ21有4架飞机，有1 000多个飞行小时，才能把型号合格证拿下来。还有，比如欧洲试航证的问题，在法律上差不多，因为民用飞机关系到人的生命安全，曾出现血的教训，所以从国际规章来说，必须进行考核、取证。比如说美国，现在卖很多波音飞机给中国，按照常理说也要中国政府同意，要不然不能在空中飞行，所以政府之间要有一个协定，在试航取证问题上，中国政府、国家民航局跟美国FA之间要有约定，FA也已经受理了ARJ21这款飞机的取证，目前来说我们发现还是正常的，因为这是民用飞机。反过来对方如果出现难题怎么办？大家从另外一个角度说，因为竞争毕竟会存在，但是竞争都是双方的，如果对方采取措施，我们政府作为背景，大量飞机购买也有政府谈判的条件。另外我们飞机为什么一定要国际化？举个例子，ARJ21有19个顶尖供应商，有一部分是美国企业。波音、空客是独立的飞机制造商，但是像通用公司和霍尼韦尔不是波音公司控制的，也是独立的供应商，所以一遇到问题从双方政府角度来说目前还没有出现这种情况。但是政府与政府之间的试航交涉和我们如何做好服务，还是需要做好工作的。

第二个问题，我认为天津的项目跟我们没有抑制不抑制的关系，飞机在中国生产和国外生产是一样的。但是如果飞机推出以后，中国市场如此巨大，确实可以按照中国现有的市场研制出更多地满足中国自己国内市场的飞机，同时走向国际市场。

提问：产业结构调整目前最大的阻力是什么？政治制度目前是否需要进行相应的

改革？现在固定资产投资继续增加，“国进民退”的现象是否继续加重？不知道您有什么看法？

梅永红：结构调整问题可以借用两位领导人的讲话，一个是温家宝总理最近在达沃斯论坛上发表的讲话，他特别提出：我现在关心的不是增长问题，而是结构问题。还有胡锦涛总书记在山东考察时的讲话，他说面对结构矛盾，我们要下大力气，下狠工夫推进经济结构的调整和经济发展方式的转变。这两位领导人的谈话反映了中央在结构调整上有大的动作，我们现在比较多地关注投资，关注规模扩张，有两个方面的原因，第一个是片面发展观念，我们把投资多、增长多简单理解为发展，在座的每一个人都清楚，发展的含义比增长要宽泛得多，要深刻得多；第二个是我们存在制度性障碍，比如分税制，比如说对官员任期目标考核制，都在一定程度上助长了短期投资偏好，经济增长可以用木桶效应来形容，不是哪块板最高，木桶盛水就多，而是应该追求一种平衡，宏观经济层面上投资、消费、贸易本身应该实现贸易平衡，现在无论从哪个角度分析这种失衡都是非常突出的。经济发展不是短跑，而是没有止境的长跑，因此需要我们付出更多的努力，耐得住寂寞，真正下狠心去调整，但是现在制度安排往往不能满足这种要求。20世纪90年代上半期，东南亚经济经历很高的增长，但是1994年美国著名经济学家克鲁格曼提出质疑，明确提出亚洲经济成长不是建立在质量和效率的基础上，而是建立在规模扩张的基础上，这种发展模式是不可持续的，当时这个观点没有人关注。到了1996年，亚洲爆发金融危机，依然没有人理睬他，到了1997年7月3日金融危机正式爆发。正是准确的预测让他获得了诺贝尔经济学奖。现在中央提出科学发展观，不是口号，我们需要制度安排和政策安排。

提问：我们国家的发展有一个根本重要的问题，就是农村经济发展。中国农村应该走什么样的发展道路？如何做好农村产业结构的调整？怎样看待这种调整对我们国家产业发展以及对GDP的拉动？

梅永红：现在谈到扩内需包括要增加消费，如果7亿农民的消费需求得不到扩张，谈消费就达不到预期的目标。所以我们一定要在保增长扩内需过程中，将目光投向农村，城乡差距之大在今天不多见。如果有现代要素，比如经营、管理、人才等要素，能够导入农村，农村经济可以成为活跃的经济体，能够成为就业的经济体，对此我非常同意，我们关注农村经济的时候也看到了这样的情形，更多知识能够改变农村落后面貌，更多的知识能够让农村活跃起来。

提问：您反复强调调整结构，您认为将来有没有可能中国降低发展速度，比如说不提“保八”口号，降低发展速度，专心调整结构呢？

梅永红：我更推崇的是不要把“保八”和调整结构对立起来，我们更多用解决短期问题的办法解决长期问题，这中间可能以失去长期发展或者未来收益作为代价。应把两者统一起来，当中国经济面临问题的时候，我们增长不管它了。更好的理解是保增长、扩内需、调结构、上水平是完整统一的目标体系，保增长也需要结构的优化，扩内需也需要水平的提升。

提问：孙震教授怎么看待目前经济运行状况？中国是不是存在资产泡沫？

孙震：虽然中国经济里面外汇储备太多，特别是美元资产太多，隐藏危机，但是全世界非常羡慕中国在金融危机当中一枝独秀的经济发展表现，我在2009年10月20日看到了一篇文章：全世界在金融危机中都是被动的，只有中国在逆势当中创造中国的优势。欧洲和美国用大量的钱救银行去了，中国的钱放在几个重要的方向，一部分用于基础设施投资，一部分用于农村生活水准的改善和保健制度，中国的钱不仅仅是维持“保八”的概念，2009年有可能是8.5%，而且中国花的钱对于将来的成长及人民福利增加都有帮助。金融危机以后，世界的大事不能由一两个国家决定，在20个大国开会之前，美国和中国先要商量到底怎么样做。我觉得国际货币的制度早晚要解决，在解决过程中要采取稳健的方法让大家不受损失，美国也不要一下子损失负债，中国也不要损失很大，我看到世界上外汇很多的国家不知道怎么花钱。中央银行保有外汇准备是老百姓的钱而不是政府的钱，政府用中央银行的钱，用你的本地货币去买外汇。但是现在全世界都改变了，很多外汇多的国家成立主权基金，买什么？像中国这么大的国家，这么大的主权基金，买什么全世界看着你，中国到非洲买土地生产粮食，刚才讲了农业生产，将来要发生粮食危机，会缺水，会旱灾，水多了造成灾害，水少了造成灾害，粮食和能源、征地也会造成灾害。到非洲去买土地我赞成，外国杂志讲中国跑到美国后院买拉丁美洲矿产，美国人很紧张，中国到澳大利亚买矿产也会引起别的国家紧张，中国跟俄罗斯买天然气，跟中东产油国家买石油，外汇过多，花掉你的外汇，用你的外汇购买东西都会引起世界强国的嗔怒，这是将来国际上摩擦的重要来源，中国很小心。另外比较担心的问题，过去这么多年我一直说，作为理论经济学者凭空想象，过去中央集权，财政一直上不来，中央改变政策，放权给地方，每个地方都招商引资，上海大力招商引资，市下面的区县都招商引资，难免让没有竞争力的企业也进来了，过去有高排放的企业也进来，现在慢慢排除，将来国内市场继续发达，中国早晚将走向市场竞争，用市场考验竞争力，到底效率高不高，在市场上用价格比一比。等短期金融危机过去了以后，中国要经过一个大的变动，让市场把现在各地市县招商引资出来的重复的、过度的投资及那些低效率产业一一淘汰，所以免不了要经过一个困难的时期。改革开放以后，中国平均的投资是GDP的40%，我注意到这几年接近50%，我假如用45%GDP投资，10%经济增长率，用4.5元生产1元，人家外国是2元或2.5元生产1元，表示我们的投资不是很有效率，其实浪费很多。很多基础设施提升了将来的生产力和将来的竞争力，但免不了本来用不着，却已经花出去钱的情况。钱太多了，花起来很痛快，就免不了花到效率低的地方。手上拿了太多的钱，怎么样花掉？这是一个非常大的难题。从短期政策转变成长期对我们有利的政策，非常考验政府的智慧。另外，投资了那么多，里面鱼龙混杂，不是你想象的那么好，是倒掉好还是不倒好？还有，内地经济增长这么快，钱这么多，但是农村农民还是太多了，占的比例跟地位不一致。2008年有人采访我，说要不要谈谈人民币升值的问题，我说还不是好的时机，因为现在各国货币都在通过贬值来增加出口，如果我建议人民币升值，就太对不起国家了，这个阶段还是短期的。我觉得农村有潜在问题，危机也可以是转机，他们的购买力增加就是中国市场的扩大，有助于内贸和外贸矛盾的消除。

创新培养

Dan Mote　　美国马里兰大学校长

美国马里兰大学校长，于柏克莱加利福尼亚大学取得3个机械工程专业的学位，并在该学院任教31年。曾任机械工程系主任，获得机械系统客座教授头衔，后担任负责大学关系的副校长。

主要研究方向是动力系统和生物力学，有300多篇著作，在美国、挪威、芬兰、瑞典获得多项专利，共带58个博士研究生。1998年被任命为美国马里兰大学校长，格伦·L.马丁学院工程教授。

美国国家工程学会会员，曾获萸基奖。曾被评为美国国际工程师协会荣誉会员，并获得过德国洪堡奖。美国艺术科学院研究员。

我今天的演讲主题是创新的培养，而且这个创新的培养是在互联的世界中发生的，也就是今天的世界，尽管人们对某些创新者和创新公司很熟悉，但是较少注意培养创新的文化，以及如何大规模培养创新来应对世界上的重要问题，而这些问题的解决方案取决于创新。目前在培养创新方面有两个重大挑战：第一个，如何才能加快创新的速度，以便能够赶上科学发现以及工程创造与日俱增的速度；第二个，创新的规模如何扩大才能解决当今全球化的大问题。比如说充足的清洁水资源、确保国家安全、打击恐怖主义、确保食品安全、供应足够的清洁能源、对抗环境的恶劣以及对气候变化作出响应，这只是很多问题中的一部分。什么是创新？创新是用一个新创意引进一种更好的做事的方式。创新指的是增量的或者是剧烈的甚至是革命性的变革，变革了思维、产品、理念、流程甚至组织，其结果是有更好的做事方式，而发明是创意的实现，像内燃机一样。创新要把想法实施，比如流水线制造以及部件的标准化，正是通过中产阶级购买汽车创新才得以实现。

现在回顾一下创新的历史，20世纪50年代初也就是冷战开始的时候，当时从创新中获取优势的战略就是通过控制和隔离保护创新，控制知识、控制信息、控制技术以及将它们隔绝，不让竞争对手获取，其结果是创新在一个受控的环境中缓慢地发展，这是一种破坏性的创新、被压抑的创新，目的就是保护某国的利益。除了很少的案例以外，创新不是大学的使命之一。

在20世纪60年代的时候一个创意需要10年甚至更长时间才能从大学的实验室进入市场，一个漏水桶的比喻可以描绘这个时期。如果注入桶中的水是新创新，这个桶是我们的社会，国家、企业、实验室等等，桶的洞就会使新创新流到其他地方，包括竞争对手那里，那么获得竞争优势的战略就是要把使水桶填满更慢的洞补好，比如说出口控制、信息的保密以及限制外国国民的签证都是试图堵漏的方法。

到了1975年的时候，创新控制阶段开始崩溃了，全新的行业崛起，比如说通信行业、细胞分子、个人电脑、个人生物学、微电子行业，年轻的创新者，小企业和大学站在了创新的前沿，新的企业出现了，比如英特尔在1971年创办，微软在1975年创办，Genetech在1976年创办，苹果在1976年创办等。

为了保持全球的竞争力，20世纪80年代的时候美国把重点从基础研究转向了产品开发，也就是转向更快速地把水倒进桶里面。美国创新地点逐渐拥有了它们现在大家已经耳熟能详的名字，比如硅谷、马萨诸塞，大型企业在大学旁边建立起来，创新的大门敞开得更大了。

1990年冷战结束，控制隔离阶段接近尾声，研发主要受全球化驱动，全球化带来了更低成本制造，更多的人才和市场的准入都来自美国以外的地方。

2000年的时候网络经济泡沫崩裂，整个光纤互联，现在已经不再控制创新，控制和隔离的阶段结束了。一种前沿的心态开始形成，像美国当年大西部开发一样，这时候新的领土为创新人才提供了无限的可能，因特网把创新、制造、机会、供应和产品运到新的全球前沿，并把人才、产品和创新运回本国。大约30亿新的前沿开拓人士成为潜在的创新者、开拓者、消费者。全球前沿受到创新和因特网驱动面对新的冒险和机遇。现在为了获得竞争优势，创新必须更快流入水桶，比水流出水桶的速度更快，因为桶上的洞太多无法堵上，而放缓创新上市的成本太高了。所以完全扭转了先前的控制和隔离的政策，现在我们要的是对话和合作伙伴，这样才能进行更多创新，而人才、资产、上市的速度，成为创新的关键动因。

创新的速度必须要大规模地提高，这样才能够赶上人们对产品上市速度加快的要求，赶上科学工程技术的发展速度，现在更强调的是人才合作，对话创新，这一切进展得越来越迅速，而且在全球互联，这个速度还在加快中。那么为什么要进行创新？现在我们所面临的最大的问题都是全球性的问题，它们不受国家或者大陆边界的限制。举个例子，比如说对抗贫困、发展可替代能源和可再生能源和防止流行病传染、提高生活品质等等，还要提供合理价格的教育、降低保健的成本以及打击恐怖主义，还要能够维持一种竞争的经济，提高生产率，扭转环境的恶化，所有这些都是我们耳熟能详的问题，解决问题的方案就是创新，这么多的责任怎么可能都要靠创新实现？创新怎么可能解答所有问题？这些问题都是全球性的，而且是相互关联的，跨越了国界、跨越了文化、跨越了学科，如果创新要解答这样的问题，就是一种重大的挑战，我们怎么样才能在这些问题的语境下考虑创新？我们需要什么样的创新文化才能解决大规模的问题？这里列出了创新面临的两个最大的挑战，第一，创新的规模如何扩大才能解决全球化的大问题？第二，创新的速度如何能够赶上全球科技发现和工程创造的速度，而且还能够满足在市场上保持竞争力的需求？再给大家多介绍一下历史，在美国工程发明史上有三种技术在20世纪对我们的生活改变最大，第一个是电气化，也就是在全国各地建立起了蜘蛛网式电网，第二个是汽车，第三个是飞机，每一样有几十年时间才能深入到市场，电气化花了30年，汽车花了20年，飞机需要40年，而且要国家大规模支持才能发展。再举几个现在的例子，比如说美国Twitter公司是2006年成立的，当时有55名员工，现在已经是世界第三大社交网站，有5 500万用户；1992年人们发送了第一条短信，而现在的日短信数量几乎是世界人口的数量。在2009年有40千兆独一无二的信息被创造出来，大概是地球上每个人有700个亿字节可以分享，或者说比过去5 000年里创造的信息还要多。在2010年全球文本信息的数量将会每三天翻一番。新信息、科学发现、技术发明的高速发展使得信息传递的速度必须加快，这是毫无疑问的。

新信息增长的高速度，削弱了组织规划，因为现在组织对颠覆性的变革反应时间越来越短了，以前组织状态被打破了，现在组织必须转型，企业或者领导团队运作更像应急团队，这样才能赶上变革的步伐，变革的步伐同时还在加速，所以我们别无选择，只能响应。

我们现在说说文化，文化是什么？创新文化是什么？文化在组织一个机构或者在一个集团共享一些非常有特点的态度、价值观、目标和实践的时候就会形成，我说的态度、价值观念、目标、实践是文化组成部分，而创新文化从小的规模到最大的规模有7个共同的特点，这是根据实证研究证实的，其他的特点在某些情况下也可以概括起来。这7个特点在我研究的每个文化当中存在，第一，有一个完全致力于创新的领导层，这是至关重要的；第二，这种创新的文化削减了决策的层级结构，谁负责什么事非常清晰；第三，这些创新文化有共同的可持续目标，创新就是实践，他们尊重各类人才的才能，而这些人将价值和创新的维度加入到了创新和创业中；第五，他们拥有形成创意的决心，进行创新，并且挑战传统的思维；第六，他们愿意快速反应，也愿意随时做出调整；第七，他们接受失败，认为失败是创新的一个组成部分，失败并不可耻，如果所做的尝试太保守，缺少失败却可能是可耻的。还有其他创新文化特点也很重要，比如说信任、奖励、幽默，工作环境，但是前面7点一定会出现在你所研究的文化特点中。

创新文化拥有两大主要挑战。第一，文化怎样提高创新的速度才能赶上科技发展的速度，满足今天市场发展的要求？第二，文化怎么才能扩大创新的范围以应对世界上的问题？这两个问题控制了创新的未来。提到创新的文化，我们可以认为存在于6个不同的层次，这6个层次在跨度和规模上各有不同，这些层次相互联系，相互依赖，而且提供了框架，使我们对任何规模创新都能够进行概念化。不管是大的创新还是小的创新，每一个层次的领导力都是必要的，而创新文化其他6个特点也在每个层面上都可以找到。这6个层次分别是个人层面、组织层面、社区层面、州层面、国家层面和世界层面。个人层面比较明显，包括天性爱创新的人，无数的创新者除了比较著名的像比尔·盖茨和托马斯·爱迪生之外，还有不知名的创新者创造新的做事方法，他们在床头放一个笔记本，做常规实验、发现新现象等。组织层面是包括两个人或者两个人以上共享7个创新文化特点的团体，组织可以是非正式的，企业、政府、学术机构，或者任何有创新实施的团体，领导力是至关重要的，因为一个组织的政策对培养创新文化至关重要，苹果公司就是一个著名的大型创新型企业的例子，但还有其他很多公司。美国2009年创新型公司排名的标准包括适应性、变化速度、冒风险和创业精神，所有这些都是创新文化的特点，而且也是由组织的领导力决定的。社区层面可以是非正式的或是正式的，能够把多个组织联系在一起，这些社区通常在地理上集中在一起，如果非正式的和正式的基础设施有足够能力帮助社区内部的创新实施，社区的创新文化能够促进创新，而在美国各地的创新集群都是10多年前开始涌现，这是一种社区层面的创新文化，比如硅谷就是创新社区，还有一个建立起来以便解决一些半导体制造行业共同面临的研发问题的财团也是一种创新社区。在社区层面的创新文化通常围绕强大的社区领导力组织起来，他们可能来自各方面，包括创新者、创新公司、企业家、法律委员会、大学等。还有其他资源，比如说网络组织，还有企业家营地、技术孵化器、专业组织、当地政府等，他们共同强化这个层面的组织。社区创新方面的成长甚至能吸引更多的创新。根据2006年的《华尔街日报》的研究，在美国我们共有20个主要的创新的城镇，有13个在加利福尼亚，其中10个都是在硅谷。另外在州层面，也提供了很好的政府层面对创新的支持。通常一个州的州长会引领一个领导创新的基调，各州会提供各种各样的激励措施，激励各个层面提升自己的创新能力，通过税收政策，还有创新的激励制度，同时还给机构和大专院校提供资质来源，另外还帮助大学把自己的研究技术制度转移到企业当中来，也会和很多其他的州，和国外机构建立很好的合作伙伴关系，在这边很好的例子就是马里兰州，我们帮助很多公司和机构不断增长和创新。我们也不断在马里兰州开展创业教育、技术创新，以技术促进经济增长。创新在1984年造成的经济影响达到了200亿美元左右，大学通过加速技术创业丰富大学资源来支持国家技术公司，使马里兰州的公司受益，这些公司仅仅来自于企业孵化器等。

再说到国家层面，由联邦政府推广一些政策不断激励联邦层面及其他层面创新，美国总统事实上也意识到了必须创新，来满足国家的一些需求，例如奥巴马总统订立了规划，用3%的GDP投资于联邦的创新和研发。联邦政策、融资、税务、研究机构、代表团、规章都是这个层面创新的特点。创新文化从国家项目中不断酝酿出来，电力部门、国家研究院所等承担重要项目的机构通过不断提倡创新文化来解决重大问题。我们的大学为了研究创新也不断拨款来承办太阳能等系列比赛，激励国家层面的创新。对于中国来说，在中国共产党的第十七次全国代表大会上，胡锦涛总书记也曾讲述综合国力全球化竞争，本质在于人才的竞争，特别是有创新精神的人才竞争。

世界层面主要指国际化平台或全球化层面，这是一种正式或非正式结构，类似于全球规模内的社区层面。领导力来自于成功的个人、组织、国家，来创造一种全球化的创新环境。世界层面现在正稳步发展，在本国与其他国家、州与其他国家，各国组织，各个国家、世界组织等之间。由许多国家组成的复合型产业，比如电子制造业，还有汽车行业等都是世界层面创新文化取得效果的例子，当然也包括飞机行业。世界层面使创新文化复杂化，它代表了同一种态度、目标、价值和实践，创新文化没有地缘政治界限。

2009年9月22日的中美合作，是发展世界层面创新文化的重要一步。我们生活工作在美国的马里兰州，在这个变革时期通过建立一个世界层面的创新文化，我们创造机会去了解中国，与中国合作，事实上这是我许多年来的主要目标。上个星期科技部部长万钢先生以及马里兰州商业经济部秘书长和我本人在马里兰大学讨论了中美合作研究的事项，在2000年的时候原科技部部长徐冠华和我就开始讨论建立中美研究园区的计划，在2002年的时候正式签订了协议，马里兰州也拨款资助了这个被称作孵化器的中美研究园区项目，它吸引了很多外国公司来到马里兰大学与专家和学生进行探讨，尤其是商业和工程学方面。马里兰州也建立了马里兰州国际商业中心，使得主要的联邦企业、州企业、私有企业和国际企业合作伙伴聚在一起，共享资源，共同创新，让这个地区变得更加繁荣。

领导力是创新的关键。没有领导力也就没有机会创造创新文化，领导力给我们很多自由度，并且激励、引导我们创新，建立创新的文化，领导力可以是非正式的，却仍可以创造一个共享态度、价值观、目标和实践的文化。刚才提到的6个层面，是彼此联系和彼此依存的，给我们提供了概念化的创新理念。充分发展国家层面和全球层面的创新对于应对重大问题是必需的。我们只能通过扩大创新者的人数、创新组织和增加渠道寻找更好的解决办法来加快创新的速度。所以在学校里促进创业精神可以扩大创业者人数，例如在马里兰州以及其他大学里面有很多创新机会，提供给住宿学生、社区学院学生、国际学生，还有校外的学生。扩大社区国家层面的创新也能增加创新者的数量。开放创新，增加创新渠道都可以不断加快创新的速度，并且降低创新的成本。可以看到美国的创新文化是由很多个人和机构主导的，我们的一位65岁的教授在科学和前沿报告当中谈到了美国研发创新的很多事例主要存在于私人企业当中。联邦政府也起到了支持作用，在1984年的法案当中谈到了必须允许大学，还有小机构、非营利机构追寻自己的创新发明的拥有权，即使这个项目是政府赞助的，也有权利享有专利权，它是这个体系产生的影响，但是重点在个人和组织。社区、国家创新文化如果在国家和社区以及州的层面并没有发展得很好，美国在全球问题上如何来引领创新?

政府承诺致力于能够长期保存一个全国层面上的创新文化，这是我们在这个方向上发展的重要成果。最近美国政府机构在这个方向上采取的措施是鼓舞人心的，但是还在初期的实验阶段。所以在全国层面上发展创新文化也需要美国在文化上有一些变化。其他国家像中国、新加坡等，在自己国家层面上也都有创新的文化，使得基础设施和投资具有相当大的规模。所以国家层面和组织层面的联系也是非常紧密的。事实上，这种联系在6个层面间都存在。如果要使创新取得成功，必须要建立这样一种全国范围内的创新文化氛围。开放创新、连接创新寻求者和提供者，因特网为这些合作伙伴进行联系，提供了空间，使他们能够成功。他们发展创新，解决了许多问题，我们在研发实验室里获取更多数量创新，很多机构和公司也可以用因特网更好得益，世界各地的组织机构还有个人通过因特网连接在一起解决创新问题。比如说宝洁公司创造新的产品，使用的是网络开发的方式，通过降低成本和提高创新的速率，把研发的产品提高了60%。另外一份报告里面谈到，我们的研发团队提出的800多个问题，已经有400多个问题通过网络得到了解决，我们把问题公布在网上，数百万个人或组织访问网站并提供了解决方案，同时我们也给予一定的资金奖励。2009年惠普实验室资助了全球12个国家的46所大学的61个项目，IBM公司也是创新方面的领头羊，还有美国能源部也提供了各种各样的创新，能源效益、能源建设、氢气、燃料电池、可替代新能源等。所以我们看到，创新有两个最大障碍：第一个是怎么样提高创新的规模，解决全球方面的问题。对于美国来说，则是怎样扩大创新文化和个人及组织创新的层面，这也是我们的专注点；第二个是怎样来提高创新速率，赶上我们科研发现和工程发明的速度，从而解决在市场里面所面临的各种各样的问题。

我们需要培养更多的创新者，增加更多寻找解决方案的渠道，来扩大开放创新理念。

60年后：中国“智”造

陈志列　　研祥集团董事局主席

中国特种计算机行业创始人。目前担任中国光彩事业促进会副会长、全国工商联第十届执委会常务委员，广东省政协委员，深圳市第四届政协常委。工学硕士，EMBA（中欧）毕业。1993年创立研祥集团；现任研祥集团董事局主席、研祥智能科技股份有限公司董事长。

带领研祥团队在十几年的时间里，创立了中国最大的特种计算机研究、开发、制造、销售和系统整合于一体的高科技企业。研祥集团打败了来自德国西门子、美国通用这样的对手，让自己的企业成为中国第一，世界第三。研祥参与制定了中国工业计算机的国家行业标准，引领了中国工业产业升级的潮流。获得2007年CCTV“中国经济年度人物”和“年度创新奖”。

我的报告内容仅仅来自于样本企业的体验和实践，确切地说我是一个做企业的，不是一个经济学家，也不是具有相当高度的行业领导，所以在这样一个样本企业里面，它是否还带有普遍意义，需要真正的政治家来演绎，这个样本企业就是研祥。

关于研祥，真正的特点是技术起家，名字就是这个意思，因为是由几个研究生创办的，意思是研究生的发祥地，简称研祥。我们一直以自由品牌和100%自由技术构建整个的销售额。

这样的一个样本企业，在金融风暴的情况下的遭遇和体会是什么样的？在金融风暴来临的前后，研祥的销售额和利润增长了150%，也就是所谓的逆势飘红。2007年研祥开始大举进军海外市场，在那个时候我们没有预计到有金融风暴，但是金融风暴让研祥在海外感觉到非常大的变化。金融风暴以前，我们的业务员拜访德国公司的时候，第一轮的邀请从来没有过德方的CEO出场，我们跟德国人打了很长时间的交道，体会到日耳曼民族内心的傲慢。在金融风暴之后发生了很大的变化，我们公司哪怕去一名小业务员，在第一轮约见中，对方CEO就出场了，概率是100%。研祥的欧洲总部设在德国杜塞尔，杜塞尔是工业省份，很多全世界500强都在那里设立总部。由于研祥设立总部是在温家宝总理带企业家代表团访问德国、签订150亿元大单之后，研祥得到了特殊的待遇。我们这样一个和500强相比很小的公司，设立欧洲总部的待遇，是北威州州长带领二十几个部长来深圳签约。

我们研究过世界500强里面工业品品牌及其发展史和扩张史，结论是：一个工业品品牌在全球市场里面做得很好，和所在国国家形象作为整个公司背景是分不开的。举个例子，我们看到德国西门子产品的时候，能够接受它的价格、对它品质十分信赖，但我们再换一个背景是不是会有巨大的变化？如果这家公司叫肯尼亚西门子，你的感觉怎么样？随着中国整个国家的形象和影响力在全球走到一个更新的高度，其实也正是中国更多的工业品品牌能够成为跨国的成功品牌、能够成为一个国外销售额大于中国国内的销售额历史进程中间不可缺乏的背景。

在目前还有一个话题是关于出口，我们认为在很多情况下出口都和另外一个话题挂在了一起，即和出口份额中大部分低附加值的中国产品挂在了一起。我们要阐述的是：对于中国或者对于任何一个国家，整个海外市场能否接受你的产品和接受你的技术，甚至接受你的标准，正是衡量一个国家的行业，甚至一个国家的某些企业的一个重要的标准。我们查过，在特种计算机行业，在WTO的历史中还没有过反倾销的案例，这样一个行业也许在各个技术革命对它的生产力和国民经济的推动以及它的竞争平衡中，历史上还没有被列入反倾销的行列。我们国家在未来出口的重点应该是逐步走向高附加值，有自己独有的技术和标准的出口，低附加值的出口减少，并不能让我们认为出口是可以忽略的。

接着刚才这样的话题，我想谈谈研祥的体会。1998年我第一次去美国拉斯维加斯参展，那是研祥开张的第一天，他们给我们的展台铺上红地毯，第一天早上来了两个美国人，到了我们的柜台，就直接指一个产品，这个东西是你们公司做的吗？我说是，他们说你给我报价。这是内行客户，我一阵狂喜，当时这个产品在中国卖100美元，我有一个方向，是比150美元更贵还是便宜？我认为卖美国人的要比卖中国人的贵，所以我报150美元。老外走了以后5分钟，来了台湾同行。台湾同行说："我们知道你是谁，你这个东西的价格报低了，这个东西在美国卖950美元。我也知道你有优势，但是不能低于870美元，如果低于这个价格就不会产生购买。"后来我才知道这个客户是美国海军驻圣地亚哥的一个研究所，到今天他们一直跟我们有很好的关系，但也没有成为我们的客户。原来中国高附加值的产品低价值出口是不行的，不能促成交易。

另外一个例子，在2007年我们推出一个产品，是全球行业里第一个推出这种产品的公司。推出以后价格没有可比性，我们临时定了价格，12万元人民币一台。在16个月以后美国也推出了，他们定10万人民币，但是还没有产生购买，因为仅仅两个星期以后我们降低了8万元。今天的价格在2.5万人民币左右，它的成本从报价12万到今天一直维持在人民币6 000元左右。这告诉我们一个事实：推出一个原来没有的新东西，如果卖一个有自己定价权、也许是高端的东西在国际市场上应该采用的正确的策略，所以在全球的竞争中，我们的竞争策略在品质、品牌，还有独创性上。用广东人话说就是“喝头啖汤”。

话题到这里，我们越来越接近整个标题，就是“中国的智造”。“中国智造”有两层含义，第一是中国制造，第二“智”造，也许可以简单讲是用智力来造。尽管在全球有定价权，卖低了反而占领不了市场，在中国高科技行业，在科技部领导的范围里面应该不乏这样的例子。也就解释了为什么企业有创业的动机。一家企业不用人教育就明白，创新可以获得更好的利润。如果不是这样，企业没有原动力。创新是企业发展的本源性的动力，应该是一个结论。

在整个走向海外市场的过程中，我们也对市场和研发有一些自己的体会，原来研发如果想持续运行，应该依赖于专业人员组成的团队，而不是依赖少数的大腕儿，研祥在研发投入和管理方面有很多酸甜苦辣的教训，到今天研祥整个研发团队能够有机会扩大到全球的范围，比如印度的软件工程师、以色列一些尖端技术方面的研发团队。对研发的整个运作方面，我们的体会是，宁可依赖一支团队，也不要依赖少数几个人。

另外，我们感觉到整个中国企业也好，其他企业也好，在全球化进展中，实际上最大的挑战是企业文化的差异，或者说国家与国家之间一些文化的差异。

国与国之间的差异。因为面对的客户群不一样，所以国与国之间的文化差异对制订市场策略有非常重要的意义。具体到研祥的创新来说，我们的理解是，创新不仅仅是技术上的创新，也包括市场策略的创新、研发管理的创新、企业文化的创新。国外著名经济学家曾经说过一句话，意思是，创新就是把市场的一些元素，包括技术、管理、资金等，变为更加吸引人的企业效益的过程。我相信这样的话对企业是非常重要的。如果我们不能把创新的最后结果归结到进一步提升生产力，我们可能会偏离方向，回到把科技的投入转化为文章的老路上去。先前说60年后中国“智”造，60年指的是中华人民共和国成立60年，目前正在一线做海外市场拓展的人，大部分出生在中华人民共和国诞生的时候，而且这些人的成长，包括我个人也和改革开放分不开，今天在中华人民共和国成立60年之后，我们开始出现并可以看到一些样本，看到一些案例，看到一些中国“智”造，这样一些案例，尽管这些样本并非满目都是，但是我想星星之火可以燎原。正是在金融风暴下全世界越来越相信成功和诚实率很高的中华人民共和国的中央政府。

全球人才战争的新趋势与中国的挑战

王辉耀　　中国与全球化研究中心主任、中国欧美同学会副会长

中国与全球化研究中心主任，中国欧美同学会副会长兼欧美同学会商会会长，商务部中国国际经济合作学会副会长，国务院侨办海外专家咨询委员会经济组召集人，九三学社中央经济委员会副主任，中华海外联谊会理事，北京市政协顾问委员。先后兼任北京大学、清华大学和加拿大西安大略大学等多家经管学院客座教授。在欧美留学，攻读MBA和国际商务博士研究生，历任中国经贸部官员，全球最大工程管理咨询公司SNC-Lavalin公司董事经理和AMEC-Agra公司副总裁，加拿大驻香港商务参赞，GE、西门子、ABB, 三菱、阿尔斯通等多家跨国公司顾问。在全球化、国际人才、国际商务和中国海归群体领域有丰富的研究，出版著作20余本。

一、全球人才战争日渐激烈，发达国家发达的“资本”主要是人才

人才战争正在全球范围内日渐激烈地发生。人们说科技和知识是第一生产力，然而，技术与知识由人而来，为人所掌握，不过是人的创新和创意而已。人们说“货币战争”至关重要，掌握财富分配的金融最为根本，然而，所有的货币、资金以及实物，都掌握在人的手里，金融衍生物不过是聪明人的游戏。人们说只有武力和战争才能彻底消灭对手，然而战略为人所设计，武器为人所发明。人们说能源才是最重要的资源，然而弹丸之地、四面受敌、不产几吨石油的以色列能够对抗中东石油国家半个世纪……

许多国家还为落后寻找了人口过多、土地与资源均量少、国家发展起步晚、自然灾害多、传统文化不利于现代化等种种借口，中国和印度因此也成了“国强民穷”的典型。然而，同样东方文化、起步较晚、非世界交通咽喉位置、面积不如中国云南省、人口却高达1.2亿、多火山地震同时资源贫瘠的日本，各类人均自然资源指标比中国与印度更为严峻，却依靠能揽全世界资源为己所用的人才资源，成为仅次于美国的世界第二大经济强国，人均收入

一度高居世界第一。

人才战争所争夺的对象，正是那些能够左右全世界经济、军事、金融、能源、科技等所有重要领域命运的顶尖人才。尤其在知识经济时代，世界大国首先是人才大国。人才是第一资源，是知识经济时代最核心的生产力。世界银行一份报告就指出，当前世界工厂、土地、工具以及机械所凝聚的财富日益缩水，而人才资本对于一国的竞争力正变得日渐重要，在以知识经济为主的美国，人才资本“与实物资本相比，重要性要高出三倍多”。

也正因为如此，世界各国争夺高端人才的竞争才会日益激烈。截至2005年，全世界已经约有1.91亿人在出生国以外的地点工作，地球上每35个人当中就有1个人是移民。在安哥拉、布隆迪、肯尼亚、毛里求斯、莫桑比克、塞拉利昂、乌干达、坦桑尼亚，33%~55%受过高等教育的人才已经去了经济合作与发展组织国家工作。而海地、斐济的比例超过60%，加纳达到83%。在中国、印度、俄罗斯，甚至有超过50万以上的科学家与工程师流失到西方发达国家。与此同时，美国仅仅在1990~2000年就接受了415万受过高等教育的人才移民，欧盟当时15个成员国10年间也接受了200多万受过高等教育的人才。

印度媒体就把这种“培养阶段”由本国投入成本、“产出阶段”却去了外国贡献的情况称为“奶牛现象”：牛的嘴巴在印度，吃的是印度的草，挤奶的却是外国人。很显然，人才流失是以削弱自己的方式去增强对手，不仅仅是人才教育、培养、培训、替代成本的不可收回，还意味着经验、理念、技术、知识、资金的损失，最严重的是自身因此错过重要的发展机遇。一位加拿大经济学教授在《华尔街日报》撰文指出：“掠夺最有才华的人，尤其是从小国、穷国吸引有智之士，可能会损及这些国家的政治和经济发展。出于最糟糕的考虑，可能会让这些国家一败涂地。”

美国是全球人才竞争中最大的人才流入国。时至今日，美国大学37%的博士学位获得者并非美国公民。在2006年美国专利申请备案当中，外籍居民在发明者或合作发明者中的比例已经达到24.2%。1995~2005年，所有在美开办的工程及科技公司中，有25%的创办人是来自美国境外，投身科学及工程行业的人口中，外来移民占67%。根据考夫曼基金会的报告显示，在加利福尼亚州移民创办公司的比例高达38.8%，而在高科技中心硅谷，有外国移民参与创办的公司竟占全部高科技公司的52.4%。到2005年，全美各地由移民创办的公司已经创造了520亿美元的产值和45万个就业机会。

二、全球人才战争的新趋势

美国能够吸聚全世界大多数顶尖人才，不仅仅是因为他们的硬件基础，更主要的是因为他们比世界上任何一个国家都更重视人才的态度与制度。如今，包括新加坡、澳大利亚、加拿大等国家在内都开始复制这种美国模式，包括塑造国家梦想吸引人才。专门负责海外猎取人才的“联系新加坡”主管谭大卫（音译）就说：“我们出售梦想。我们的研究显示，新加坡以世界一流的效率而闻名。因此，我们需要出售软实力——实现梦想的地方。”这三个20世纪才开始独立的国家，如今都已成为发达国家。

许多国家都意识到，获得外国的技术、专利、知识产权需要付出高额的费用，但是，获得外国掌握这些技术的人才却可能完全免费。即使人口再密集的国家的公民也能够感受到，太多普通外国人的入籍扎根，可能会让土地、公共资源、就业机会等更加紧张，但那些能够创造大量就业机会、提升国家竞争力的“超级人才”入籍，则只会让他们得到更多好处。

相比之下，中国对外来人才的态度还不够开放。一个来到中国投资的外国人曾被私下质疑说，为什么你们（外国人）来到中国都“入乡随俗”地学会了忽略环保、漠视劳工权益？为什么即使再正规的跨国公司，似乎来到中国都只把这里当成一个只用来生产的“工地”，而在欧美国家就完全不同，即使没有法律规定和工会抗议，也会对自身有高标准要求？

这个外国人回答说，“问题在于欧美的制度是希望外国人来赚钱的同时，也争取他们把赚到的钱留下。但要外国人把赚到的钱留下，赚钱时要像对自己的家园一样自觉爱护，就得保证这些有产业、资金以及才能的外国人能够在你这里入籍安家。中国不欢迎我们入籍安家，不欢迎我们成为‘自己人’；人不留下，赚的钱自然也不会留下；既然永远不可能成为家和归宿，那自然就是‘工地’，是中国的制度让我们外国人只想来赚钱。”

后来，这个老外又补充了几句，“其实中国这样很吃亏，外国人有才华或者有钱，就应该通过技术或投资移民的形式欢迎留下；如果对方不是高级人才也没有资金，则通过设置签证时间、申请绿卡和入籍门槛赶他们离开。对于国民来说，来抢我们就业机会的外国人全力排斥；如果能为我们创造成千上万就业机会（即投资移民）、拥有我们急需的先进技术（技术移民）的外国人才，就竭尽全力欢迎，这才叫务实。”

目前，全球人才战争主要出现了下列五大趋势：

第一大趋势，全球人才竞争日趋“两极分化”，最急缺人才的发展中国家的高端人才却大量流失向发达国家，只有少数新兴国家出现“人才回流”的趋势。这样的现象在塞拉利昂体现得最为典型：医疗人员的不足让塞拉利昂的婴幼儿死亡率在2003年高达16.6%，妇女生产死亡率则是2%，但是，在美国芝加哥的医院里，来自塞拉利昂的医生却比塞拉利昂整个国家的医生还多。当今世界，全世界所有受过高等教育的移民一半流向了美国，1/4的留学生是去美国深造，大约一半的留学博士最终会留在美国工作。美国是全球第一人才大国，美国只培养了全世界40%的诺贝尔奖获得者，却雇用了70%的诺贝尔获奖者为美国工作。

第二大趋势是以知识经济为主的发达国家以及面临产业升级的新兴国家，因为经济更需要人才来驱动，往往更重视吸引人才。据联合国有关统计，截至2005年全世界大约30个国家制定了便利高技能人才入境的政策或计划，但其中17个都是发达国家。美国是全球人才竞争中的最大受益国，其对全球人才竞争的重视也为世界上任何一个国家所不及。在英国、法国，人才必须先获得签证，居留数年才能申请绿卡随后入籍；在中国，2004年才出台长期引进人才的绿卡制度（1年后只有100人获批），但至今没有人才入籍政策；有些国家则只重视有钱的投资移民。而在美国，每年批准14万职业移民获得绿卡，投资移民只有1万，杰出人才、优秀人才、高技能人才则各4万，其中“杰出人才”类别不需要申请劳工证，作为第一优先对象的类别不必等待排期，不需由雇主来提出申请，就可以用自己的名义直接申请成为美国的永久居民。

这也是美国而不是英国或者中国成为超级大国的根本原因：美国拥有的是世界一流而不是国内一流的人才，美国在欧洲、亚洲竞争对手的最优秀人才不是在与美国的顶尖人才竞争，而是来到美国与美国本土最顶尖的人才一起为美国工作。研制原子弹的“曼哈顿”工程主要领导者之一恩里科·费米，登月行动“阿波罗”项目的主管以及美国的“导弹之父”冯·布劳恩，“氢弹之父”爱德华·特勒，“电子计算机之父”冯·诺依曼……这些改变美国也改变世界的科学家，没有一个出生在美国，但这些全球顶尖人才都像爱因斯坦一样，在欧洲成名却被美国挖走，并入籍扎根美国，最终把世界中心从欧洲带到了美国扎根。

第三大趋势是移民制度已经成为人才战争的武器。绿卡以及入籍制度是引进顶尖人才并使其归化的根本保障，美国的移民法规定高技能人才和经济移民将被优先考虑，让移民制度为人才战争服务。加拿大、澳大利亚等纷纷效法。新加坡建国之后，任何资源都没有，连饮用水都必须向邻国马来西亚买。但新加坡却依靠高薪、低税去引进海外人才来实施“精英治国”战略。新加坡第一任总理李光耀曾概括说：“在这个时代，所有的发达国家为了增强竞争力，都必须依赖外来移民和人才，而美国之所以能在许多领域居于领先地位，就是因为它广纳人才。”欧洲传统三强进入21世纪也不得不进行改革，以应对竞争。2000年德国正式实施“绿卡工程”。2007年法国实施《优秀人才居留证》。2008年英国正式实施“计点积分制”移民制度。中国2004年出台了绿卡制度，但至今没有顶尖人才入籍制度。

第四大趋势是为了争夺高端人才，越来越多的发展中国家不惜承认双重国籍，而美国、英国、法国、加拿大等本来就默认或承认双重国籍。韩国、巴西、印度、墨西哥、菲律宾、越南等新兴国家因为产业升级，急需高端人才，然而在全球人才竞争中又处于劣势，因此过去反对双重国籍，在20世纪90年代后都开始明确要承认双重国籍。韩国政府在2008年4月就宣布，未来一段时间内将推进完成允许完成兵役或进行一定社会服务活动的韩国公民以及外国优秀人才拥有双重国籍，并表明目的就是“阻止优秀人才流向海外并招揽外国高级人力”。澳大利亚、俄罗斯等也改革国籍法让海外族裔更容易同时获得本国籍，2001年澳大利亚政府宣布修改国籍法，方便本国出去的海外澳大利亚裔申请双重国籍，时任移民部部长的雷铎就指出：“这一变化将允许不断增长的在全球流动的澳大利亚人，能够利用海外的机会的同时维持他们与澳大利亚的联系，并为澳大利亚带来他们宝贵的专业技能和知识。”

第五大趋势是，招收外国留学生也成为人才竞争的有效手段。发达国家招收留学生，最主要是为了吸引人才，美国为了吸引全球最优秀的青年，把1/3的科学与工程的博士学位都给了外国留学生，并提供丰厚的奖学金，最终择其优才挽留成为“新美国人”。最近10年以来，美国每年接受的外国留学生都超过50万。在2006年，美国在理工领域共颁发了29 854个博士学位，其中，非美国公民博士总计有15 947位，大约占博士总比例的53%。同时，2006年，清华和北大已经取代伯克利分校成为美国大学博士生来源最多的两所院校。例如美国考夫曼基金会副总裁罗伯特·利坦指出：大部分移民企业家并不是来美国投资，初衷只是来美国求学，在美国的大学里获得了最高学历之后，寻找工作，申请绿卡，最终入籍成为美国人，并走上兴办产业之路。另外，留学还可以教育创汇，英国招收留学生的创汇总值已超过文化媒体、酒精饮料、纺织、服装等产业。根据美国国际教育协会的统计，2007~2008年，来自世界各地的留学生为美国带来的学费及生活费的直接收益高达155亿美元。而奥巴马政府承诺的联邦政府每年至少投入的教育经费也不过190亿美元。当然，最大的收益来自于优秀留学生留下来的长期贡献。

三、中国在全球人才战争中面临的新挑战

截至2008年，我国送出留学人员约140万，世界最多。但归国者只有39万。自1985年以来，清华高科技专业毕业生80%去了美国，北大这一比例为76%。2006年，清华和北大成为美国博士生来源最多的院校，由于这些中国的大部分科学与工程博士都会孜孜不倦地走着“在美找工作——获得签证——申请绿卡——入籍成为美国人”的道路，因此美国科学杂志把清华、北大称作“最肥沃的美国博士培养基地”。美国1/3有博士学历的科学家与工程师在外国出生，其中这些外国科学家与工程师22%来自中国内地，远高于排在第二的印度（14%）。

韩国、日本也都派出了大批留学生，但日本、韩国的留学潮与中国有明显的区别：中国“人才外流”后是大部分优秀人才都没有回归。据经合组织的一份统计，1990~1999年在各国经济发展最急需的科学和工程领域，中国大陆留学博士滞留比例为87%。与之不同的是，韩国博士滞留比例只有39%。在韩国举办奥运会和开始产业升级后的1992~1995年，在美获得理科博士的韩国留学生中留在美国的比例仅为20%。在领军人才上，截至2009年，有9名日本血统的人先后获得自然科学领域的诺贝尔奖，大部分在美国留学或工作过，但只有一位不是日本籍。中国有8名华裔获得自然科学领域的诺贝尔奖，5人出生在中国（即本来有中国籍），但全部都拥有或曾拥有过美国籍，只有少数几个还是中国籍。我在出版《人才战争》后，一位在日本的留学生写信过来说：这本书出版得太及时了，日本媒体早就报道过日本早稻田大学的后藤敏研究室，29个研究人员中有28个是来自中国清华、科大的高材生，令人深思。

因此，中国必须面对这个现实：如果政府的人才培养变成了“为他人作嫁衣”，巨额教育投入成为对美国等发达国家的教育补贴，“人才强国”战略的实施就会出现问题。国家必须在政策、行动上体现出真正重视人才，推动人才回归也鼓励人才环流以及在海外贡献祖国，通过完善有关评估、选拔、使用、激励人才的机制以及整体的环境、土壤、配套政策，来挽留我们优秀的人才与吸引海外杰出的人才。诚如印度前总统卡拉姆所指：“怨天尤人或只唱爱国主义的高调，对阻止人才流失于事无补，政府应该采取切合实际的措施，才能使人才留下来。”

四、中国需要建立开放的世界大国型的国家人才战略

其实，在中国历史上，“海纳百川”式的人才战略并不鲜见。秦始皇时代，“外

籍”出身的宰相李斯就向秦始皇上过《谏逐客书》，称秦缪公从西戎、宋国、宛国获得由余、百里奚、蹇叔，进而称霸春秋；秦孝公使用卫国人商鞅变法，国家因此富强，“今陛下致昆山之玉，有随和之宝，垂明月之珠，服太阿之剑……取人则不然，不问可否，不论曲直，非秦者去，为客者逐，然则是所重者在乎声乐珠玉，而所轻者在乎人民也。此非所以跨海内、致诸侯之术也。”

李斯的上书改变了秦国的人才战略，也成就了统一六国的大秦帝国。而在中国历史上最强盛的唐朝，政府内部仅高丽人就有高仙芝、王毛仲、金允夫、金忠仪、李正已等先后担任过地方最高长官，高仙芝在“安史之乱”时甚至一度官至天下兵马统帅。另外，几乎很少有人知道的是，唐太宗继续隋朝科举制度时，还新建立了一个“宾贡科”科举项目。“宾贡科”是指对外国贡士和留学生宾礼相待，准其参加科举考试，及第者同样授予中国官职，其中最著名的是新罗留学生崔彦扮，一度官至翰林院大学士、平章事，为太子师。隋炀帝开放外国人来华，只是为了炫耀中国的财富和商机；而唐朝开放外国人来华，则不忘吸引其中优秀的人才“归化”为中国人才，这或许也反映了为什么“隋不如唐”。

如今的中国，可能就缺乏类似当年秦汉盛唐、今日美国这种“世界大国”的开放型人才战略。现在的中国，缺乏一种人才战略的“世界大国心态”：我们愿意花钱买外国的商品变为“自己的东西”，但对人才则恰恰相反，不论是否具有才华，是否能作出贡献，只要不是本土人才，就进行排斥，再优秀的人才只要是外国人（或者是中国人才有了外国籍），也宁可把他们推向竞争对手，而不愿争取他们成为“自己人”，这说明我们其实如李斯所说的更看重“珠宝、声乐”等物品，这也绝不是“跨海内、致诸侯”的大国崛起战略。

中国的这种人才战略态度正日渐反映在“中国梦”上。我在《人才战争》一书中就这样写道，“美国梦是一个安居和乐业结合的梦，全球无数人才去美国努力工作寻求发展，也有无数已经成功的人才把在全球淘的‘金’都投进美国只为一张绿卡。而改革开放30年来，中国在世界上构建的‘中国梦’或者说‘中国机会’，则只是一个‘淘金梦’，炫耀中国的商机，吸引全世界的人来此投资赚钱。结果是，他们只是把中国当成一个‘工地’，而不是家和归宿……”

中国在全球化中正面临创新型国家建设、经济结构产业升级的阶段，知识经济就是人才经济，中国发展高科技、创新、创意产业需要大批高层次人才，人才也需要知识经济体系来提供更广阔的平台。同时，中国的外汇储备、经济总量都已经非常庞大，不缺乏资金和硬件，而只缺乏人才，全球金融危机也提供了一个相对较好的机遇。国家主席胡锦涛就指出，“建设创新型国家，关键在于人才”，又多次强调我国“必须坚持人才是第一资源的战略思想”。目前，中国已经到了遏制人才流失、取出海外人才储蓄、主动吸引与争夺外籍顶尖人才的阶段，“千人计划”的出台也意味着中央开始意识到这些情况并着手采取措施。不过，中国需要建立属于自己的大国人才战略还需要继续努力。

应对人才战争，特提出如下几个吸引海外高端人才的对策建议：

第一，开通许可有移民倾向的技术性签证以及“国家利益类别”签证。如美国的H1B签证，吸引外国高层次人才来中国定居，工作，先获得签证，再申请绿卡，最后能入籍成为中国的公民。另外，许可符合“国家利益”、具备一定学历和才能，却不属于经济和技术移民类别，愿意贡献中国教育、文化、卫生等事业的外国人申请长期签证，并随后申请绿卡。

第二，顶尖人才可以直接申请绿卡。对于获得过诺贝尔奖、任职世界500强企业主管以上职位、国外一流学校教授或研究型学者，以及在全世界科学、艺术、文化等领域取得杰出成就的顶尖人才，以及符合我国“国家利益”需要、具有本科以上学历者都可以直接申请绿卡，不需要在中国有工作和生活记录，一年内可以取得绿卡；在中国投资100万美元或特定行业创造10个就业岗位以上者，也一样可以直接申请“投资移民”绿卡。

第三，出台绿卡入籍的“归化”渠道。日本就将放弃外国籍而自愿申请本国籍者法律上称为“归化”。在中国获得绿卡并居住3~5年后，应可以自愿申请入籍。世界上很少有国家对于长期引进的海外人才不考虑让其入籍。当然，移民入籍者不能担任例如国家主席、国务院总理等重要以及具有象征意义的职位。

第四，为原籍中国而非自愿放弃中国籍者直接发放长期免签证的“侨胞证”。在目前没有双重国籍政策的情况下，我国可以考虑针对各项记录良好、原籍是中国以及海外出生、符合高层次人才认证条件的华裔高端人才，简化签证审批手续，直接发放永久居留证。对于一般的各项记录良好、原籍是中国、非自愿放弃中国籍的海外留学生、华人，都发放类似于港澳通行证、台胞证的长期免签证的侨胞证。这样既节省政府相关部门的工作成本，也有利于引进外才与外资，推动人才环流。

第五，扩大招收外国留学生。目前中国在海外尚有100多万名留学生，海外来中国的留学生只有20多万名，留学生来往中国赤字严重，相差5倍以上，值得引起重视。对于其中优秀的人才加以吸纳，对于普通留学生则当成教育创汇的一种方式。

第六，建立国际化的人才吸引机制，打破体制内体制外限制，国际工作经验也可以成为提干的标准，国有企事业单位选拔录用人才不限国籍。在日本，索尼公司于2005年任命了具有英、美双重国籍的霍华德·斯金格出任董事长，联想在收购IBM个人电脑业务之后，最初三任全球总裁都找了“洋人”，其董事会成员一半以上是外国籍。实际上，关键不是去问对方国籍，是否具有体制内经验，而是看自身的需要与对方的才华。

第七，可以考虑默认双重国籍。韩国政府在2008年4月宣布承认双重国籍时就指出是为了“阻止优秀人才流向海外并招揽外国高级人力”。韩国、印度、巴西、墨西哥、菲律宾等有着大量海外族裔的新兴国家，都在20世纪90年代后改变政策，明确承认双重国籍。美国、英国、法国、西班牙、意大利、加拿大、澳大利亚、俄罗斯、以色列一直都承认或默认双重国籍。日本实质上默认，德国和荷兰有条件承认。概括地说，世界主要国家当中只有中国明确反对双重国籍。我国也可考虑采取俄罗斯的默认模式，对所有双重国籍者只承认本国籍，但公民另外获得外国籍不意味同时被剥夺中国籍，并如越南一样宣布：凡过去曾是中国公民、未主动明确地宣布放弃中国籍者，都可以同时恢复中国籍。

最后，改革教育制度，逐步解决大学、科研机构等事业单位的泛行政化的问题，提高本土培养人才的能力，从根本上完善相关的评估、选拔、使用、激励人才的机制，以及改良国家整体的环境和土壤。我们需要打造一个中国梦，这一个“中国梦”既是对内的，能让国民相信有才华之士能够发挥才能，并且通过才华获得成功的梦想，并且形成尊重、信任、热爱知识与科学的氛围；也是对外的，一个能让全球人才愿意来中国发展、愿意到中国安家的梦想，一个认为在中国能赚到钱，但又愿意把赚到的钱留在中国，并愿意把自己在海外赚的钱也带到中国来的梦想。这个“中国梦”不仅仅是获取财富的“中国机会”，也是留下财富和人才的“中国归宿”。如此，中国才能在21世纪实现真正的崛起。

对 话

提问：有两个问题问陈志列先生。第一个，我在杂志上看过你的文章，我的印象当中是投资6 000万元买曼联的冠名权，我马上检索了全世界主要的专利，还有你的商标注册情况，检索下来以后好像并不很理想，所以我当时为你担忧，会不会发生海信这样的事件？你的品牌做出来了，但你的商标没有注册，给别人注册了。第二个，在做全球化的时候，扩展的市场战略和路径怎么考虑？占领美国市场还是占领其他发达国家市场？有哪些因素影响你的全球化的扩张路径？

陈志列：第一个问题，研祥的中文商标——研祥和英文商标——EVOC在20世纪已经在中国商标局注册了。我们也获得了很多奖项，正在申请中国驰名商标。全球范围来说，我们在世界上的大多数的国家也进行了注册，是EVOC，不是汉语拼音的研祥。我们EVOC这个名字是起给老外看的，所以没有像其他一些中国的品牌是汉语拼音。第二个问题，研祥尽管在1998年在海外做过一些市场动作，但是真正全面铺开做是在2007年，大面积派人前往海外。研祥刚开始做的是特种计算机行业全球增量市场。在2007年的时候，之前3～5年分析报告说，我们这个行业增量市场全球80%在新兴国家。我们想研祥这样一个中国的品牌，一个行业新的品牌进入一个增量市场，可能投入产出更好。所以我们先选择了中东、印度、以色列、俄罗斯，包括欧洲的一些国家，目前没有因为金融风暴的出现做任何战略的修正。对我们来说很幸运，在美国市场，还有欧洲的英国、法国市场，我们这个行业有一些退步，但这个不是我们着力的市场，至少目前阶段不是，随后我们会陆续展开这个市场工作。

提问：王辉耀先生提到在过去30年里中国留学生139万名去美国深造，在今后10年、20年当中美国是否成为培养高层次人才的摇篮？

王辉耀：139万不光是去美国，是去全世界各个地区，在美国占了一半以上，我预计在未来10~20年中国人出国会是家常便饭。中国加入WTO的2001~2009年这8年期间，中国出去的留学生超过了100万，2008年中国留学生已经将近20万人，预计2009年中国留学生达到30万人，因为兑换率增强，包括签证放松，再加上很多国家把吸引中国留学生都作为非常重要的战略，从今后出国留学生比例和每年800万高考学生看，我们的比例很低，所以从这方面来看，人数也是会增加的。但是出去了以后有一定比例学生返回，比如国际上比较普遍的是50%左右，我们现在是26%，还有很大空间吸引更多人才回来。

提问：一般人爆料的是好消息，但是今天有坏消息报告给大家。新闻报道上说，有一位浙江大学引进的海归博士，是清华大学毕业的，后面读的是工程系，是博士毕业，是非常好的人才。中央出台“千人计划”，他到浙江大学，后来自杀，仅短短3个月时间。他存在个人心理素质的问题，您觉得是否暴露了我们国家一些学校引进人才机制上存在的一些问题？

王辉耀：这个问题比较复杂，不管是国外留学生也好，还是本国留学生也好，大学生自杀现象总是有。目前不光要引进人才回来，还要用得好人才，还要留住人才。中央出台“千人计划”，在全国引起了对留学生的重视。上个星期，美国华盛顿举办了留学生招聘会，有1 000多人应聘。现在由于金融危机，吸引了很多留学生回来，但是要用得好。

提问：第一个问题，我们主要是考虑到国际上吸引国外留学生归来的人才战略，没有考虑到国内之间的交流，如何解决国内各地区之间人才流动的问题？第二个问题，国家有没有好的战略，有更好的机制吸引海外留学生归来？

王辉耀：我觉得不光是针对国外，国内也要重视，包括在海外流动和国内流动。现在已经有一些政策出台，但是我认为关键性政策没有出来。比如双重国籍问题，在印度2003年出台了双重国籍，韩国是2005年出台，中国还需要解放思想，还需要在政策上有更大突破，我觉得有理由在20世纪50年代，针对东南亚华侨不能开放国籍，但已经过了半个多世纪，情况应有改善。可以采取印度的办法，考虑到东南亚侨民，只针对对等国家开放国籍。我们应该在思想上和政策上进一步解放，吸引国际人才来中国工作。

提问：我提问题给Dan Mote先生。您作为大学的校长，如果要给中国大学校长一个建议，要培养创新人才只有一个建议，您会提一个什么样的建议？第二个，如果说您作为防守方，刚才大家说了把中国人才抢回来，如果现在中国政府要回马里兰州抢留学生回来，您会采取什么样的防守措施？

Dan Mote：如果要说能给中国大学校长的建议，我觉得我还不够资格，不应该由我来提这样的建议。因为我必须要更好地理解中国大学教育的文化，要有准确的、详细的理解，然后才能提出建议。但是如果您允许我重新设计中国大学的文化，那我可以那样做，而不是给校长们建议。所以我希望能够有一种非常独立的大学文化，政府的一个有力的支持，允许大学自由思考，而且也能够允许学生有很大的自由来挑战他们的教授，挑战现状，而不是盲目地接受任何教诲。还要允许学生自由创业，比如在宿舍里面创业，比如学生之间可以集思广益，建立一些活动小组。我希望能够更多地培育学生和教职员工的创新性，我要提高教员的竞争力，让他们为他们的工资以及他们的研究经费进行更激烈的竞争，而不是论资排辈。所以我觉得一个大学的文化应该更能够符合创新的精神。顺便说一下，像其他的组织我也可以提同样的建议，不单单是对大学的建议，只有这样我们整个社会才能培养创新。每一个组织都必须进行内省，看看自己有没有更多鼓励创新的空间。

第二个有关人才招聘的问题。人才大战是一个事实，我想人们就是会追逐机会，如果有机会他们会离开美国。这是毫无疑问的，这两个方面没有让人吃惊。讲到中国，中国有很多机会，现在中国有一些研究机构实在很棒，比美国研究机构好得多，所以中国有很多的机会能够招聘到它需要的优秀人才。事实上我以前的一位学生就是上海交大的副主任，他和密歇根负责联合办学的项目，所以我觉得这是很自然的现象。在今天世界上有更多人员流动，他们的流动方向不同，国家追逐机会，国家组织追逐人才，在现在这样一个一切变化得越来越快的时代，我相信这是不可避免的事实。

04 专题论坛1

专题论坛1：经济波动中的中小企业创新

主持人梁桂（科技部火炬中心主任）：各位尊敬的嘉宾、远方来的外国朋友，尤其是我非常尊敬的马里兰大学校长，各位上午好。我非常有幸成为今天上午上半场的主持人，我来自科技部火炬中心，火炬中心是国家推动火炬计划的一个重要部门，20年前随着邓小平同志发出的发展高科技、实现产业化的号召，火炬事业主要用中国的产业推动高新技术的产业化。到2008年我们历经了20年的发展道路，党中央、国务院称之为高新产业化道路，我们利用孵化器，利用创新基金，利用高新区特色园、特色基地等一系列主要工具，主要推动小企业的技术创新和集群的产业升级。我相信正如昨天吴敬琏先生指出的那样，科技型中小企业和创新尤其在目前金融危机环境下，是我们调结构、谋发展、转变增长方式最重要的环节和方面。

今天上午演讲的三位嘉宾都是业界的资深人士，他们当中有来自市场的直接实践者，有远在大洋彼岸做政策规划、实施的政府部门官员，还有来自大学的资深研究者。第一位发言的是熊晓鸽先生。熊晓鸽先生来自毛主席的家乡，他在1993年就创立了第一家中国技术风险投资公司，投资了一大批中国的创新型小企业，比如搜狐、易趣、当当、8848等。而且我相信熊晓鸽除了投资以外，自己也获利颇丰，现在他担任IDG的总裁，是早期的创始人。他演讲的题目是中小企业的创新与融资。大家欢迎！

熊晓鸽［美国国际数据集团（IDG）创业投资基金创始合伙人］：

大家早上好！很高兴有机会能够来到上海和大家一起交流关于股权投资、风险投资在中国，还有中小企业的融资问题。为什么说特别高兴？不是说虚话，因为我们IDG公司第一个基金在上海创立，当时的科委主任是华玉达先生，我跟他签第一项意向书，那个时间是1992年，1993年做成了中国第一支风险投资基金，是2 000万美元，开始于上海的中国风险投资的做法，跟党的历史发展也有关系，中国共产党就诞生在上海，所以我们第一个风险投资也诞生在上海，经过很多年运作，创业成为中国的燎原之势，在今天没有人怀疑股权投资、风险投资在中国市场的用处。我今天想改变一下话题，因为昨天听了很多领导、专家的演讲以后，我觉得再来谈中国如何需要钱或者说创新对中国如何有用，这个话题我觉得已经成为全国人民的共识，不需要我再重复。所以我谈一点我们真正的感受，在中国做创业投资、风险投资，我们缺少什么？哪些是我们该做的事情？第一点可能是跟大家比较相关的，这也是我们的体会。因为做企业需要钱，大家有很多梦想，每个人都知道要实现梦想，很重要的一点是需要钱，至于投资，我们有钱，但是哪个行业能够让我挣更多的钱？这中间需要沟通结合。在我们投资里面，我们不把每个人找我们，叫做一个生意、一个项目，而是叫做一个机会，谁来找，我都认为是一个机会，我要决定是否投资，或者做了评估决定这个机会要放弃，所以我们要做的工作就是这样的工作。

美国有一个笑话，有一个人抢银行被抓住了，警察说："为什么抢银行？"他说："废话，那个地方有钱。"做投资也是一样，哪个领域、哪个地方有钱可赚，钱往哪里流。在知识经济社会中，能够帮助我们赚钱的一定是有创新的领域，有创新的好主意，有创新的人才，这样我们才能得到最高的回报。昨天从领导们、专家们、市长们所谈的主题中，大家已经认识到了这一点。哪些领域在中国可以赚钱？是需要有创意的。什么样的行业有创新？我们IDG公司底下所属市场研究叫做IDC，是全球市场研究的主导，另外一家公司做会议和展览等，提供一些平台，在中国IDC有自己的研究部门，世界展览公司也在参与，尤其和深圳办高交会，十一届高交会在下个月举行。我们这两个部门在2008年的时候，应李副市长的邀请，他现在是企业家协会的负责人，他们和我们一起合作做了一个研究，叫中国的500强研究报告，在几个月前这份报告已经在杭州发布了，因为我也参与了研究报告，看中国哪些企业做得非常好，哪些企业未来可以赚钱。我也跟美国相关的企业作了比较，首先比较了一下美国最赚钱的有哪10家企业，中国哪10个行业最赚钱，哪10个行业在美国最赚钱，哪个地方是最需要创意的，中国却没有做，美国对我们未来发展创意和投资可能有借鉴和指导意义。

大家请看PPT，这10家企业左边是中国，右边是美国。大家发现一个很有意思的现象，在中国国有企业最赚钱，在10家里面有6家是银行，3家是和自然资源有关的。这里有中国移动，是第二赚钱的，中国移动是国有，很重要的一点中国移动目前所用的技术也不是中国自己的。而美国最赚钱的两个是自然资源的，这几个公司都不是美国国有的，是民营企业，而一家美孚公司比中国3家最大公司加在一起的销售利润总额还要大。跟IT有关的公司在美国有5家，最有活力、最赚钱、最有创新的是微软。还有跟消费有关的，比如宝洁，还有跟零售有关的，还有医药，所以说从这些看出我们很需要有创意的行业，很需要民间有活力的公司，不在最赚钱的上面，这个美国可以提供给我们想象的空间。

第二个从行业看，我们最赚钱的是银行，国家的银行要赚钱没有问题的，但是大家想过没有？银行是服务业，服务业给各位提供钱，给企业提供资金，这个钱赚了中小企业的钱，利润从他们那里来。我们的中小企业要创业和创新，要从银行取钱成本很高，在中国创业的机制并不是鼓励新的行业起来，在这个行业里面，烟草带有一点垄断，风险投资和股权投资都不让投烟草，对健康不利。第二行业是港口服务，更是带垄断性的东西，我们没有一个在10家最赚钱的行业里面，勉强够得上的只有排在第九的研发。应该有更多市场化，让大家更多竞争和竞标，而目前来说10家领域里面创新型企业最赚钱，这是最新的报告。所以我们有很多工作做，我们给中小企业提供更多的机会，在目前情况下给我们股权投资人提供了更多机会，因为我们没有成本，使得我们非常有活力，寻找那些有创意、有创新、有激情的创业者，使得他们成功，使得他们尽快成长。

最后是我们的创业板，23家公司里面跟国家投入有关的只有两家，也说明我们的未来基本上对民营和股权投资基金将起到很大的作用，这是非常好的事情。昨天我跟陈天桥聊了一下，他们的盛大在美国上市。他说，盛大在美国上市，市盈率是60倍，中国的创业板平均都是60倍，今天的陈天桥在美国只有12倍，我跟他说，这个时候把你的项目拿回中国来，一下子可以赚100多倍，我们做创新一定要看准未来的方向，其实世界是平的，资本市场是平的，我认为中国的A股主板也好，创业板也好，中小企业板为投资者提供了更好的资金平台，在世界上跟美国资本市场比较起来，中国确确实实有很多的优势，行业里面也是同样，有很多行业民营企业没有做，创业机会更多，我一直在重复说，中国现在这个时候，是当今中国创业者的天堂，更是投资者的天堂。谢谢大家！

梁桂：感谢熊总，熊总不愧是媒体专业的高材生，他有极其煽情的语言和极具洞察力的思想。他刚才对于中美在企业和产业盈利方面的比较，让我们感受到还有赚钱的可能，中国银行不赚钱没有金融危机，美国银行会赚钱，所以美国有金融危机。只有技术企业真正成长，中国才会有希望。下面给我们做讲演的是英国商务创新和技能部创新企业司司长、优化管理局首席执行官Philip Rycroft。在担任目前职务之前，曾在苏格兰政府任教育部司长，而且任苏格兰政府的策略委员会委员。之前，担任苏格兰企业和学习部的部长，他有各方面的管理经验，尤其在推动创新和中小企业的发展方面很有经验。下面欢迎Philip Rycroft给我们讲演。

Philip Rycroft（英国商务创新和技能部创新企业司司长）：早上好，谢谢大会主席给我作了这么好的介绍。女士们、先生们，早上好。谢谢你们邀请我来参加这次论坛，并发表演讲，这是我第一次来上海，甚至是我第一次来中国，所以我觉得这是我向中国学习的一次很好的机会。我从本次论坛目前的日程中已经了解到了更多的有关中国创新方面的挑战，我也非常期待能更加深入了解中国所面临的挑战。希望今天我的讲话能够为各位的思考带来新的视角，而且我在过去的24小时里了解到了很多东西，让我印象非常深刻，知道中国的发展速度是如此之快，而且你们在科技方面有如此雄心勃勃的创新目标。今天我演讲的主题就是中小企业的创新，我希望能够给各位介绍一下我们在英国所做的支持中小企业创新的工作，我会特别讲讲目前我们面临的经济状况。

我在英国政府主要负责创新企业工作，我在英国的商业创新（BIS）部门工作，你们注意到创新是我们部名称中的一个词。我是司长，我要确保良好的氛围，鼓励创新的成长，包括创新的优化管理；我也是执行官，我的工作中有恰当的监管工作，使得英国企业能够欣欣向荣，这也和创新有关。必须首先谈谈我们对创新的定义是什么。创新的定义有很多。这个周末大家听到了许多对创新的定义，我们所说的创新是把新点子成功地运用起来，要成功地运用新创意，我还想补充一句，以便创造出新的公共价值。因为政府如果支持创新一定是希望能够创造新的公共价值，这个定义就代表了我们在经济中的创新的概念。科学和研究很重要，但是它们不是创新的唯一动因，创新可能是新技术的结果，也可能是由科学家的发现加以成功的实施后带来的，但是通过创新，创造价值也可能是体现在服务行业、物流行业，体现在设计中，体现在市场营销中，体现在公共关系和管理中，事实上在现代经济各个部门中体现出来，而且创新不仅对经济重要，我们现在面临的国内以及国际性的挑战就需要更深层次的公共创新，政府政策和公共行业内的创新与经济创新同等重要，如解决气候变化，应对老龄化社会带来的后果，应对全球的健康挑战等。为此，我们就必须要进行成功的创新。这些认识塑造了我们国家的创新政策，我们主要的一个宣言就叫做建设创新国家，是2008年3月发表的，这是我们为数不多的国家级创新政策文件之一，已经远离了传统研究驱动性创新模式，而更多考虑政府大范围行动，使得我们在各种领域都加强创新。我介绍一下英国采取了哪些行动来支持创新，特别是中小企业。中小企业对英国的创新作出了很大的贡献，研究显示中小型企业总共产出的专利比大企业多，它们也是新产品和经销方式方面非常好的创新者，为了让这个势头能够保持下去，必须确保创新支持系统对中小企业有利。下面我分几个方面进行介绍。

首先讲讲企业和研究人员之间的关系，我早前已经说过了，科学和技术不是唯一的创新的动因，但是它的确是很重要的动因，研究工作做得生机勃勃，很显然是一个经济的创新的必要条件，但不是充分条件。英国的研究人员非常活跃，我们英国对科学资金资助在过去5年大幅度上涨，英国有世界上最好的大学，我们的人口只有世界的1%，但是我们创造了世界9%的科学成果，人均科学出版物应用率是最高的之一，必须确保研究的结果能够产生高生产率经济，所以我们做的活动要支持中小企业，让它们获得研究人员的研究成果，我们支持技术转化到中小企业的主要机构，叫做技术战略理事会。今天如果你们听了我的演讲对这个机构有兴趣的话，可以在网上搜索，这样你可以很清楚地了解技术战略理事会做了什么。这个组织由我所在部门资助，由独立理事会经营，他们发放基金的决策是由那些有经商经验的人作出的，而不是由政府官员作出的。我们认为这个模式对我们来说很有用，这个技术战略理事会关键的角色就是要促进研究人员和中小企业之间的协作，我们必须确保所有的系统都是对中小企业友善的，他们的申请时间很短，而且流程很简单。如果要发放研究经费，有一些是专门适用于中小企业的，比如说发放很小的研究经费，在1万~2万英镑左右，他们就开始考虑创新了。

技术战略理事会的行动是让人们更能够了解中小企业对创新的需求及创新的动态，通常有很多人并不了解中小企业。不应该让中小企业去理解政府，而应该由政府去理解中小企业的领导者，从而形成适合的创新氛围。技术战略理事建立了知识转型网络机制，这样就能把相关的专家和企业衔接起来，这样他们就可以进行特定技术和行业的创新，让相关人员在同一个房间里面讨论，这是一种非常有效的方法，使得中小企业能够接触到新的研究思考，而且研究者也能更好地了解企业面临的真实问题。还有就是建立真正的合作伙伴关系，把学者短期派驻到中小企业中去，这种效果也不错。通过它促进企业和研究者之间的信息流动，通常为学者后来决定在这家企业里面全职任职提供重要参考。所有这一切增进了英国的企业和研究人员之间的理解。在地方层面我们也通过创新代价券支持中小企业，使小企业能够购买专家的支持和专业的经验，帮助他们开发新产品。现在在英国大部分地区都采用这个办法，很受企业欢迎。我们鼓励中小企业进行国际合作，帮助它们参加欧盟的框架项目，加入欧盟的研究和技术开发。除了向中小企业提供直接支持以外，技术战略理事会通过另外的方法支持创新，也就是研究界和企业之间的协作，现在讨论一下这种做法。

我们关注的焦点不再仅仅是我们如何对研究界产生的新知识产权进行商业化，现在我们更多的是识别我们该解决的问题，然后鼓励企业和研究界的合作，要支持知识产权的应用，把知识产权转化到高生产率经济活动中去。这些就是理事会的大部分工作。以积极的态度，识别出挑战面临的问题，然后邀请企业和研究界进行合作，我们既关心创新的供应方，也关心创新的需求方。这些挑战是典型的经济的挑战，比如说如何才能让电动汽车更成功地发展起来？但是这些挑战也可能是跨学科的，比如说寻找一些新的解决方案支持老年人的独立生活，所有这些都是为了让我们的研究人员价值能够最大化，并且让中小企业能够成功使用他们的创意，但是为了创意成功，大的商业环境也必须是适宜的，所以我讲其他三个因素。

第一个是融资。中小企业的融资是非常关键的，特别是那些想创新的中小企业。第二是我们如何应对在企业融资系统中更深层次的结构问题，解决这些问题必须要纠正市场的失灵，讲到目前经济状况，有一个我们企业真正面临的问题，在过去一两年就是信贷紧缩，政府采取了行动，我们和英国的银行合作，让一些英国银行国有化，鼓励它们支持中小企业，让它们向中小企业放贷，这样帮它们银行借贷活动恢复正常。第三，我们的税务当局一般不是很慷慨。应该保护公司的现金流，允许中小企业在稳定的情况下先免税再补交税。我们希望能够在权益市场里面重塑信心，建立了新的政府基金支持企业，也扩张了企业信用担保，确保运作良好的企业，虽然没有抵押物，也能够获得贷款。这就是融资担保，使企业能够正常向银行借贷，虽然没有抵押品，但是这些企业是优良企业，所有这些计划就是帮助了中小企业解决在融资方面遇到的困难。我们还要解决更深层次的结构性的问题。

第一是创投问题，比如说生命科学、低碳、先进制造业等，英国有一个比较活跃的创投市场。有一个问题，就是创投企业在这个空间融资是有限的，为此我们建立了一个创业投资基金，政府拿出了1.5亿英镑，目的是将这个基金慢慢扩大到10亿英镑，而且这个基金通过基金模式运营，目前正在招聘一个基金经理。第二，我们为成长性新兴企业在不同阶段提供不同的融资，在这里要解决市场的结构性问题。英国首相宣布了一个新的计划，现在正在研究，叫做国家投资公司，它会从政府那里拿到基金应对市场，弥补成长性企业不同发展阶段的资金缺口。下面介绍一下创新基础设施，企业必须投资于创新型产品和服务，为此它们必须了解能不能获得知识产权保护，而且能不能满足市场需求，因此有关标准化和知识产权保护制度非常重要，但是世界不是静止不动的，越来越多的企业采取简单的步骤，确保它们的产品在市场上销售。知识产权保护制度是创新型企业特别关注的问题，我们和英国有关当局密切合作，确保我们的知识产权保护制度跟得上时代要求，我们影响欧洲其他国家知识产权保护制度的建立，我们有两个密切合作的组织，即英国知识产权办公室和英国版权协会，它们都非常积极地和中国进行合作，你们和我们在这个领域有很多共同关注的问题。

我要谈到国家的监管环境。对一些公司来说，非常重要的问题就是监管环境问题。在这个方面政府的主要职能是开放市场，并且倡导自由的贸易，通过这样的做法可以使全球化的创新变得更加自由。另外我们也希望能够保持一种有竞争力的环境，通过良好的环境可以使企业变得更加有效率，并且更加渴望创新。所以政府必须出台相应的法规制度，这些政策制度将会引导企业更好地开展业务，进行创新。像欧盟主席讲的一样，现在应该做的不是去除监管，而是大大去除监管，是要寻求一种职能性监管，从而为企业创造良好的环境，创造创新的环境。要确保在经济体中有适当的技术，我们还需要在政府部门当中实施相应职能性的政策。

总之，一个国家、一个社会中的创新，它的意义不仅仅是产生科研成果，对于中小企业，它们需要在良好的环境里面生存，创新不仅仅是给它们带来成功，而是适者生存的必要条件。第二点就是国际合作，事实上我们看到目前创新必须要跨国界进行，在国际范围内建立很多关系，在科技创新领域共享资源，共同创新。事实上我们国家和中国有30多年的创新合作关系，科技部万钢部长和我们的部长一起签订了很多协议，共同进行一系列的创新项目。

梁桂：非常感谢您给我们做的精彩的演讲。刚才Philip Rycroft先生给我们大家展示了英国同行怎样顺应全球化的环境支持中小企业的创新，Philip Rycroft先生的演讲使我感触很深，他们的一些做法，比如利用技术的战略性的咨询会议，对小企业的创新给予各方面的指导，利用一些资助手段解决早期死亡峡谷的问题。这些措施和政策类似欧盟和美国的做法。欧盟采用创新“一站式”方式来解决技术转移对小企业的推动，包括融资担保和股权的投资，利用组合的方式来解决技术型小企业在创业过程中的综合困难。尤其难能可贵的是Philip Rycroft先生负责的这个司，和其他政府部门合作，共同来形成一个支持企业创新和技术创业的合力。我感触非常深，因为我们说创新是中小企业的责任，创新是科技园区的责任，创新更是政府的责任，怎样使政府部门通过自身的改革来营造更好的环境，这也是这三年以来火炬中心正在改革的事情，我们称之为中小企业科技路线图。下面作演讲的是浙江大学管理学院常务副院长吴晓波先生。吴晓波先生有电机工程的学术背景，同时又是管理工程和管理学的专家，他在剑桥做过访问学者，在麻省理工学院做过博士后，他今天演讲的题目是：商业模式创新和融资。

吴晓波（浙江大学管理学院常务副院长）：各位女士，各位先生，非常高兴来这里作报告。我来自浙江省，中国中小企业最为发达的省份，也是最具有创新和创业精神的地区。在上海，外来上海投资的除了国外的企业，哪里最多？就是浙江省！浙江省是国内在上海的最大投资者，在这个过程中，浙江中小企业的发展给经济带来了什么？在目前这样一种危机下，他们经营的模式、他们的创新在哪里？需要考虑哪些方面的政策？

我将分三个主要方面来讲：①中小企业怎么样面对危机？②做什么事情？③走出危机需要我们考虑什么问题？危机的到来大家都看得到，特别是在我们眼里经常出现的大企业所面临的困难，我们看看这张表就可以知道，那些大企业面临的很多困难都看得到。但是刚才熊晓鸽先生说过，世界是平的。从我们眼里看，只是站在发达国家的立场，站在发达市场看，世界是平的；其实，世界不平，中小企业面临很多特殊的问题，这些问题在正常政策环境下，怎么样影响创业者？往更深层次怎么样影响中国经济的发展和社会和谐？我们来看很典型的主要瓶颈，比如说成本。中小企业以劳动密集型产业为主，典型的特征并不像刚才的英国朋友所说，在美国的中小企业相当部分是一种基于研究驱动的创新。但是在中国，大量的中小企业创新更多来自另外一种模式，有专家称之为DIY。在做和使用的过程中产生大量的创新，在这个过程中我们创新的源头和影响因素是什么？特别是中小企业，受劳动法影响非常大，因为它们的劳动环境要改善，跟发达国家衡量是不一样的。受劳动力成本持续上升、人民币升值、出口退税等的影响，中小企业所遭受的打击非常大。还有很重要的一点是资金。前面两位发言人都提到这方面的问题，中小企业融资问题是十分严峻的事情，所以很多中小型公司破产有各种各样的原因。

我们看融资的情况。中国1 000多万个民营中小企业，它们的产品和服务占GDP的60%，税收将近一半，解决农村就业75%以上，还有发明专利占了一半以上，但是它们享受到的国家资源是20%左右，这些可以反映我们国家的政策。民间的资金从哪里来？民间融资在浙江很发达，它的利率有多高？月息3%～7%左右。这是非常高的利息，但是还是有很多企业不得不贷。还有人才，目前典型的状况是，包括很多优秀大学生，浙江大学的学生，有多少愿意去中小企业工作？这也是很严峻的问题。所以在人才方面面临着不一样的环境。还有技术，技术肯定是中小企业所面临的很大的挑战，面临很多瓶颈，更严重的是重大技术范式的转变。重大的技术范式在转变的过程中对企业的打击是一种“非线性打击”。当它发生时，你再怎么努力，再怎么降低成本都没有竞争力，因为整个竞争的范式也发生转变。品牌的情况也不容乐观，中小企业本身在品牌方面很少有响亮的品牌，所以它们面临很特殊的问题。另外就是结构，中央政府和省地政府指出，在危机当中怎么样转型和升级。我们的中小企业随着过去的惯性发展，已经到了尽头了，需要转变增长方式，实现所谓的结构性的变化，对中小企业如何实现结构性的变化？重重挑战都可以看到，非常严峻。

最近我们的研究反映出一个重要的积极趋势，或者转型升级中的一个非常重要的环节，那就是商业模式的创新。在这样一种创新当中，企业之间的竞争并不仅仅是产品之间的竞争，而是一种商业模式的竞争。商业模式的创新有哪几种类型是目前正在发生的呢？我们来看几个例子。“山寨机”在中国的发展非常有特点，引起争议，“山寨机”领域里面大量的是中小企业，我们不争议其道德范畴的东西，看它的竞争力在哪里，它的竞争力来自什么。哈佛大学教授克里斯滕森称之为破坏性技术或者裂变技术。消费者可以使用的性能是以一种曲线在前进。沿着这样的轨迹前进，有一个缝隙在里面，如何弥补？正规厂商做这样的事情。大量中小企业从低端切入，但是又从新市场、新技术里面找到亮点，找到消费市场，这是其优势来源。通过什么样的方式做？把产业的价值链重新拆分和重组，在这个过程中，称之为商业模式的创新。传统的产业链从上游到下游有很多环节，在“山寨”模式下它的整合机制，比较极端地说有三个人就可以整合整个手机产业链中的不同环节。我们再来看另外一个企业，玩具产业是中国很大的产业，这个产业遭受的打击非常大。但是在浙江可以看到，有一个企业做得很有特点。大家注意看这样一个玩具，他在玩具的耳朵上吊了一个小牌子，给你一个密码，拿着密码可以上网领养动物，他们找到了新的道路，这就是在嘉兴的一家玩具厂。毛绒玩具叫做网娃，通过网络技术设计可以在网络虚拟世界领养一个有生命的玩具。在全球玩具厂商纷纷倒闭的时候，他们的业务却很好，值得我们好好评价和分析。

在我们浙江有这样一个产业集群和交易市场，它的转型靠什么？它的集群式创新值得我们看一看。那是在浙江的大唐镇，有1 000多个原料企业、400多家原料销售商、200多家机械厂、600家零售企业、100家物流企业，有8 700多家袜子生产厂、300家包装厂，他们生产袜子90亿双。在经济危机中，其典型的反应是什么？这是小企业大协作的情形。从传统意义上说，企业创新的内部化是第二次世界大战以后呈现的趋势：大企业建研发中心，自己雇佣研发人员做研发。在今天的网络社会，是不是还是这种模式？不一样了。更多的是协作，企业与企业之间的网络有更大绩效，这是我们今天的价值创造的落脚点。又如浙江瑞安的徽章产业集群的例子，这是一个低附加值的产品，不就是一个徽章吗？但它分成18道工序，有2 000多个企业做这个东西，美国军队所用的徽章都是那个地方生产的，很了不起。

最后我们说一下需要思考什么。关键是商业模式的创新。把传统意义上认为外部的角色怎样跟内部专业化的角色整合起来，在网络上价值创造，在网络上找到价值诉求的角色，叫做新价值的创新，它不是简单意义上的产品创新。它发生了关系的内容变化。个性化的定制解决方案与服务关系等方式发生了变化，在价值链位置上面发生变化，进行价值链的拆分与整合。从传统上我们看价值链，但是从价值网络看，我们会找到不同的视角，可能会影响不同政策的设计、不同竞争环境的塑造，这是基于怎样的基本前提？从我们的分析看，就是IT的信息平台。做徽章、做袜子，如果建立在IT平台之上，如果他们有互动整合，又会怎么样？在浙江，大家知道阿里巴巴企业所提供的阿里巴巴网上平台，成千上万的网商不仅仅是做交易，而且有大量的创新。它需要有什么政策环境去规范、扶植和鼓励？目前存在很多困惑，并不很清楚，比如说对网上收税的问题到底怎么解决？各种各样的情形都值得我们分析。

我们回头看当前的创新体系，有两个主要的缺陷，第一个缺陷是目前大量关于国家创新体系的研究是起源于发达国家。我们与发达国家学者有很多交流，据我所知，丹麦的Lundvall教授本来要来与会的，他讲创新系统讲得最多，讲“学习”也很多。但是，从过程看，发展中国家又是什么样的情形？很多东西不一样，主流的创新体系强调的是城市工业化体系中的创新体系，大量的中小企业创新并不在中心城市发生，它们需要的环境和创新体系支柱不一样。

第二，大量分析是在某一个截面上进行的。发达国家进入到饱和增长的阶段，发展的惯性似乎能够延续一段时间。而针对快速发展的发展中国家，只看截面的方法会导致错误的政策设计。我们更应看到的是一种历史性的研究，这是我们做的研究，看创新系统的演化特征和演化规律，所以在政策设计过程中我们要更具有动态性。目前我自己在领导一个小组，我们在研究一种新的创新系统，这个创新系统是针对包容性发展而提出的。为什么做这个研究？因为我们看到有相当多的在经济当中扮演很重要角色的企业，没有被包含在主流的经济体系里面，在主流体系政策设计当中，我们需要进行专门的研究。这个项目我们和印度同行做，刚刚得到了国家基金资助。我们浙江有一个农民信箱，在2005年创办，是用来帮助所有农民的。如何帮助农民？帮助农民个体户，那些中小型企业，让它们更加便捷地接近市场，能够便捷地交易。这是很好的模式，不仅仅是技术的平台，也是一种很好的政策环境的设计。我们认为这样的模式会产生很大的作用，主要有两点需要深入研究：第一点，传统经济发展所排斥在外的群体，他们的创造系统、创新系统是怎样的体系？特别是网络模式、体制安排的演化。

第二点，他们能力的提升具备怎样的动态性？动态性在哪里凸显出来？特别是其网络的特性需要深入分析。

怎样提出能够促进包容性发展的创新政策体系，是我们需要反省很多问题并提出新的建议的。人们说金融危机带来了所谓弯道超越的机会，我个人认为，基于价值网络的商业模式的创新，特别是帮助中小企业的创新，是中国下一阶段发展中的关键。谢谢大家！

梁桂：感谢吴晓波教授，我听完吴教授的演讲之后有三点感受，第一，草根的力量是强大的；第二，最重要的是通过商业模式的创新，尤其是通过价值链的重组，通过集群创新突破中国大量的低端集群锁定在全球价值链的现状，这是在国际近距离研究的；第三，政府的各方面的政策必须不单是以技术为导向，而是应该尊重市场，以市场为导向，和市场最基础的力量，即中小企业的发展紧密地结合在一起，这样中国才会有未来。各位代表，刚才已经有三位嘉宾给我们作了非常深刻的演讲，我相信大家和我一样都会有所收益。下面请三位嘉宾到台上来，大家有什么问题可以求教三位专家。

提问者：我今天在同济大学有一个EMBA的课程。有一个问题问一下熊晓鸽先生，关于创新方面，不管是技术创新，还是商业创新，在创新过程中会打破原有的游戏过程、价值规则或者模式，我们怎么样权衡带来的游戏规则的冲突，如何找到一个平衡点？

熊晓鸽：我认为在目前中国的环境下，针对浙江的这些企业而言，最紧迫的有两个基本层面，一个是IT，一个是网络。我认为在中国目前来说要有创新的机制，解决金融的创新是最重要的。刚才谈到浙江，在这些年中非法集资案也出在浙江，但确实是被逼无奈，融资和机制怎样把钱用上去？可能制度没有做的事情，是创新的一种方法，在美国证明是有效的，美国风险投资基金和纳斯达克，对美国科技产业发展如何有用这是同样的一个道理。创业板出来了是很好的事情，但是我认为我们的创业板晚推出了10年，如果早点推出，像盛大、百度、新浪、搜狐等应该在国内上市，不应该在国外上市，我投了徐少春的金蝶软件，他的市值10~20倍，他的竞争对手拥有50倍左右，世界是平的，我昨天刚从温州过来，我也考察了很长一段时间，除了刚才说到IT和网络技术方面，还有就是品牌。我认为品牌，尤其像你讲的，温州的很多公司过去从来不需要什么，也不需要外面的钱，到国外拿了单子直接做，跟广东不一样，一年以后挺潇洒的，后来不行了。欧洲很多企业到外面做品牌，到意大利、到法国，因此品牌很重要。

还有金融模式的创新，因为我说：你们温州该做什么？你们非常了不起，你们融资信用比较好。我记得小时候，我妈妈买块上海表，要十几个人每个人拿出10块钱，一年后每个人买了上海表。像浙江很多企业都是用民间拆借，并没有用到融资方面。更主要的一点，谈到新技术，我不认为很新的技术一定能够赚钱，未来可能是这样，但是看海外上市的公司，国内上市的公司，更多的是应用的技术。

提问者：非常感谢三位嘉宾的精彩演讲，我来自中国科技管理研究院，我有一个问题请教吴教授，您所讲的草根性、破坏性的创新，还有商业模式的创新，可能会和社会伦理甚至和人体健康状态存在冲突，创新会创造经济商业的绩效，但是同时担负社会进步的责任，社会伦理和创新相冲突是否值得鼓励？

吴晓波：这个问题提得非常好，我们讨论草根创新的时候，肯定会面临这样的问题，在中国这个问题尤其严重，这也正是为什么对于草根创新，中小企业专门研究相应的政策，这样的状况比较严峻，其中很重要的原因是我们的政策体系当中有漏洞，而且是很大的漏洞，需要我们反省。在草根的创业当中，我们可以看到很多人并没有接受很好的教育，而且很多人出生于非常贫困的环境，摆脱贫困是他们的首要任务。他们为了摆脱贫困，不明白摆脱贫困付出的代价是什么，做出非常令人厌恶、对社会造成很大危害的事情。这样一种所谓的创新，在创新研究领域里面早就有人做过研究，专门有一种分类。这是一种虚假的创新，对社会并不创造价值。以损害创新价值体系为代价，企业的内部经济性和外部经济性之间如何平衡？很大程度上靠法律制度，靠整个法律体系保障，中国的发展演化不平衡且动态性非常强，在动态性强化过程中，初始时候如果没有很好的引导就会很快消亡，如果更好地引导走上健康的道路就不一样。我们政策的设计当中需要特殊地考虑动态变化的情形，具体执行中可以发现不同地区不一样，即使在浙江省这个地方，早期高污染，大量使用童工，但存在各种各样非法用工等情形的区域在浙江变得越来越少，这也是在自然演进的过程中自然淘汰，在国际上讲是自然的选择，这个选择以什么为代价？可以通过理性设计让这种非理性过程能够尽快结束，其中教育环境也是一样的，这是一个社会系统的工作。

提问者：我是科技部的，三位的报告非常精彩，我有两个问题，一个给Philip Rycroft先生，一个是给吴教授。Philip Rycroft教授提到，英国派学者到企业做短期服务的工作，我想了解一般多长时间，有什么样的政策，因为我们现在也在做这样的工作。第二个问题，吴教授的演讲非常有新意，非常深入，而且是从政策角度研究的，我希望了解从您的研究来说，最迫切需要作出的政策调整是什么，以适应商业模式的创新？

Philip Rycroft：谢谢你的问题，在我的演讲里面也谈到了这只是我工作的一个部分，这部分的内容就是希望能够促进我们的研究机构和企业之间的合作，你的问题非常具体，到底要在企业里面待多长时间？比较短的一般是3~5个月，来帮助的人士会在这个企业里面开展长期的工作，达成协同效应。除此以外我们还有非常多的内容，目的是塑造企业家精神。我们在英国最主要的重点是怎样在公众中推广企业家精神。中国可能这方面的问题不是很大，你们很多人在过去几年当中都习惯于这样的创新实践，在英国非常希望推崇这一点，我们在学校里面也有类似的项目培训学生，特别是在课程中设置了培训学生的项目课程，还有其他项目、研究生对接，在2～3个时间段让新生去企业实习，了解情况，让他们了解在今后的社会当中非常有价值的东西，希望他们在未来的职业生涯里面勇于创新和勇于创业。

吴晓波：刚才的提问体现政府官员很务实。从我们的政策落脚点看，哪些是大家需要考虑的关键问题呢？在浙江省做转型升级政策体系设计，很多涉及国家的政策。简单地说，有几个方面。第一个方面是利益机制的问题，现在很多政策的设计，从工具角度看会发生按下葫芦浮起瓢的情形，它的对策来自于什么？特别是中小企业利益机制很特殊，这跟国家行政体制有关，那些村镇政府钱从哪里来？很典型，从当地企业拿的钱，当地的企业目前来说最迅速的成长靠什么？两个方面，一个是把自己的成本甩给外部，第二个，把子孙后代的东西拿到今天来用。在这里政府官员、政府的主管部门跟当地的企业家和当地的老百姓之间的利益是什么样的关系？我觉得很值得分析，当这个关系没有摆正的时候，可以看到大量的不规范或者感觉很难受的情况出现。比如现在房地产都有这样的情况，在那些小地方房地产恐怕也不怎么样，比如说污染给社会带来成本，有的转嫁给子孙万代。在这个过程中，如果只为眼前的利益，那么没有办法解决。只追求企业的成长速度要快，但不管成长的方式，这跟中国传统文化有关，中国的传统是只求结果，不求过程，走捷径。中国发展到新的阶段不能够这样做，这里需要我们很好地分析利益机制，各个利益集团之间如何制约，如何制衡？在中国目前的发展阶段上，特别是在乡镇一级，一个很典型的情况是真理掌握在少数人手里，这是一个很头痛的事情。少数人受过高等教育，有很好的社会意识和社会责任感，但是相当多的人没有这种意识，他们从贫困中出来，大家都是为了过上好日子。我们很理性看到发达国家政策，用来借鉴来设计，但无法解决中国的问题，这也是政策层面。再简单一点落到政策执行的情况，刚才的情况涉及立法的机制，特别是村镇的立法。再往国家政策看，比如税收政策、劳动法等。怎样兼顾中国政策的不平衡是一个难题。从我们的观点看很多事情要重心下移，重心要适度下移。从这几年情况看，在很多方面集权越来越厉害，在这样一刀切的情况下，如果全国的发展是均衡的，就是有效的。

另外一个我们讲金融，中小企业的金融是很大的问题，在浙江为什么有很多地下集资？因为现代的法律没有把这些东西包容进来，他们的行为是违法的，但是它的合理性在哪里？很值得我们思考。我们也看过浙江省非法集资的案例，有一些是可以考虑的，在政策上面使用并不恰当，这个跟大禹治水一样，需要引导，现在从创业板来看，第一批的企业，它们的平均年龄都超过10岁，超过10岁的企业还是创业的企业吗？我就不知道，在国际上定义是40个月，我们是超过10年的企业，在这里我们怎么样执行？有些方面政府相关官员有些害怕，相信市场的力量，其实也是理性的力量，小额贷款公司，限制这个限制那个，能够发挥多大的作用？现在中小企业银行在国际上已经相当成熟，在中国的台湾面向中小企业的银行也非常活跃，他们的相关机制、管理方法等都是现成的，我们都可以拿过来用。我们被主流排斥在外的，没有被包容进来的群体，需要更多的关注。在教育体系上面也有很大的问题，教育上普通老百姓寄希望于下一代。教育问题是刚性的，要做好基础，保证底线，底线政策必须是刚性的，涉及很多内容。谢谢！

提问者：你好，我是《科技中国》的记者，这个问题请主持人来回答。熊晓鸽先生演讲的时候说，创新是政府的责任，关于创新中政府的主导作用，各地的经济发展上有一些不是完全一样，您认为因地制宜应该注意哪些问题？

梁桂：你的问题是政府和市场是对立的，我认为政府和市场不完全对立。政府主要解决市场适应，现在最麻烦的是最有形的手和无形的手无法形成合力，所以造成了按起葫芦浮起瓢的现象。所以需要系统性的方案，就是刚才Philip Rycroft先生讲的，需要组合拳，就像我们重要的配方，不是说任何一个政策就是老中医的某种药膏，一贴就灵，同时大量的政策跟国家自身的环境紧密结合在一起，西方的东西也许为中国所用，但是最重要的是它的精髓：和市场结合，来自于台湾的经验也是这样。吴教授说的小企业融资解决方案，包括美国的CA计划都应该借鉴和运用，问题的精髓是政府如何在市场当中形成合力。最关键的还是因为市场可能会导致的创新问题，可能产生伪创新的问题，政府怎么样把国家意志、对公民的扶植、可持续的发展及国家利益紧密地结合在一起，在市场上有表达，所以在这一点上我个人认为最重要的问题是，小企业是创新的主体，草根的创新精神值得学习，市场竞争是所有的竞争，但是最关键的是制度大于技术，需要各个方面一起来努力，可能不单是政府和市场，我甚至怀疑文化系统需要净化，这样才能真正形成能够发展的力量。

提问者：我是来自江苏的。我记住熊先生的话，找到了比抢银行还快的赚钱模式，做的过程中很重要的环节就是融资，尤其是创新的模式，特别是民间集资的形式。请问吴教授民间集资和民间融资有什么区别？什么叫集资？什么叫非法集资？

熊晓鸽：他们叫私募股权投资基金，在国外风险投资也好，VC也好，都叫私募股权投资。首先两个方面的人，有一部分叫做GP，叫合伙人，我们GP对行业有管理成功的经验，找出资的，比如社保基金、退休基金、慈善基金，还有个人有钱的，你有钱给你集一个基金，出钱的人叫有限合伙人，管花钱、掏钱的叫合伙人。我们再去找项目，你这个项目找我融资，这个项目需要钱，做这个项目，你来找我，我也找你，帮助你成功，不要抢银行，就完了。这就是我们的程序，在中国出了一个政策，要融资集资，必须要得到发改委系统批准和通过备案，出资人不超过50个自然人就是合法的，但是要得到备案，没有得到批准就是非法的，叫非法融资。这个法律是2008年刚出来的。

吴晓波：典型地反映出中国经济发展的动态性，很多政策出台也是渐时推进，总的来说集资也好，融资也好，是很自然的现象，都是需求引发的行为，但是在现代社会里面怎么样体现社会的理性，很典型的是专业的分工体系。但是恰恰在中国，分工的概念、分工的体系存在很大的缺陷，中国的传统是七品芝麻官什么都管。但其实在经济领域更应由专业人士做事情，使资源的配置和应用得到最优效果，这是基本的思路。我们的专业人才培养，本身也需要一个过程，在我们中国有很多法律制度政策出台，但是它的归置、它的执行需要专业人才，可专业人才往往不够，正因为对专业人才的缺乏导致大量的行为出现，所谓违法也好，这是目前特有的现象，我认为这种现象还会持续相当长一段时间。

梁桂：感谢嘉宾，更感谢在座的各位参加会议的代表，我们的探索和实践是无止境的，感谢大家！今天上午的研讨会到此结束。

主持人杨青（中国工业报社总编辑）：女士们、先生们，我们这场“经济波动中的中小企业创新”下一节开始了。有三位嘉宾，他们都是典型的产学研结合的阵容，而且是中西合璧。首位演讲嘉宾是金蝶国际软件集团有限公司董事局主席兼行政总裁徐少春先生。徐少春先生演讲的题目是“解码中国管理模式”。现在欢迎徐少春先生作精彩的演讲。

徐少春（金蝶国际软件集团有限公司董事局主席兼行政总裁）：

女士们、先生们，大家上午好。我对今天的题目作了界定，叫金融危机背景下的中小企业管理创新，与管理有关。上午吴教授讲到商业模式创新，我也是非常赞成的。下面分为三个方面来讲。

第一是案例，关于创新管理的实践，另外谈金蝶管理实践，最后谈中国管理模式的话题。这次金融危机对全球的经济产生了很大的影响，特别是对中小企业，我想过去改革开放30年，中国经济是一种蔓延式和数量式的增长，未来10年或者更多时间靠管理，中国经济处在转型的时刻，金融危机给中小企业带来很多挑战。我们公司总部在深圳，我们在上海也有很大的软件园，有五六百名员工在上海，珠江三角洲中小企业倒闭了，影响很大，中小企业在今年接受了煎熬，它们融资难、管理提升难。在传统的企业创新过程中，我常常说两个轮子，第一是技术创新，另外一个是管理创新，但是很多中小企业过去忽视管理创新，因为创始人开始有一个好的主意，有一个好的产品，通过市场推广把业务做大了，但是随着公司业务扩大，管理制约着成功，所以中小企业普遍重技术、轻管理，导致了不可持续的发展。我们来看一个例子，强化集团本是一个物流公司，早期搞运输，为自己提供服务，后来他们发现有多余运力，能不能为别的公司提供一些物流服务？所以产生了第三方物流，后来专门成立了自己的物流公司。紧接着为一些物流公司提供交易，提供相关的服务，产生了第四方物流。这是一个商业模式上的创新。另外一个是石羊，在中央电视台的一个案例就是石羊，它是提供养殖、生猪饲料的一个企业，它鼓励更多农民参与到价值链当中。因此，为当地成立一个基金，给农户提供贷款，在企业家当中形成一种金融服务，这也是一种创新，这个企业发展得很好，营业额达五六十亿元。美诺医疗公司是上海的一家公司，在中国创业，也在上海创业，是做导管医疗机械的公司，它的产品主要销往美国，它非常注重质量管理。公司在美国也采取了比较有力的措施。如果说一个小组质量出了问题，整个小组受罚，所以这个公司产品做得非常到位，营业额有六七亿元。另外是联创，过去经销商和他们协作非常困难，经销商抱怨数量发少了，或者数据不准确，后来通过B2B平台，它把所有东西集成在平台上，经销商网络大幅度提升，而且越来越多经销商愿意代理它的小产品，这是网络蔓延价值链创新。这一创新发展很快，是原创性的。

再讲我们金蝶公司，金蝶公司有3个业务，一个是ERP业务，为企业提供管理软件服务。另外一个是中间件业务，即互联网业务和软件开发必须要建立在数据库和应用软件之间的产品，这就是中间件业务，除了verto和IBM，我们是排在第一的，正准备在创业板上市。还有友商网业务，为全球服务的一个独立公司，和阿里巴巴不同，阿里巴巴只是一种信息服务，我们提供的是从商机的发现，到企业之间的供应链协同的电子商务，提供全过程的服务。我们在深圳也有金蝶的软件园，在上海张江投资1亿多元也建立了一个软件园，北京正在筹建过程中，我们在顺义有230多亩地。金蝶公司成立16年了，成立以来每年的增长率在20%左右，我常常跟员工说，我们不要在一夜之间发展很快，我们要做长寿公司，所以在过去16年非常稳健，我们尽可能达成共识。我们在管理实践上也有特色，我们的文化叫没有家长的大家文化。即实际上它的本质是在制度背景下实现员工的自我管理。家长是谁？我们认为家长就是客户，客户是母亲，制度是父亲，我们强调人格平等，在我们公司是不叫总的，都是叫英文名字或者直呼其名。去年金融危机爆发后我们承诺不裁员、不降薪。今年我们采取了一个措施：批评与自我批评，效果很好。比如我们公司有5 000多人，总部有1 000多人，平常出了问题，员工说这不是我的问题，批评和自我批评看起来非常有效，让他认识到自己的问题。此外，我也坚持在公司网上写博客，今年写了些重大的博客——坚持就是胜利。采取这些措施，在文化上进行创新以后，每个员工现在有危机感、责任感、使命感，执行力非常强。我们在管理方法上面，通过进行客户满意度调查，2008年获得了深圳市市场质量奖，我们采用了质量技术模型，引进了好的方法，比如IPD、信息化与知识管理。今年还做了一个措施，即全员动态考核，原来奖金和业绩完成率挂钩，现在一个人所有薪资（包括基本薪金）跟财务指标挂钩，每一个员工压力感觉非常大，但是效果却非常好。

在金融危机情况下怎样激发全员的凝聚力，共同面对危险的共识，提升在困难时期的战斗力是非常关键的。我们有很多创新，包括在技术上有很多创新，我们公司

55%的成本是人工成本，所以我们公司最大的资产就是人，怎样在人力资源管理上面有一套措施能够帮助公司员工不断发展，这是我们的独到之处。我们帮助员工实现财富、事业和生活的不断提升，我们创造没有天花板的平台，讲五子登科、娶妻生子，还鼓励全员持股。今年我们在市场上买进一些股份，给员工股票，同时还10股配送1股，采取了这些措施以后，大大提升了员工的积极性，我们也倡导亲情与责任，我们关心员工的父母和家庭，比如说周末有一个喝啤酒规矩，每到周末雷打不动，大家一起交流，鼓励员工成为行业专家和社会明星，员工可以发表文章，我们给奖励。这一系列的措施帮助我们员工能够在公司持续成功，我们公司成立16年来有很多10年以上的老员工，他们很有斗志。

金蝶公司2008年营业额超过10亿元，2009年上半年利润增长43%，2009年全年有望两位数字的增长，连续5年在中小企业ERP当中排名第一，福布斯杂志评我们为亚洲最佳成长型企业。我们公司为企业提供管理服务，公司在转型，建立管理专家形象，所以我们给客户卖软件，我们有很多客户。通过研究发现，中国在学习国外的经验基础上，结合中国文化和优势，创造出领先的生产和管理模式。我们也可以看到很多新兴服务业，通过商业模式和管理的创新，为中国市场提供管理服务，携程网是中国最大的管理服务公司。另外很多人说外企用的ERP软件都是国外的，但是在金融危机以后有一种趋势，选择本国ERP系统的越来越多，在浙江有一家外企，总部在德国，也运用了我们的ERP。我们有很多经验，根据中国的实践寻求本土化管理之道。我们给各行各业提供服务发现，中国企业管理是可以总结和提升的，以前一提中国管理是落后的，这是错误的，我们提出一个概念叫中国管理模式。我们希望在改革开放30年以后，中国管理和中国制造一样在全球很强。我们把中国管理分成几个纬度，现代管理科学，管理哲学、成功的管理哲学。研究中国企业的管理模式，很重要的方法，就是建立中国企业管理制度。

我们建立一个中国管理的智库，在管理智库里面有许许多多的企业，特别是领先的企业。把它们的经验、方法、制度和一些最佳的商业实践放在智库里面，这样可以帮助很多的中小企业与各行各业领先的企业进行对焦，寻找差距。我们做了研究，比如小肥羊和金汉斯，有很多地方发现小肥羊比金汉斯强（财务核心指标、物流方面），我们查到在流程制度上面的不同、当把这个结果告诉他们时，他们觉得这个研究非常有价值。所以我的观点就是中国企业特别是中小企业不仅要进行技术创新，更重要的是要进行管理创新，我希望管理创新的轮子和技术创新是一样的，只有这样才能推动中小企业发展，客户需求是中小企业创新的源泉，管理创新是中小企业持续发展的动力，我们建立中国管理制度是中小企业追求卓越的主动力。金蝶公司新的使命，不是做最大的软件公司，是让中国管理模式在全球崛起，这不仅要靠金蝶公司的力量，还要靠在座的专家、全社会各界人士共同推动中国管理模式在全球崛起。谢谢大家！

杨青：徐总介绍了金蝶公司的情况，我们得到最深刻的印象有3点，第一点就是金蝶公司是一个创建16年，并在16年的过程中稳健发展，一直保持着两位数增长的公司。第二点这个公司每年55%的成本是人工成本，说明这个公司主要是技术主导型、科技型的企业，又有一个稳健持续的增长，是靠什么来赢得竞争？刚才徐总向我们介绍了他的深刻体会，就是用中国的企业管理模式。刚才讲了很多非常有意义的例子，其中有很多都具有创造性和实践性，而且他提出了中国国家或者政府能否致力于要做一个大家可以共享的管理智库的平台的想法，我觉得非常有意义。我再补充一下，向大家介绍一下徐总的履历，让大家对徐总加深一点印象。徐总不但是金蝶公司董事局的主席兼行政总裁，而且是享受国务院特殊津贴的专家，他现在是民建第九届中央委员、财政部会计信息部委员和深圳市软件协会会长，大家再次为徐总作的精彩演讲表示感谢！

下面欢迎德国达姆斯达特大学终身教授、达姆斯达特大学管理与物流学院院长，同时也是我们同济大学中德学院的教授Hans Christian Pfohl演讲。

Hans Christian Pfohl（德国达姆斯达特大学终身教授、管理与物流学院院长）：我非常荣幸应邀参加此次论坛，给大家介绍我对于德国中小企业创新的想法。德国以其中小企业的创新而在全世界享有盛誉。我对于中小企业方面作了很多研究，在我的论文参考书目里有我新书的译本，书里主要谈及了中小企业面临的问题。我今天演讲的内容是什么呢？我的演讲分成三部分。第一部分告诉大家目前的金融危机下中小企业的现状。讨论中小型企业的发展及经济发展和创新的主要障碍。第二部分探讨中小企业的创新行为。谈谈什么是创新管理，有哪些问题以及如何解决这些问题。第三部分是关于隐形冠军的。人们都知道大公司的品牌，比如博世、拜耳等。而还有一些公司因为是中小企业而不为人知，但它们是真正的市场领导者，它们就是隐形冠军。我会探讨这些公司的情况和问题，最后总结我的演讲。

即使在目前的危机下，在成功入市的创新产品数量上，中小企业创造的产品份额也比大公司高得多。所以危机有助于提升企业的创新能力并不令人吃惊。这个调查结果不只针对中小企业，而是针对所有企业。在危机下，可能公司比平时更能创新。比如，4%或5%的人会告诉你危机下的技术更便宜。更重要的是，27%的人认为公司的内部产能比在创新前利用得更充分。22%的人认为经济危机下可以招到更合格的员工，而且可以获取更多的公共创新支持。所以50%以上的德国企业认为危机可能是推动创新的动力。这是很重要的。因为危机之中，如果有一些推动创新的动力，企业将更快地走出危机。

那么，目前中小企业经济发展和创新的障碍是什么呢？其他发言人也提到了，企业面临融资困难，这在全球范围内都一样。60%以上的中小企业觉得融资困难，尤其是用于投资创新的融资。还有其他三个障碍也很重要。创新有着经济成功的不确定性，所以你必须要准确判断你的创新方向是不是正确的。还有，创新成本可能太高，这跟融资直接有关。特别是在德国以及欧洲其他一些国家，官僚主义严重。另外，举个例子，如果中小企业想要得到欧盟对创新项目的支持，根本就不可能。因为你得成为专家后才会知道怎么填写欧盟要求的那些文件。而大公司有能力安排专门的人员，比如在大学里找专家（如我的大学达姆斯达特），负责填写欧盟的那些文件。以上这些问题都是中小企业创新的大问题。但是我们也要看到好的一面。我们都在谈论这次经济危机，而忽略了上一次的危机，也没人想到上次的危机，但是它对中小企业显得极为重要。在上次危机中，中小企业受到的负面影响比现在还要大。所以如果它们在上次危机中损失严重，学到了经验，它们这次就可以运用那些经验，准备好创新流程和创新产品等候下一轮的经济增长。

以上就是中小企业在这次危机中的情况。下面介绍中小企业创新的行为，在这里给大家分享几个调查的结果。什么是中小企业的创新流程呢？中小企业肯定是没有有组织的创新流程的。尽管如此，我们还是可以归纳出四个阶段：发现问题；想出点子；评估分析点子并进行筛选；优化点子并最终实施、打入市场。如果把中小企业和大公司作比较，可以发现中小企业创新的特点是流程简单。这可以成为它们的优势，因为它们很灵活。另外中小企业创新流程也呈现跳跃式的形态。我们看这张表，从技术层面看，可能中小企业是非常成功的，但是在实现创新、将创新打入市场这最后一环却常常遇到很多问题。从这张表的左手边可以看到我们在调查中问的一些问题。你们有没有给员工足够的时间用于创新？答：没有。因为他们时间紧张，要同时做很多事情，所以没时间创造点子。对于你们公司，实施创新的点子容易吗？答：不容易。实施创新看来是个很难的过程。你们创新的产品入市速度够快吗？答：不快。它们应当快速进入市场，却没有做到。在你们的市场上创新是不是没有困难？不，有困难。你们对公司的创新满意吗？不满意。大家可以看到，表的左手边显示了中小企业遇到的创新问题，这些问题严重地阻碍了他们的创新。表的右手边是一家德国公司，这家公司面临的问题是经常有员工辞职，这些员工都有着丰富的经验，但在公司却没有得到充分利用。许多公司都不懂得好好利用老员工的经验，这令人遗憾。

以上那张表主要是从市场的角度看的。我们看下一张图表。在这个图表中重点是比较大型企业和中小企业应用的不同管理方法。表中比较了不同类型的公司，其中包括超过500人的公司，50～500人的公司，还有少于50人的公司。在比较它们的管理方法时，我们引进基准比较的概念，当中的圈是平均值，红色的圈是大公司，黄色的圈是中小型公司，从中可以看到每种公司每个调查点的倾向。在持续提升管理方法上，大公司做到了，而中小企业却没有做到。中小企业也没有充分运用金融比率监测商业风险。表中第10个问题是问公司有没有利用管理比率，对市场情况进行合理预测，以便控制和规划公司的开发。中小企业的答案是做得不够。而很多大公司就做得好些。我之前提到创新的一大障碍就是判断一个创新方向是否正确，这张图表就表明很多中小企业不知道运用现有的工具，监测创新流程以及预测创新是否会成功。

刚才我谈了中小企业的管理，接下来的第三部分我要谈谈隐形冠军。我刚才已经讲过，隐形冠军指那些不为人知，却是市场领导者的中小企业。如果把一般的公司和市场上主导公司进行比较，可以看到这两者之间是有差异的。很多顶尖创新者都认为优化创新管理可以使息税前盈利（EBIT）大幅提升。优化的创新管理意味着将创新的点子打入市场没有问题，管理流程也没有问题，这是可以实现的目标。表中，蓝色的地方表示市场上顶尖的5%公司的平均，黄色的地方代表市场上所有公司的平均，我们以蓝色公司为基准。在减少产品入市时间上，65%的隐形冠军公司认为此举可以大大提升息税前盈利，还可以推动创新，增加营业额。表的底部还比较了减少生产成本，减少开发成本等方面，一般的公司和主导市场的公司有很大差距。隐形冠军才是我们的基准，才是市场的主导者。隐形冠军可以将息税前盈利增加11.4%，而一般公司只有3.6%。可见，真正市场的主导者确实更善于创新，也更善于管理。大家肯定知道，在技术推动和市场拉动之间有区别。那么这两种动力，哪种对于创新更重要呢？结果相信大家也猜得到，两者都重要。我们看一下隐形冠军，也就是蓝色的部分，65%的公司既使用了技术推动，也使用了市场拉动。他们很关注新技术，但也重视市场的作用，注意消费者或者客户有什么问题，做出预测，开发产品满足接下来5年客户和消费者的需求。所以，我们不仅需要技术推动，也需要市场拉动，二者要结合起来。

在融资方面，自我融资是重要的融资渠道，而且未来也是如此，因为它们不可能从银行等机构得到充足的融资，所以它们只能自力更生，使得自我融资显得非常重要。自我融资通常意味着它们必须有高利润，有了利润才能投资创新。传统的银行的贷款下降，跟目前的危机有关。银行的经理们在放贷给中小企业之前会犹豫，因为对于他们来说贷款给中小企业风险更高，所以他们更愿意把钱贷给大企业。本来私有股权融资也是很好的办法，但是对于中小企业来说越来越多的融资在资本市场发生，即从股东那里拿钱。我们再看一下中国隐形冠军，中国是未来最有吸引力的市场。所以73%的德国隐形冠军把中国看成最重要的市场，接下来还有美国、俄罗斯、印度。隐形冠军实实在在地以市场为导向，做市场调研，寻找有吸引力的市场，不但注重市场容量，还注重市场需求的质量。这里有几个中国隐形冠军的例子。我的同事做了研究，当然研究的只是几个例子而已。比如中国国际海运集装箱公司是全球市场的领导者，格兰仕也是微波炉世界市场的领导者，双铃钟在世界处于领先地位，还有珠江钢琴也是世界市场的主导者。隐形冠军分布在各行各业。我肯定，德国人几乎不知道这些公司的名字，但我们用它们的产品。所以它们是冠军，不过是隐形的而已。

我的结论是什么呢？有三点。第一，中小企业对一个国家的经济来说非常重要，它们雇佣了劳动力市场上大部分的劳动力，而且为GDP作出了很大比例的贡献。它们也是创新重要的驱动者，中小企业的创新率总是比大企业高。第二，在目前危机情况下，中小企业要筹集基金很困难，特别是创新型项目和研发项目，因为这些项目的回报期比较长，所以比较难融资。第三，也正因为融资难，中小企业更有必要有效运用不太雄厚的资源，尤其是在自我融资方面，并且进行更好的创新管理，推动创新。谢谢大家！

杨青：谢谢Hans Christian Pfohl教授给我们作了很好的演讲，对于中小企业做技术创新，优秀企业给了我们非常好的方向，就是隐形冠军，在我们国家也已经有了。下面有请北京大学创新研究院的院长卢志扬先生。

卢志扬（北京大学创新研究院院长）：各位来宾大家好。非常高兴有机会参加浦江创新论坛，这是我第二次参加浦江创新论坛，这个论坛现在已经成为中国自主创新的亮点，我相信在两天的讨论之后大家也会有这样的体会。今天我们谈创新，是我们这一代中国人的福气，我希望大家记住这个题目，我会在结尾对此有个呼应。首先我感谢主办单位的邀请，我三天前到北京科技部参加创新方法论坛的主题演讲，讲完后赶到浦江创新论坛做演讲。对我来说最重要的是跟各位交流和学习，我看到很多非常熟悉的面孔，有我的同事、长辈、朋友和各行各业的企业界的朋友。我在国外已经生活了30年，也在国外大学教书30年，创新一直是我在国际学术界和工业界的最爱。我经常做创新的演讲，上个月在欧盟做主题演讲，我讲到了创新的理论基础。在国外做演讲的时候，我认为是学术性的讨论，我以一个学者身份讨论这个问题。但是今天回到中国的土地讲创新，我的感触不一样，身为一个中国人，回到中国的土地谈创新我感触很深。30年前没有人想到会聚在一起谈创新，今天我们谈的是怎么样创新，让我们下一代得到全世界的尊重，我是从事创新研究和教学的人，在自己的国家谈创新是一种责任，我以这种责任心跟大家分享一下我对创新的看法。

有一个定律是，创新就是改变，唯一不变的道理就是永远在变。20世纪末有很多创新的国家，像北欧的许多创新国家。进入21世纪后，大家研究创新的经验，发现前车之鉴并不足以为鉴，因为大环境在变，真的有创新的思维，创新的方法和战略也不一样。我们把时间再缩短一点，我记得2008年5月18日做浦江创新论坛主题演讲的时候，中国发生了汶川大地震，那个时候谈创新，我们心中想到的是机会和挑战。现在比较，2009年世界发生了金融“大地震”，对我们来说有很多方面的解释，其中很重要的一点，不能抓住一个题目不放，创新机会随时可能发生，一定要有正确的认识，才能在“大地震”下找到机会。找到了机会是创新的第一步，所以我今天很有感触，上一年大家都在默哀，悼念我们的同胞，今天在危机之下我们有什么样的机会？今天我说三方面内容。

第一方面，我以外行人角度谈金融危机，我做这样的题目是很危险的，因为有名的经济学家都在下面。我认为如果看出世界金融危机的原因以后，中国现在创新不是解决以前的危机，而是真正找到一个转机，在这样一个大好机会的面前，中小企业是创新的先锋。如果中小企业把创新本质搞清楚，不但可以避免危机，还能孕育国家的转机，同时找到创新最好的契机。20世纪的创新和21世纪的创新有本质上的不同，第一个，大国创新和小国创新不一样，一个蚂蚁涨20%和大象涨20%不一样，世界上没有大国创新成功的例子。在21世纪对于创新的普及，创新的规则和创新的保护有极大的影响。

第二方面，在21世纪不管讲创新，还是讲守旧，不变的事实是21世纪是全球化的局势，任何一个创新无论在哪一个国家发生，它的影响都是全球化的，中国说自主创新一定要发展出自己不同的游戏规则。今天我演讲的前面一部分给各位解释我认为游戏规则该怎么定。基础科学的研究是非常重要的，我是学基础科学的人，我们千万不能把自主创新变成申请科研项目的口号。我一直说供应和需求两者的关系，但是经济学中只有懂得供应和需求的关系才能知道契机在哪里。

第三方面，市场不是物理化问题，如果我们说市场重要，那最重要的是对市场的社会人文了解，这样才能了解社会市场在哪里。这不是物理化的问题，是社会问题。创新主导力是市场需求。创新最重要的是人才，如果没有创新的人才一切都是空谈，但是创新人才不仅难培养，也难以留住。如果有创新的大好蓝图就要希望你的创新人才到处流动，因为越流动越对你的创新有帮助。

最后，是最近一年整个世界天翻地覆，已经有新的版图出现，中国自主创新战略必须要在新版图之下找到新的更大契机。我是学产品开发的，在座的有非常多的经济学家，不妥的地方请大家指正。我们学工程的开始学牛顿定律，传统经济学知道需求与供给，就知道交叉数量的价格。把这个图稍微反画一下，所以需求和供给之间的差距就是价格，市场很重要的功能就是决定价格，传统的最典型的计划经济希望把价格和市场变成一条线，但这失掉了市场价格调节的机制，这就非常困难。假如能够独占市场这很好，比如有石油就一定要减产，要鼓励大家开车，因为价格升高了，利润就高，所以独占市场曲线是这样的。在技术市场，这个曲线正好是反过来的，技术市场一定有竞争，在竞争的条件下，发现技术供给速度增长比市场的需求还要大，斜度就会变。任何一个技术产品进入市场必然发生的事情就是降价。

有一件事情很困扰我，这个图如果继续发展下去会怎么样？这两条线会相交，假如继续竞争，为了生存一路竞争下去，发现这两条路相交将产生什么问题？按照经济学说赔钱赔本，这是不存在的，怎么会有赔钱的生意呢？但是按照前面的图一定会相交，在高度竞争环境下，后面产生非常奇怪的区域，供给是大于需求的，按照传统的说法就要关门，但是为什么没有发生呢？我认为今天发生的危机有很多原因。昨天孙校长说了很多经济危机的原因。我个人认为，我们的经济模式已经从供给小于需求转变到了供给大于需求，在某些市场上，传统经济学是没有办法解释的。这个东西是了解今天中国为什么自主创新困难的一个基本背景资料，我们必须要了解。在技术市场上，在高速竞争下会产生一个现象，就是最后的后期产品会变成供给大于需求。这条绿线是我们的需求线，西方的技术供应在这条线，中国的技术跟在后面，当全球化的时候，西方的技术会把它转移到中国来做代工，代工是它们唯一在市场上生存的原因，所以需求过剩没有办法解释。但是中国是真正的代工，所有的工厂和工人，一天到晚却都是在需求过剩的市场忙碌。原因是外国订单一直进来，工厂做订单但并不了解需求，我们有订单做就行。这产生了一个问题，国家对科技虽然一直不断投入，但是我们的价值却一直在降低，所以导致我们国家在科技上的投资不断增加，但是工业生产实力却不断降低。因此我们得到三点教训：第一是在国际市场上许多商品的需求已经是过剩的竞价，我们从来没有接触过国际市场，我们只是接订单。第二是供应不足才是创新之母。中国的工业实力都是在供应过剩的地方。第三是如果替别人代工，尤其替别人主导市场的代工，一定是两面夹击直到被夹死。

我们谈创新绝对不是口号，而是我们的责任，中国现在有全世界最大的工厂和全世界最大的市场。一个国家如果有最大的工厂和市场却不能成为世界强国，原因在哪里？改革开放30年后，中国人的消费行为已经完全市场化，在上海、北京只要有钱什么都能买到。有一点，我们的工程思维包括工厂计划还是停留在老的计划之下，还不是研究需求，还是在接计划，所以造成中国大部分市场被国外高价产品所充斥，而中国大部分工厂被国外廉价产品所占据，这种发展是不能有序的。在改革开放之前到内地看，农民在插秧，改革开放后看还在插秧，以前的中国农民在室外插秧，现在中国公民在室内插秧，是不是因为我们不会创新？不是，而是代工的模式让我们被市场隔离了，这还造成环境的破坏，造成恶性竞争。胡锦涛总书记提出了自主创新，提出以后，全国开始创新，大部分人认为这是科学技术发展的创新，但是我认为真正有创新思维的人要从危机能够到转机再到将来的契机，走下一步的时候要知道下一两步会怎么样，要整合中国具有中国特色的需求，用开放式的方法主导创新市场，做全球的专家，与国外竞争，全球坐庄，从危机到最后的契机。关起门来搞创新不可能，重点在于我们必须要用人文科学本质引导、用社会科学引导、用全球技术来引导，彻底了解自己市场的内需。刺激市场之前必须要了解内需，我们要主动创新战略。

我讲的重点是中国的自主创新，一定把关键从“自”转到“主”，当你做“自”的时候，你的创新观点是供应方，做技术是科技竞争；当你做主创性的时候，以市场需求为主导，是一种坐庄心理。中国怎么坐庄？我们不能永远做市场过剩的地方，应找到真正的内需，不是在竞争供应线，而是从市场线跳过来，用国外的外需真正满足中国的内需。国际上的许多需求已经是过剩了，我们可以把卖给国外的冰箱，同样卖到国内的乡下去。我们一定要了解中国的内需市场还存在很多供应缺乏的需求，而这种需求只有中国人自己能够看得准，能够找得到，有地域性、有文化性，只有分布在全国各地的中小企业有机会接触到。对中国的内需市场的了解，中小企业是我们的先锋部队，如果为自己坐庄，重点是在需求方，而不是在供应方，谁能够真正从社会文化的角度了解顾客消费的形态，并且掌握战略内需市场的观点，谁就能坐庄主导创新。

因此，中小企业适逢中国自主创新的大好机会，创新已经不是少数企业的权利，不是只有波音能够创新，现在是多数人的机会。农民可以创新，中小企业也可以创新。中小企业的特质是精、灵、巧，可以成为中国自主创新的蚂蚁雄兵。首先，中小企业了解内部市场的真正需求。第二，它们敢于冒险。蚂蚁雄兵有一个好处，就是打死以后又出来一批，它们不怕死。第三，它们具有高度的灵活性。创新的机会随时在变，它们可以看出需求。现实中，中小企业是有困难的，各种困难都有，国家就有责任，必须要创造环境，让蚂蚁雄兵发挥作用。总体来说有几个责任：第一，国家一定要注重创新人才的培养，没有创新人才进入中小企业，中小企业是不可能创新的，会继续等着别人的订单。第二，一定要制订中小企业的奖励保护政策。第三，要提供中小企业的技术信息、资讯信息，因为中小企业的强处不在技术，而在于对需求的理解，要协助中小企业，主动进攻国际市场。下面一个市场不是在美国，而是在第三世界，如果蚂蚁雄兵能够练好功力，中国会变成最强的国家，我们一定要创造环境，让中小企业成为分子，而不是分母。如果人口是分母，我们任何数据都会输，但如果把中小企业放在分子，中国绝对是创新最强的国家。

我做一个结论，谈创新是这一代中国人的福气，结论是创新要去做，这是我们对下一代的责任，为了中国下一代的有序发展，现在没有必要讨论是否需要创新，而要把创新从危机到转机，同时要发觉真正的契机，真正能够替中国创新。创造辉煌成果不是大企业，而是中小企业。第二是在21世纪国际经济的新环境下，中国的自主创新战略一定要基于主动出击的新游戏规则。中国人到了坐庄的时候，中国那么大的内需市场，为什么不能用国外的技术解决国民的生活？我们要坐庄。第三个，中小企业是中国自主创新的先行部队，蚂蚁雄兵。高校是做自主创新先行部队的黄埔军校。最后一点，教育创新是中国所有自主创新战略的首要之务，创新是所有中国人的责任而不是只是少数人的口号，让我们用创新的思维来共享中国自主创新的盛举。

杨青：下面是互动和对话。

提问者：我是同济大学2009年的新生，我问一下徐少春先生，因为他把管理的哲学、把中西方文化结合在一起，比较突出地讲了中国式管理，他应该还是从西方管理文化当中吸收了很多精髓，想问一下，在总量上，具体中国文化能占到多少？西方的文化又能占到多少？另外中国文化主要是在管理哪个领域有作用？西方的文化在哪个领域起到主导的作用？

徐少春：在市场环境下，中国企业和国外企业最大的差距就是企业当中的制度、流程，这些硬的东西中国企业是非常缺乏的，我们说中国管理模式不是大谈中国的哲学，我们首先应该弥补我们跟西方企业的差距，在制度和流程上的差距。一个企业几千人、上万人如果不靠管理，不靠制度和流程，很难把企业的效率、规模经济发挥出来，我们首先强调的是制度和流程。第二个如果说在制度、流程背后更好地挖掘中国传统好的哲学思想，以便更好地执行这个制度，这是我们追求的目标，西方人对制度的理解和中国人对制度的理解是不同的，在中国企业里面我们要更好地运用中国传统中好的哲学用以推动管理制度的执行。这种案例在我们公司屡见不鲜，一个好的制度在执行过程中，不能很生硬地谈，比如做不到简单罚不行。首先把制度和流程建设好，其次挖掘背后好的中国的哲学。

提问者：我来自美国，我们公司是在二十几年前根据美国的SBR项目诞生的。中小企业是自然产生的，只是环境不同、选择的不同，好的可以做大。三位怎么看待中小企业创新现实性和前瞻性，以及如何优化需求的关系和资源配置问题？中小企业90%的问题是相似的，只是对少数盈利点差异性不同，你们有没有一站式为它们提供解决方案？

徐少春：我们公司为中小企业提供的服务就是一站式服务，特别是友商网建立以后，在2009年底设立了以后，2008年一年我们用户注册到30万，我们提供在线服务，也可以提供企业和它的下游之间的B2B之间供应链服务，同时我们还提供社区，再加上金蝶本身的ERP系统，事实上已经给中小企业提供了一站式服务。

Hans Christian Pfohl：之前我在演讲中已经解释过中小企业也不都是一样的，所谓的隐形冠军是一种平均的现象，而且中小企业在成长的过程中总是会有这样的危机，在这个危机过后要么变成更好的公司，要么失去了中小企业的活力。所以中小企业不一定有大型企业的优势，对于那些隐形冠军来说有很多都是机械工程行业的，但是发展到后来出现了危机。每个公司都会经历危机，而在危机的时候又没有足够的融资帮助企业成长，所以这种中小企业以后因为成长的管理不善就消失了。

提问者：各位好，我是来自同济大学的，请教一下卢老师，您刚才说市场需求，中小企业创新可能是今后创新的主要趋势或者发展方向，但是我们也注意到，中小企业基于市场需求创新，往往更多地体现为商业模式上的创新，而不是技术或者知识产权等。比如吴老师提到浙江，把实体毛绒玩具与网络虚拟组合在一起，毛绒玩具本身可能申请保护，但是把毛绒玩具与网络实体结合在一起，我们认为是重新的排列组合，是一种商业模式，对这种模式可能有人模仿，但模仿以后，蚂蚁雄兵的预期收益很难实现，同时制约了其他创新者，如何保护这种商业模式的创新？

卢志扬：你的问题非常重要，要用不同思维看待这个问题，这个问题存在很久，我们可以模仿别人，为什么别人不可以模仿我们呢？我认为模仿很好，在过程中是不是有学习的东西让你有机会创新？在相互模仿中比的是速度，中小企业一定要加强管理效率，如果有速度，不怕别人模仿，这个世界是在变的。现在大家讲开放，如果一成不变，那么无法解决问题。所以模仿绝对会发生，但是要用新的战略思想看待模仿，说不定从模仿中学到了真正往前走的方法。一定要在做成了一个创新以后，第二天早上起来又开始下一个创新，不怕别人模仿。大部分创新都是商业模式创新，因为技术的创新是比较昂贵的。模式的创新虽然比较便宜，但是它能够产生的产值非常可观。重点说一下灵活性和速度，如果有这两项，也就更开阔了思想。不要用20世纪传统保护方法，认为是创新的必要条件，如果一定要保护，也要对保护进行创新。否则，我认为就没有创新的机会，我们说资讯发达的社会人人都在“抄袭”。这是一个现象，我们必须要接受和面对。

提问者：我的问题是问卢老师的，在谈到创新的时候，创新的主体是企业，特别是越来越多的民营企业，企业家是关键，是创新的主要人物。我们国家在推动创新的时候，企业当中推动企业家思维和观念的创新，社会也好，国家也好，在这方面都做了什么方面的努力?

卢志扬：我的答案是做的努力太多了，因为我们这方面太缺乏了。刚刚说创新的主体是企业，我认为创新的主体是个人，一个企业的口号怎么创新都可以，如果个人没有创新的思维那是白讲，重要的是每一个企业的人都必须要有创新的思维，如果能够这样，真正的企业创新才能达成。创新不是一个组织的东西，是从脑袋里面激荡出来的东西。至于我们要做的事情还是教育。我是从事教育的人，在国外从事了30年，在国外是做研究，回到中国做教育，在国内开课只教本科生，这些学生是将来创新的火苗，如果这把火熄了就太可惜了，所以我在北大开的课叫创新思维方法，人人都可以创新，农民也可以创新，所以人是最重要的。

徐少春：在企业里面很重要的创新还是靠创新的文化，比如在我们公司，阻碍创新的往往是高层。创始人只要有使命感和目标，就会不停推动公司往前走，但是能不能把高层团队转变成支持创新的力量，让每个人进行创新，这是非常关键的，这需要管理，需要营造创新的环境和氛围。对政府而言，就是为企业提供服务，公平放手让它们做，我在深圳一直是这样走下来。很多年前南山区委书记讲，他说喜欢我们企业的员工薪水很高，许许多多中小企业都落户在南山区。而有的地方不一样，单纯追求GDP，所以出现了问题。有的地方把你引进来就不管了，政府要鼓励创新，不需要太多的管理或者不需要管理，只要提供公平的、好的环境，创新自然会出来，这也是深圳会涌现出那么多科技型、创新型企业的原因。

Hans Christian Pfohl：我也补充几句，因为你刚才讲到了模仿的问题，这其实就说明创新文化是最基本的，比如说一个新企业商业模式的创新，其中最难模仿的就是企业的文化。我的同事们刚才都提到了一些商业模式，这些商业模式之所以成功，就是依靠企业的文化，而企业文化是很难模仿的。

杨青：感谢三位嘉宾做了精彩和积极的对话，也感谢全场代表的参与。我们浦江创新论坛今天上午的分论坛——经济波动中的中小企业创新，非常圆满和顺利地结束了，感谢所有参加论坛的嘉宾、专家、领导以及积极参与这个论坛的所有代表。我宣布今天上午所有的论坛结束。谢谢大家！

05 专题论坛2

专题论坛2：研发全球化的态势及其影响

主持人刘小龙［上海张江（集团）有限公司常务副总经理］：女士们，先生们，大家上午好！首先欢迎大家参加2009年浦江创新论坛的专题论坛，我们今天的论坛主题是研发全球化的态势及其影响。今天论坛的三位主要发言人是陶氏化学亚太区首席技术研发官高恬莎女士，桑迪亚医药技术上海有限公司董事长王晓川女士，清华科技园发展研究中心主任、启迪控股有限公司董事长梅萌先生。中国的改革开放和产业发展大致分为三个阶段：第一阶段，以市场换技术，大量的跨国公司的制造业向中国转移。第二阶段，全球的外包服务把中国作为中心，这个阶段的特点就是沿海地区大量的制造业开始向中西部地区转移，而服务外包成为主流。第三个阶段，也就是现在我们所处的阶段，全球的研发资源开始向中国转移，中国的沿海大城市开始纳入到全球研发网络之中。那么这样的一个发展态势将会对中国的自主创新产生什么样的影响，在这个过程中，中国现有的体制机制、政府管理、资本市场、人才培养以及各个区域的发展、文化的背景能否适应，是我们今天需要面对的挑战。今天的三位发言者将会从各自的角度，特别是从跨国公司的角度，从创业者的角度，从理论研讨、产学研的角度来探讨这些问题。

下面我们首先欢迎陶氏化学亚太区首席技术研发官高恬莎女士做主题演讲，大家鼓掌！

高恬莎（陶氏化学亚太区首席技术研发官）：

现在我们已经看到多样化的力量，研发也不例外，我们看到研发同样多样化。我选择这个话题是出于自己一个想法，在这样一个创新的背后是一种什么样的力量在进行驱动？我们来看一下一些多产的创新者，当我们讲到那些多产的创新者，有一些人就会跃入我们的脑海，有爱迪生、毕加索，还有爱因斯坦。讲到多产的创新者时，我们有一个什么样的印象呢？我们的印象就是他们总是在用尽可能多的时间利用尽可能多的机会去进行创新，这并不是在试运气，然后等待命运之神来敲响大门，我们看到他们在生活中的多个方面，这种方向可以互相联系在一起，然后成为一种新的技术。

我们看到他们因为有了这样一种思维方式，就能够看到别人所不能够看到的东西。他们过着和其他人一样的生活，每天也是上班、下班，他们看到的东西是一样的，但是他们的想法却是不一样的，能够想到别人不能够想到的东西。当我们看到研发的全球化态势的时候，在历史上看到的就是大型的跨国公司，它们有着非常大的优势，因为它们的金融资产非常丰富，它们在多个国家都有自己的业务，拥有多个广阔的市场，可以接触到世界上最大数量的专业人士。它们拥有人才，有了这些人才之后，它们就能够把来自全球不同的专长带到自己的公司当中。当然我们现在也看到世界在不断地变平，互联网已经改变了全球的发展态势，它把世界不同的地方联合在一起，我们可以看到全球最佳的那些想法、最亮的点子现在可以在同一个平台上进行沟通，而不存在公司和国家的边界。在市场方面我们还要拥有一个稳定的解决方法，特别是在环境方面，需要一种可持续的投资方案，我们需要投资和合作伙伴。我们需要和投资方进行合作，为我们的研发人员提供足够的资金，同时我们也需要政府和消费者，大家共同把这样的解决方案变成现实。

那么现在谁能够成为全球的赢家呢？要成为全球的赢家，需要尝试更多的想法，我们要创造这个非常好的发展主题，因此需要有开放的态度，希望能够海纳百川，把不同的意见纳入到自己的研发框架中去。我们也要尽力去探索各种合作的方式，我们需要不断学习，把每一个步骤都看作一个学习的机会，同时也要从市场上收集各种反馈，而不是闭门造车，以为自己的解决方案是世界上最好的。我们现在也要有一个新的概念，不仅仅要知道有什么，而且也要知道在哪些机会上做更大的投资，而哪些机会不能操之过急，这就是精髓所在。我们谈到创新概念的时候，不仅仅要关注它的数量，也要关注它的质量。比如在纯净水、海水淡化、替代能源、新兴食品，还有电子技术方面，这些市场无疑都是世界上增长最快的市场，我们也需要在这些方面做最多的投资。

那么讲到替代能源，这是非常重要的，我们希望能够把国外和国内的专家集合在一起，不仅在科技方面要做突破，而且需要有良好的投资方，有好的制作企业来帮助我们做各种设备，还有提供各种替代性的能源解决方案。我们总是要求每一个人来思考一下，在过去我们到底完成了什么样的工作，我们怎么去接受目前的挑战，怎么样把不同的方面连接在一起，当我们的市场、我们的世界在发生改变的时候，我们的公司如何适应市场的变化而变动。

在集思广益这个方面，我想的说是消费者是我们寻找新机会的重要来源。此外，还应该让供应商、企业家、全国性的实验室、大学、学生以及员工参与进来，听取他们的意见。近几年来，我们一直提到开放式创新，相信在座的各位都很熟悉。所谓开放式创新，就是我们不能也不应该只靠公司内部去创新，创新还应来自于公司之外，甚至是大学，让专家齐聚一起，共同合作，创造新的机会。同时还可以一起做研发项目、技术授权，成立合资企业等。这样，我们就可以开设新业务、新公司，并把新公司独立出去。陶氏甚至可以做到在内部成立小的新公司然后慢慢独立出去，这样有助于技术交换及获得新技术。

在利用我们的专长和资产方面，我们从核心业务出发，利用我们的新技术和新的能力，向新的领域进发。当业务进入新的领域时我们也要管理好自己的价值链。陶氏在化学品和先进材料方面世界领先，我们有非常好的打造价值链的能力，不仅仅是销售化合物或原材料，还可以提供完整的解决方案。在把现有产品带入新市场，或在新市场上研发产品，甚至是在新市场研发新产品的时候，很重要的一点就是要能够非常快速地生产出原型，产生不同的组合。举个例子，最近我们公司在大力研究太阳能技术在汽车上的运用，这种非常好的光伏技术有可能给汽车替代一部分能源，降低净损耗。另外，非常重要的一点是如何能够快速地把新的点子整合在一起，让我们的工作在质、量方面都能得到改进。比如催化作用方面的研究，或产品构成方面的研究，只要运用新的整合技术，就可以快速做出千万种组合，这在以前根本无法想象。在集思广益的过程中，我们会问自己一系列的问题来对各种点子进行筛选，如“我们应该这么做吗？”或者“我们能这么做吗？”关于是否应该这个问题，我们会细问，这个机会是真的吗？谁会在乎这一机会，为什么会在乎？这个机会有什么价值？能够在环保、知识产权及竞争力方面是可持续的吗？我们看到在技术应用方面，我们更要不遗余力。关于能不能做这个问题，我们会细问，可行吗？我们是否有相关的专业技术？

进入市场是难是易？是否有足够的资源和资金？是否有合作伙伴一起在规定的时间内获得预期的回报？

当然，能够有新想法，并能够把所有的想法、可能性做优先排序，筛选是很重要的，不过另外一个成功的关键是能够把这些想法整合在一起，并为大家提供良好的环境，增进彼此合作，共同交流彼此的想法。在这种情况下，合作的平台就至关重要。当然大家可以在现实中合作，也可以通过虚拟网络合作。在现实环境方面，我们要有开放、互助的工作环境，灵活的实验室环境，让大家能够尽快地整合他们的想法。我们还要创造宜人的环境，来增进与客户之间的紧密合作。在上海的陶氏中心，我们在设计客户发展中心的时候，就非常注重这一点。我们还要建立虚拟合作平台，让员工不仅可以面对面交流，还可以让整个地区、全世界的人就他们感兴趣的方面如科学、应用、市场、客户等共同交流，分享彼此的想法和技术。在公司里面，我们设立了“点子中心”，任何部门、任何职位的员工都可以在“点子中心”提出各种新点子。点子可以来自客户、员工、好朋友、路人、超市等，只要是新点子，我们都欢迎。搜集到新的点子之后，我们的工作人员就会筛选出对于公司最有价值的点子，然后通过电邮发给众人。大家可以在自己感兴趣的邮件上标记并回复。另外，我们还有合作网络，各团队之间通过这个网络互相合作，运用虚拟的工具互相分享数据和技术。设立合作平台，给创新提供良好的环境真的很重要，但总是被忽视，我们以后一定要多加重视。

另外，我想如果要培养创新文化，欢迎多样性，就需要有这样一种期望值，就是人人都可以创新。我们认为创新可以来自于任何人、任何地方。它可以来自于供应链，也可以来自于采购部或研发部，我们的公司应该充分探索和利用这些金点子，提高效率。但是，也必须要明白，每个人的角色都是不一样的。我想把创新比作F1，我们看到F1赛车中不同的人有不同的责任，驾驶员的角色就是快速灵活地开车，尽快把赛车开到终点，而维修人员也有自己的责任，就是要保证这辆赛车可以持续地把驾驶员带到终点。在研发和创新方面，我们总是最关注技能、经验、学历、学术背景、领导才能、沟通技巧，但是态度和倾向也非常重要。所谓态度，就是一个人是否愿意、渴望去集中注意力，直到获得成果，而且不怕冒险；所谓天分，就是一个人天生的处事的倾向性。我们产品的周期有构思、研发、成长和成熟四个环节，负责每个环节所需要的能力和态度也不同。在构思阶段做得比较成功的人一般能够连点成线，乐于处在一直不确切、充满可能性的状态，不喜欢上面下命令，明确告诉自己怎样做事情。而研发做得比较成功的人心中会有明确的目标和大致框架，可以跨领域合作，执著追求进度，但不喜欢不确定性。所以善于构思的人必须总是安全感很强的人，因为他们在整个过程当中总会被人否决，总要面临不太成功的局面，而做研发的人则看重进展。而成长这个环节也是我们盈利最多的环节，这一环节的员工必须喜欢交流，喜欢走访市场，并快速推出产品。产品成熟这一环节的专家则必须能够使内在的能力最大化、最优化。我们必须花时间，在合适的时机，把适合的人员安排在适合的环节，这是创新的重要元素。但很多时候在选拔员工时，我们总是只关注相关背景、经历，而不考虑此人是否热爱这一职位，是否能在这一职位大展拳脚，而恰恰这是我们成功的关键。另外，我们还要接受，员工各有特点，并不是人人都必须要胜任任何职位的。

另外一个问题就是，如何教会员工创新？创新能力可以通过学习获得吗？这个问题我点到即止，因为这方面有很多很棒的书籍可供参考。我们每个人都有创新的能力，关键就是要扪心自问：我们花时间去创新吗？我们有没有期望自己遇到问题会停下来，好奇地发问，去了解相关知识，进行多种尝试，并展示自己的实验或原型，去体验新感受？我这张幻灯片上面所列的"达·芬奇七原则"在一本叫《像达·芬奇一样思考》的书上都有详述，我在这里不细说，不过，我想问在座各位学术、企业界的领头人，大家有没有为员工创造良好的环境，让员工去实践这七个方面？有没有问自己这些问题？坦白讲，这些问题都是非常实际、可操作性很强的。如果真的能够如此自问，贯彻到底，可以开阔视野，迫使我们去考察不同的领域，最终获得重大突破。

以上就是我关于研发全球化的一些观点。那些最终胜出的人，总是愿意尝试更多新的想法，建立有利于创新的环境，付出更多的时间，提供相关工具、资金去实现这些想法，并且懂得轻重缓急，能够投入大量资金到最有潜力和价值的点子上。他们不只是关注成果，而且注重学习，鼓励、奖励继续学习，利用所学知识迈入新道路。他们能够跨领域合作，明白各部门、各行业、各地区以及不同的机构之间合作的重要性，能够充分发挥组员不同的特长，明白技能和经验很重要，但态度和倾向也同样重要。他们能够创立并利用内部及外部的网络，欢迎开放式创新，懂得连点成面的重要性，并为员工创造实体或虚拟的合作区域。他们能够挖掘新市场、新动向、新技术，创建论坛、辩论，向员工提出新问题，来鼓励员工吐露他们的想法。他们还能够利用各不相关的领域的技能和优势，并在此过程中建立新的商业模式。另外，他们还支持终身学习及发展。他们意识到创意不是来自于机器人或机床，因为这些都只不过来自于人类。他们还能够充分挖掘员工的潜能，欢迎多元化及百家争鸣。

这就是我演讲的部分。谢谢大家！

刘小龙：谢谢高恬莎女士！高恬莎女士站在跨国公司的角度，谈了她对研发全球化的观点，我们认为对于中国今天融入全球化具有重要的意义，关于一个公司如何与高校，如何与不同的政府部门进行合作的问题，关于在研发过程当中，团队的作用问题，关于在一个跨国公司体系内如何让每一个员工能够充分发挥内在动力的问题，以及她谈到的“达·芬奇的七原则”和作为公司如何在团队内部开展激励和评价的问题，所有这一切，正是今天许许多多的跨国公司在中国推进研发网络化所坚持的日常的原则，而这些原则对于中国的企业同样具有重要的启发作用。

下面我们欢迎桑迪亚医药技术（上海）有限公司董事长王晓川博士做主题演讲。大家欢迎！

王晓川[桑迪亚医药技术（上海）有限公司董事长]：刚刚陶氏化学的高恬莎女士给大家做了非常精彩的演讲，我确实深有体会。我今天主要跟大家分享一下我们在中国的研发团队。我们该怎样面对全球巨大的研发态势？我们怎么能够融到这个圈内，来参与整个研发全球化的发展？我昨天参加了上海国际新药研发技术（IDDST）的会议，在会上我听到各国代表的发言之后，我确实心里特别激动，我想我有责任和义务把这些信息带到这个会上，跟大家分享，这个会议还在进行，如果大家有兴趣可以去听一下。

我想我只是和大家来分享切磋一下，我们来看一看，这个形势的变化来之不易的。想想若干年前，所有的国家和公司在申请专利的时候，可能不会考虑到中国来申请专利，但是现在不一样了，我相信没有一个国家有创新发明不到中国来申请专利的，因为中国市场太大了，因为中国的发展，也包括亚太地区的这些国家的发展，改变了全球研发的态势。跨国界的科技发展、生物医药的发展改变了这个格局，而且全球市场的变化，特别是中国医药市场的变化根本上改变了这种需求和格局。可以预期的是，到2012年中国就会成为第五大医药市场，到2020年中国会取代日本成为第二大医药市场，当然这还是有变数的，但是这是一个历史发展的趋势。问题是中国扮演什么样的角色，这需要我们自己反思。同时我们可以看到不光是市场的需求，也可以看到中国的硬环境和软环境的变化对市场的影响，这是非常重要的因素。

我跟很多合作伙伴聊天时，他们说来上海挺高兴的，但是我不知道在座的有没有印度人，他们说去印度不是那么舒服，因为可以看到在街上人、车、牛都混在路上走，这边是五星级宾馆，另一边则是帐篷甚至有人躺在街上，反差特别大。但是至少在中国目前我不敢说每一个城市，主要的大中城市不会出现这样的现象，而且中国的各个公司的硬件、实验室条件、仪器设备绝对是跟国际水准接轨的，我们用的仪器设备跟我们在美国用的一样，我们的实验室条件甚至比美国的很多公司的实验室条件还好，我真的是感受到中国硬件条件的变化，有时候会想这会是中国吗。我到一些美国的大制药公司看到还有很多人的计算机在用背投式的显示屏，可是中国每个大公司绝大部分都是液晶屏幕了，当然这是一个小的事实，但是这是一种变化，特别是我们中国的公司在医药领域里，我们的仪器设备都很新，看上去绝对是耳目一新的感觉。

同时还有一点很重要，就是中国政治经济的稳定发展，这一点在全球的经济中展现了非凡的魅力，这也就是为什么这么多人愿意来中国发展寻求机会。我们公司2009年10月刚刚聘请了一位美国高管，我当时问他为什么来中国，他从来没有来过中国，我给的工资跟他美国的工资是没法相比的。他回答得很简单，中国充满了机会，他在美国每天会担心自己下一份工作会怎么样，他觉得中国是一个充满生机的国家，他觉得充满了机会。因此从这一点来讲高科技人员、管理人员的分布也为中国在全球的研发态势造就了一个坚实的基础。我想现在已经不是一个难题，要说服来自世界任何一个国家的人来中国上海张江为我们工作，这真的不是一个难题。我觉得这是一个很有吸引力、很让人愉快地工作和生活的地方，我想大家都有同感，所以我想新药全球化态势是势在必行。

下面我跟大家分享一下新药行业。我是搞制药的，我们来看看新药行业为什么要转，不光因为中国的市场，不光因为中国的硬件软件，还有一个问题是它们在国外、在全球面临一个很大的问题，根据2008年的全球数据，全球新药研发费用约730亿美元，这些资金是怎么划分的？我们知道新药研发一般都是从几千个化合物开始，如果你幸运的话你可能到最后有几个，然后取得认可资格得到批准进入市场，当然一旦进入市场，就会得到回报。但是要想到这是几千个化合物出来的，在早期新药发现的阶段花费的资金占总费用的27%左右，到了后期要进行临床一、二、三期的研究，这项花费是非常大的，占总费用的48%以上。下面我想呼吁我们的政府要有所准备，这个市场是巨大的，而且对我们的健康，以及接下来的发展也是至关重要的。那么最后投入的钱用在三期临床以后，政府审批下来，甚至进行生产等，这大概占20%~25%，又是占了1/4的样子，这个钱就是这样花的，那么问题在什么地方呢？在于我们看到成本逐年增长，1997年时当时的预算是200亿，但是实际到去年（2008）已经超过了700亿，刚刚我讲的是成功率是几千分之一，时间是10~15年，这确实是一个非常严峻的问题。如果再这样下去的话，我想全球的制药行业特别是巨头们将面临巨大的挑战。因此面对这种挑战，我们反思的是这种传统的制药方式行吗？有没有问题，有没有什么方式可以改进以降低成本，提高成功率，同时创新技术，这些都是值得我们反思的问题。如果我们还照搬美国、欧洲这些制药公司的模式，我们一样会重蹈覆辙，同时很多药都快到期了。我们看到市场的变化，前一段时间我们讨论世博的时候，其中提到了未来的生活更美好，我觉得健康是最重要的，只有健康生活才会更美好，否则你即使家里有飞机也没有什么用。因此现在人们关注的不是有了病去治，而是怎样能够提前检测疾病进行治疗。我公司一个雇员的夫人本来要是2008年确诊，存活率是80%以上，但直到2009年才确诊为鼻咽癌，由于检测误诊，到2009年10月1日确诊是鼻咽癌，医生很悲观地告诉他只有40%的治愈率了。所以我们可以看到，科技对于我们健康的重要性。我想这方面的研究要求会越来越大，因为人们的寿命越来越长。上海的老年人比例已经非常高了，怎么能够帮助他们生活得更好？而且像这样大把地花钱，成功率这么低，成本的问题怎么解决？在节约成本的同时，新药还要不断地出现，再怎样节省开支，这些药的需求是存在的，因为世界的人口还在增加，人的寿命也还在延长。所以如何高效地使用全球的资源，已经被提上了议程。我想全球的人都在探讨这样的问题。我想讲一个例子，礼来公司的CEO，StevenPaul说，世界上有25%的药能够从临床二期进到临床三期，如果幸运地摸索到临床三期还要砍掉50%，如果我们按照这种商业模式运作下去的话，是不可行的。所以每一家都要考虑你的策略，必须要考虑你的战略战术，不光是礼来公司，包括强生等这些大公司都在反思他们下一步该怎么做。那么这个解决的途径是什么？第一，大公司在整合改组，他们都在拼命收购一些小的公司，同时制药公司之间的合作也日益加强、互通有无，而现在有些生物制药公司就采取了虚拟商务运作模式，所谓虚拟模式就是说，一个美国公司在美国有100平方米的场地在中国找一个CFO来运作。它的好处是所有的资金都集中到这边，不需要去建造实验室，不需要去招聘团队，这也是一种办法。另外我想强调的就是怎样来调整研发战术，充分利用全球的研发团体，包括学校、科研单位，形成一个全球合作的态势，中国对研发全球态势的影响绝对是举足轻重的。像我们现在跟全球的公司同步信息、同时开会，各方面的交流都不是问题。

席卷全球的金融危机这个态势确实给我们中国的企业带来了机遇和挑战，这种机遇是可遇不可求的。我昨天参加的会议，与会者包括中国、印度和俄罗斯在内的各国大公司。我就讲今天的会上有一个目标，呼吁我们的领导和政府部门能够关注这个产业的发展和机遇，没有政府部门的关注和决策我们可能会很困难。我现在讲在医药行业我们的优势在哪儿，我们有丰富的、高质量的医药化学人员、生物化人员，你可以看看在美国留学生在各个公司的比例，中国肯定是第一，走进任何一个公司至少有15%~20%是中国人；第二是中国的交通和通信发展，中国的高速公路网络和互联网确实是非常大的，而且中国的病人资源、动物资源都超过了印度和俄罗斯，而中国的硬软件的优势，没什么说的，而且中国政治稳定。这些都是我们的优势。

下面讲一讲我们的劣势，语言不是最重要的问题，能明白对方的需求才是最关键的。现在我们的留学生回来了，语言不再是问题，交流已经不再是问题了。最头痛的是中国政府的政策，现在政府花了大把的钱。据说2008年国家把60个亿投进来，我不知道有多少能产生效益，有多少新药能由此而诞生。要研制新药，主力军应该是制药公司，不可能是学校及研究所。这个结论是从全球的新药研发历程和历史得来的。另外我想说的是，我们的审批政策也太慢，全世界就数中国最慢，印度只要几周，美国只要一个月，而中国就差不多要等一年，这一点就可以把很多想来中国发展的公司吓退，因为他们等不起这么长时间。在2008年的经济危机当中，我碰到好几家公司，他们说生存都有困难，怎么能够等到那个时候呢。下面简单把印度和俄罗斯的优势和中国进行比较，印度的CRO历史比我们长差不多10年，1994年第一家诞生，他们的政府的支持力度是非常大的，因为CRO是印度一个非常重要的行业，很多人都在做CRO，而且是方方面面的，包括美国的报税，外包服务的深度广度大，还有税收的优势，我觉得其中最主要的优势之一是FDA申报以及政府的支持力度和批审的过程，当然它的劣势就是医药科研人员比我们差远了。

俄罗斯的发展优势，我是昨天第一次领会到。俄罗斯政府已经作出了决策，在2020年要把俄罗斯目前的新药产出率提高50%，而且新药申报的速度非常快，一个俄罗斯CRO公司在会上告诉我们，在俄罗斯现在是可以免长毒，直接进入临床一期，你可以看到政府的决心，而且他们公布的数字是从临床一期进入到临床二期一共仅需13周，这就是他们的速度，而且政府现在出资很多，用几十亿美元的资金在全球募集项目，号称“如果这个项目你在你们的国家不能做，就可以拿到我们国家来”，所以俄罗斯的态势是一幅大干的态势。目前他们在进行全球临床以及在俄罗斯进行特殊临床三期都是数以百计的数字，这是俄罗斯的态势。我们三方各有优势，接下来就是看哪一个国家为了一个新药的发展能够作最好的支撑，这个国家就最有机会。我真的希望我们的同行们，包括国内外的公司，为了帮助新药事业全球化的发展，为了我们在中国市场的开发，我们的FDA不能再等了，因为等不起。

面临这百年难得一遇的历史机遇，中国人必须抓住，机会是不等人的。

下面我们欢迎清华科技园发展研究中心主任梅萌先生发表演讲。

梅萌（清华科技园发展研究中心主任、启迪控股公司董事长）：大家早上好！刚才我们的两位女强人从跨国公司和医药公司的产业角度，讲了认识论的很多东西，下面我讲一点方法论。我们在搭建国家创新体系，国家创新体系分成5个体系，其中一个体系就是技术创新体系。那么在这个过程中企业应该成为创新的主体，但绝大部分的企业在技术创新方面差距非常大。怎样能够让企业成为技术创新主体呢？下面我从几个角度来说，企业的技术创新大概有三种模式：第一种就是研发模式，陶氏化学和王博士领导的制药公司主体上就是采取研发的模式，我们看到世界上做得非常好的大公司在投入上都是非常大的，英特尔提的口号就是英特尔作为一个芯片厂商，它不完全是芯片厂商，它是一个技术的创新者和领导者，也是产业推动的创新者和领导者。这个口号是非常大的，我们看到以研发为模式的这种企业的投入是非常大的，英特尔每年要投入六七十亿美元的资金。我们也知道中国建设创新型国家，最重要的指标就是研发投入和GDP的比例，中国研发投入是4 000多亿元人民币，像微软这样的六七亿美元投入的一个公司相当于中国的1/6了。

另一种方式是收购，我们知道Cisco是一个疯狂的收购机器，Cisco自己做的研发不多，它靠大量收购子公司来进行。这两种模式都有非常成功的案例。但是目前对中国的绝大多数中小企业来说，对成长进步的这些企业来说，这两种模式都有难度。首先第一个难度就是需要大资金，投入要有大量资金，收购要有大量资金，在这种情况下又没有那么多钱，又要面临市场的竞争，怎么办？我主要是想说一下企业创新的政产学研的技术创新互动模式。这是第三种模式，也是作为一种中国特色的模式，也是能让企业尽快成为技术创新主体的一种模式，这是在我们国家中长期规划里的一句话，建立以企业为中心，市场为导向，产学研相结合的技术创新体系。实际上在这个规划里我们也可以看到，企业作为技术创新主体，第一是它的主体性，第二是市场，第三就是方法。我认为产学研是一个抽象的词，它实际上是表明我们企业的技术创新要和其他的创新要素相结合，光产学研这三个字是不够的，现在各种归纳都有，说四个、五个、八个都有，从我的角度是六个——政、产、学、研、金、介。企业和这六个要素连线，线连得越直，线连得越通，企业就能越快地成为技术创新主体。举例来讲，首当其冲是产学结合，产学结合是企业成为技术创新主体的一个非常好的捷径。我们看企业和大学的合作模式。第一种是教授和博士到企业去干活，去参与活动。第二就是委托课题，这两类在国外也是做得比较多的。第三种模式是企业和大学合办工程研究中心，我把这种称之为最高的境界，也是最有效的境界。我演讲之前和刘小龙总经理探讨过合作，企业和大学的合作上面双方都应该得益，两者谁不获益都不可能继续合作下去。企业和大学有很强的互补性，企业追求产品市场、降低成本、提高利润，把它的产品推向全球；大学追求学术、追求学科、追求领域的制高点，做好后企业和大学可以互动、可以双赢。如清华大学数字电视研究中心，这是清华大学和一个叫凌汛的公司合作，这是一个创业公司，应该说是和一个小公司的合作，推出了中国的数字地面电视的传输标准，这个数字电视一共有三个标准：一个是天上的，一个是卫星的，一个是光缆的，现在这种合作应该说是非常有效，坦率地说这个核心技术在企业，因为这些技术发展更早在欧美，然后通过一些海归回来创新，并把这种最核心的技术带回来。但是在中国一个中小企业要做核心技术是非常难的，如果你的创新是非核心技术，你的竞争对手可能是你的隔壁对门。但是你如果做的是核心技术，你的竞争对手一定是世界上最强的，所以一个小企业和世界上最强的公司去竞争是难上加难，再加上中国现在骗子也比较多，你说你是拿了最好的技术可能不大容易令人相信，所以这个时候你的推广会非常难。在这个时候最好的就是“傍大款”，谁是大款？清华大学在这个领域应该算是大款，对清华大学的这种认可能够转变为国家、老百姓和业内对这个事情的认可，所以一个企业傍上大款以后能够很快地提高技术的市场和技术认同度。对大学也有好处，它可能还没有核心技术，所以一个比较好的办法就是通过跨越式把企业最好的东西拿过来，然后通过大学的综合学科优势，迅速地帮助企业发展，这种结合具有非常好的互补性和互动性，最后在利益分配的时候，也比较容易达成一致。如果产生知识产权是大学在先，大学更看重的是产权，产生经济利益是企业在先，这种合作是很理想的合作。

再举一个简单的例子，比如说搜狐，搜狐是中国最大的门户网站之一。这个企业发展也很快，这是互联网碰到的新问题，应该是当今互联网最顶尖前沿的问题，以今天搜狐的能力，自己通过研发把这些问题解决完全是有能力的，搜狐跟清华大学的合作也是很完美的。

另外产产结合也是非常重要的，大公司和小公司进行交融，建立上下游合作伙伴关系，然后通过合作、捆绑促进企业技术创新，这是企业成为技术创新主体的一个非常重要的方式。政产不说，产金也不说了，我花一点时间说一下产介结合，企业的创新不仅需要政府、大学、资本、技术、金融的介入，还要有中介机构的介入。高新技术企业发展的瓶颈，是很多企业不具备成为技术创新主体的资格，有一些成为创新主体后又停滞不前，我们看到中关村经过十几年的发展到了一定层次就上不去了。这个时候就不是靠企业的力量，而是靠中介的力量来提升，这个中介就是投资银行。现在一说投资银行，大家就比较烦，投资银行不做它应该做的事，投资银行把世界搞乱了，用什么方法来修复呢？用收购的办法。我们看投行对推动发展应该说是非常好的，中国的投行发展还很不够。投资银行在中国发展比较晚，应该是晚于VC、PE的，国外出了毛病的投资银行全进了中国，但它并没有关注到中国的中小企业，它做一单生意得上亿美元地收钱，中小企业整个还没有人家那一单生意的钱多，所以需要有一些面向中国的中小企业的投资银行来关注中国中小企业的发展，所以这批投资银行在个别地方应该受到比VC、PE更好的待遇。然后通过投行的办法把一些小号的企业捆成中号的企业，小企业成长很快，但是小企业扎堆也不是好事，容易产生恶性竞争，产生破坏性的竞争，互相竞价，互相打压。仔细观察这个现象，是在细分市场里面没有老大，大家都一样，这个时候恶性竞争，如果有投行的手来推动一下，把一些比较好的小企业捆绑一下，变成一个中号的公司，这个中号就在原有细分市场里面变成老大。行业老大的作用是整顿市场秩序，由于有了行业老大的出现，这种行业恶性竞争会得到遏制，这是非常有效的。那么把这个模板再放大一下，就可以把若干中号的公司捆绑一下。所以投资银行不仅适用于大公司收购合并，也适用于小公司合并、中型公司的合并，因为合并以后减少了内部的重复增加成本的事情，这些有效的捆绑应该是非常好的。我们看到许多中小企业通过这种方法变成中企业，中企业变成大企业。

现在企业兼并收购有几个障碍：一个是文化障碍；还有一个是方法上的障碍；三是专业机构的障碍。如果一个区域、一些创新企业要想发展更快，应该突破文化的障碍、方法的障碍，然后区域再提供机构的支持。

所以说政产学研金介互补、互动、互惠、互利，最后是多赢，我们希望更多的企业尽快成为技术创新的主体，同时都受益，把政产学研金介结合起来，然后我们一起把创新型国家给建设起来。

刘小龙：谢谢梅萌先生，刚才梅萌先生提出一个非常重要的观点，特别介绍投资银行在企业联合、研发以及资产重组过程中的关键作用，这些观点非常值得我们认真地去研讨。下面我们欢迎三位演讲者上台和我们在座的各位专家学者、产业界的人士进行互动。

下面我们进行互动，各种听众对刚才三位演讲者对全球化研发的态势和影响的演讲有什么观点请发表。

提问：我退休前在国家知识产权局下面的中国知识产权研究会工作，我是搞专利的，主要是专利产权。我接手了一件事，属于医药专利，在天然维生素E研究方面占据着制高点，5月国家知识产权局和世界知识产权局发表了公告，对这项专利的知识产权没有任何疑义。我希望几位老总能够分析研究这里边涉及的体制和机制障碍的问题，涉及中国的专利不流失的问题。

刘小龙：我们希望中国的发明能够产业化，这是非常重要的，对此王晓川博士您有什么样的看法？

王晓川：我不了解这个项目整体的情况，如果只是机制的问题或者管理的问题，产权没问题，我们可以一起切磋一下。我刚才听到的专利没有问题，只是管理体制做不大，我在会后很愿意跟您讨论。

提问：我有几个问题要问陶氏化学高恬莎女士。金融危机对很多公司都形成了很大的冲击，我想知道你们公司在金融危机中研发投入的情况是怎么样的，是增加了还是减少了？另外，你们公司在中国2009年和2010年的经费是怎么样的？目前你们中国公司的研发投入占全球研发投入的比例是多少？还有一个问题，我跟你们公司的高朋博士有很多的联系，她现在面临一个很大的问题，也反映了跨国公司在上海面临的一个问题，就是个人税收太高，高博士的先生也是在一家外国公司工作。高博士有3个小孩，每个小孩的教育费将近20万元，她希望把这个意见反馈到公司高层。不知道其他公司的有没有这样的问题？

高恬莎：第一个问题是受到金融危机的影响，显然金融危机对所有的公司都有很大的影响，不论是国内的公司还是国际的公司。但是，在金融危机中也有很多的挑战，尤其是我们陶氏化学公司，在研发和创新方面面临很多的挑战，在过去的几年中陶氏化工已经建立一个研发中心，并在2008年建立了陶氏化工的上海分公司。研发中心有1 000多名员工，它不仅是创新企业研究中心，而且在过去几个月里面取得了很大的成效。在我们所有的公司里面中国公司是排名第二的公司。另外，我们还不断招募新的中国员工，我们在中国有2 000名员工。研发中心有很多的科学家，它不仅侧重在中国有业绩的增长，也是一个全球的研发中心，必须有一些人能够在全球的层面上进行合作，而且希望他们有着这种领导的精神。尽管全球出现这样的危机，但希望我们这些员工都有这样的素质来应对。在第四季度，我们也有很大的进展，在金融危机的时候，我们总归要回到最基本的一些因素上面去，比如回到我们最基本的客户等。刚才你问到投资，我们的研发投资是16亿美元，我们另外还有600多个成长的项目，在材料部分，我们的投资也有很大的增长。在亚太我们研发投资的增长还是很大的。

刘小龙：关于所得税的问题，我再补充一下，中国的所得税税率是比美国高，但是发展中国家和发达国家还不太一样。当然美国也通过全球避税的方式做一些安排。为了解决这个问题，上海市政府和张江也做了一些努力，比如说对于张江研发的高管，要求年薪在20万元以上的员工可以提出，税收是不能退的，通过政策的奖励办法给予补贴。在张江现在个人所得税是16.8%，可以第一年交了以后，第二年通过各种方式的财政补贴返还。金融人才大概是28%，因为金融机构的人才一般不是靠股权的上市获得收入，基本上是靠奖金和工资，所以所得税负担很重，返还28%左右。很多高科技公司有股权，可以通过上市获得更大的收益，因此政府在工资和奖金返还上就低一点，但是总比没有好，政府也在努力解决这个问题。

提问：三位嘉宾好，我来自新华社。我有一个比较关联性的问题，比较长。首先想请王晓川博士回答一下，医药服务外包中的发包方与接包方双方之间是一个什么样的本质关系？我们中国的CRO行业刚刚起步，发展很多年以后，会不会像我们现在的制造业一样，我们是接包方，只能做最低端的工作，我们是不是低价打工的角色，还是说未来有平等合作或者超越的机会？第二个问题是问高恬莎女士的，因为您是发包方，像您的这样大型的公司在不断向外发包各种各样研发的产品，那么等您的合作伙伴接包方长大了，想做大做强以后，你们会采取什么样的合作关系，是阻止、压制还是扶持或兼并它，或者让它更好地发展？接下来的问题是提给刘总的，因为张江有很多行业，我们张江重点要扶持的是哪几个研发的外包？为什么要发展这几个行业的外包？

王晓川：非常高兴回答你提到这个问题，其实昨天在国际创新新药的国际会议上我已经对您这个问题有所解答。现在我们来解释一下，CRO不单纯是外包服务，而是一种互动，是一种合作伙伴的关系，大家在会上提出来我们之间是一种合作的关系，有一点像在美国。小公司的好处在美国你可以看到，纵观这些大公司，它有多少种药是自己研发出来的？很多都是从外边进来和发展过来的，这就是一种创新的机器，因为个小，没有很大的阻碍，可以创新改变，这就是特色。而中国现在CRO确实受到环境上的一定限制，这是由历史和环境决定的。6年前我回来的时候没有一个合作伙伴愿意把他们的项目交给我们做，因为他们担心专利问题。在这样的环境下，他们担心把IP的东西拿给你做。但是现在不一样了，我们的合作伙伴看得非常清楚，他们一旦把医药研发定下来以后，和我谈的就是几年完成、多少资金，这就是一个项目的合作，在国外也是这样进行的。现在谁外包给谁都说不清了，从这种意义上讲，它是一种互动合作。我们和我们的合作伙伴是一种合作伙伴的关系，在几年前，也许他们光想到中国有廉价劳动力，但现在合作伙伴更多地看到的是合作者的能力和特殊的技术。传统的研发方式是有问题的，需要改进，否则这个世界的制药行业会有危机。从现在开始，如果大家努力，中国一定会变成下一个研发中心，“二战”以前全世界的研发中心在欧洲，“二战”以后全世界的研发中心转到美国，我相信用不了太久的时间，研发中心一定会转到中国，因为中国有市场，有政府的支持。

刘小龙：风水轮流转，现在该轮到中国了。

高恬莎：说到您刚才提的问题，说到发包方和接包方的关系，王晓川博士已经讲了很多了。速度是我们看重的一个因素，我想说是他们是不是有足够的资源能够更快地做好这个事情。它有可能是一些实际的资源，比如它可能有很大的规模，这就是为什么我们要利用外面的帮助，就是外包的接包方，我们看中它，可能是因为它有很强的研发能力，我们的判断依据里面有很大一部分是要看接包方是不是可以让我们很快地进入市场，如果我们自己来做，可能没有这样的能力，这就是我们采用外包的原因。在寻找接包方的时候，就是要看它有没有能力实现我们的目标，在选择合作方的时候，我们也要考虑是否能够达到双赢的效果，如果说两者之间的关系只是单方向的，比如说它能够成为我们很大的供应商，或者其他的方面，我们没有单一的模式，肯定要就每个项目来谈的。

刘小龙：我想第三个问题我来回答一下。从政府来说，我们到底如何看待全球外包的趋势？这种全球研发的转移和资源的全球网络化的运用是大势所趋。中国已经具备了或者基本具备了承接全球研发转移的能力，但是在初期我们可能还是在做一些低端的研发，随着中国教育和资本投入的提升，研发也会提升。他们的公司和跨国公司，比如陶氏化学、辉瑞和礼来，所做的工作是一样的。张江CRO的研发水平是不低的，问题是这种形式未来的发展或者演变的是怎么样的。我们发现一种非常重要的模式，就是IP加上CRO，然后在演化过程中形成一种非常好的合作，也就是说一开始有很多大的药厂或者小的发明企业，它们有一个早期的发明发现，可是在做深化研发的时候，有可能受到资本条件或是研发设备的限制，可能会引进一些非常重要的VC，VC在这个过程中的介入，有可能通过CRO的平台把研究深化下去。在第三个环节，VC的介入使得前面的IT加CRO环节更加丰满，因为它是第三方的平台，投资者在每个阶段都可以看到第一个阶段或者上一个阶段的研发结果，以决定是否需要继续投资。王晓川博士所在的CRO就是采用这种模式，既接受跨国公司对它的研发的外包任务，同时也接受一部分的VC和IT发明者的介入，这样它的范围就会涉及得非常广。这样的过程可能会导致中国在生物医药方面的发展，这种模式也可以推广到其他的行业。目前，在生物医药行业我们实践证明这种模式是成功的，当然我们也可以将这种模式推广到信息服务业或者新材料研发领域中去。总而言之，王晓川博士刚才提到的整个全球研发态势化的改变有可能会从中国开始。

提问：我第一个问题是问高恬莎女士的。在你的演讲中，谈到产品的生命周期，你说需要有不同的人员来适合产品不同的生命周期。大部分产品的生命周期在缩短，你怎么派遣合适的人员？第二个问题是提给王董事的。在中国制药企业创新的过程中，创新规模远远小于世界级的公司。你提到研发模式必须要改革，有没有一种办法把中国的中小企业联合在一起推进研发的过程？我们现在看到最大的瓶颈是中小企业竞争大于合作。第三个问题是提给梅总的。我们看到中国存在两种中小企业，一种是高成长的中小企业，在投融资峰会上，这些企业是被热捧的。另一种是处于潜在的高成长期的中小企业，但是它们对中介（包括投行）所提供服务的价值往往是低估的，不愿意付一定的价值获得桥梁的作用。针对这部分中小企业，你怎么与它们建立主动和双赢的关系？

高恬莎：我来回答你的第一个问题。产品的生命周期在不断缩短，我们所做的工作就是在每一个产品家族、每一个业务单元当中都会有更新换代的计划，我们有专门的团队做早期的概念开发，他们会设想好框架，在今后做好产品的换代工作，在后期会有更多的人参与。这是业界普遍存在的问题，个人之间的能力可以做互补，可以更好地工作。我们需要有更多的人来从事产品开发工作。

王晓川：其实我们都在这个过程中。2007年，我们桑迪亚就和另外一个公司合并了，使我们的实力得到很大提升。我们不光是做前期的工作，还做后期的，这就是合并产生的效应。中国制药行业不应该走辉瑞的老路，这么大的实体还没有解决新药的研发问题。在这种情况下中国应该怎么做？张江也在尝试。这么多小公司，一种是组合，一种是公共服务平台。但是张江有这么多的公共服务平台，包括我们桑迪亚也参加了，我们愿意为合作伙伴提供各种合作，这种方式是非常新颖的，而且在中国也是确实可行的。公司应该把一些自己不能做的工作请其他的公司帮助完成。但需要一个机制，让工作更加有效。我们和张江建立的新药孵化平台就是这样的。即便在美国也没有一个小公司能够自各走完全程，必须找合作伙伴，通过这种方式才能最有效地使用资金，加速研发进程。中国应该思考我们的模式，产业之间的合并并购，或是采用松散的合作形式，或是使用公共服务平台，特别是在初期，不能走国际的老路，这是前车之鉴，如果重复走下去必然会碰得头破血流。

梅荫：在中国，面向中小企业的收购和并购的潮流刚开始出现，现在还缺少业内和媒体的关注，大家关注更多的是那些新上市的公司。像中国改革开放一样，应该让一部分人先富起来，他们带一个头，然后做样板，之后更多的企业再跟上。

刘小龙：由于时间的关系，我们上一场的专题就到这里。

刘应力：我们论坛的第二阶段现在开始。首先我介绍下一位演讲的嘉宾，他叫张宏江，是微软集团首席技术官、微软亚洲工程院院长，在加盟微软之前曾任美国硅谷的惠普实验室经理，此前还在新加坡工作过，领导了信息技术等多个课程。下面欢迎张博士给我们做演讲。

张宏江（微软亚太研发集团首席技术官、微软亚洲工程院院长）：各位来宾，女士们，先生们，大家早上好，我想用20分钟的时间跟大家谈一谈，微软作为一家跨国公司是怎么来看待创新的，然后跟大家谈一谈IT创新的趋势。今天上午的几位演讲者已经谈到了在他们各自公司不同层面上对创新的一些理解。创新是要给企业带来最大的差异性，最大的市场竞争性，从而带来最大的价值。这不仅是技术的创新，也是思维的创新，包括技术、市场，更包括企业文化和产业流程。过去30年来，整个产业的发展是一个由研发到创造知识产权，再把知识产权投入到实际应用的交互过程，从而让我们看到一波又一波的创新。早在20世纪80年代初，整个PC架构的呈现和微软DOS架构的呈现，使得PC真正投入到市场，从一开始创新到文字处理软件的出现，当时的PC还仅仅是办公或者是生产力提高的一种工具，使用计算机的人员还是专门经过培训的人员。随着本地网络的出现可以看到第二波的创新，新的技术带来一波又一波新的应用，使大家不再畏惧使用计算机，不仅是通过数字界面，而是通过图形、鼠标的操作可以更容易地应用计算机。第三波创新是20世纪90年代初互联网的出现，随着XML以及一系列互联网的协议的出现，一些新的技术不断地被开发和推广，更多的互联网的应用方式出现，从常用的电子邮件到互联网的浏览，这是一系列新的应用方式，随着互联网浏览进一步地推广，人们也在这方面投入更多的研发费用和人力。互联网的应用不再是单向的，不再仅仅是在网下载文档信息，已经成为一个双向的交互过程。整个过程、整个IT，尤其PC的发展过程，是新的技术带来新的应用发展，也带来一波又一波新的创新过程。

其实每一个产品、每一个新的技术都涉及三个方面。比如说在任何一个企业里面，大部分研发人员投在现在产品的研发上，在微软叫做产品研发组。微软一系列产品里面都有非常庞大的研发人员在支持下一波产品的开发。一个成熟的企业还有另外一部分，就是未来的技术，这就是微软研究院的功能。我们看到的不光是今天产品部门所需要的技术，而是未来技术发展的趋势，未来的产业、未来的领域需要什么技术。研发部门从事的是基础研究，和大学没有什么区别，他们发表一流的论文，提出一流的新想法，以及由此产生的一些专利。把今天和未来的技术集合在一起，就是我们的孵化实验室，他们的工作重点是在3年和5年之后，和今天的产品部门结合更加紧密。

在中国设置微软的研发机构符合我们上述的想法。我们有基础研究，有产品孵化，有工程院，以及各个产品的研发工程部门。随着国际化和合作的发展，对于微软来说，我们是一个平台公司，我们非常在意产业链的开发。所以，在微软中国研发集团还有很大的部分是同政府、大学、新闻机构一起和我们的合作伙伴培养生态链。根据最新的IDC的研究报告，仅微软Windows这个生态链，微软每创造1元钱的产值，生态链创造的是10元钱。而在中国这个价值更大，微软每创造1元钱，我们的生态链就创造17元钱。作为一个技术导向的公司，我们不能忽略自己最大的价值是在整个生态链上所能带来的一系列放大的效应。

今天早上很多人谈到研发的投入。我介绍一下IT行业在研发中投入的力度。这里展示的是2009财政年各大公司的投入，每家公司的投入都很大，但是没有一家公司能赶上微软。2008年一个财政年是经济非常艰难的一年，也是微软第一次出现销售额降低的一年，但是我们2008年在研发上的投入并没有因此而减少，从8.4亿美元增加到了91亿美元，从2009年7月开始的新的财政年是增长到了94亿美元。中国的500强企业在研发上的投入费用的总和比微软小一些。

我们看一下英国政府发表的各国企业2007年研发的投资数据：美国企业对研发的投入将近1 000亿英镑，也就是说占了整个全球企业总的研发投资的40%，增长率也超过全球的平均值；日本占到400多亿英镑，增长率稍微低一些；欧洲是日本的两倍。与此相比，中国企业研发的投入总和不到8亿英镑，这是2007年的水平。刚才我谈到，在IT领域，全球范围内的10家大型企业，一半以上的企业的研发投入已经超过了这个数字。可见今天中国企业的研发投入是非常不足的，远远落后于世界发达国家，其实中国的发展速度非常快。我们再看一下世界500强企业，研发经费占企业营业收入的5%，增长率也在5%左右，而中国的500强，包括很多已经进入了世界500强的中国企业，研发的投入平均只占企业营业收入的1.3%，每个企业平均的总额不超过6亿元人民币。通过这些数字的比较可以看到，中国今天在创新的投入上还有非常大的空间可以进行改进。中国的发展趋势非常好，我们今天已经成为全世界最具吸引力的投资研发目的地，已经排在美国和印度之前。美国一直是研发投入很大的国家，过去几年的发展中，中国吸引研发资金投入已经超过了美国，也超过了印度。

除了资金的投入之外，创新最重要的是人才的培养。在整个IT所谈到的两项就是人才和知识产权，这是整个创新的核心。研发的国际化需要培养一些国际人才。如何把国际人才吸引过来？如何把我们培养的中国人才送出去，让他们去扩展自己的事业，增强自己的技能，并被吸引回来？所以，我们培养人才不光想到是本地的培养，而要把培养、流动和引进这三个方面综合地进行考虑。要解决的关键问题是怎么把有限投入的资金更好地转化为知识产权，更好地投入到市场中去，从而为企业带来竞争力。

我们看这组数据，都是跟IT相关的，也就是和计算机产业相关的。目前中国PC发货量仅次于美国，另外一个非常重要的指标是中国服务器的市场。为什么把服务器单列出来？因为服务器的市场规模标志一个国家、一个企业利用IT的程度，这方面中国也仅次于美国，为世界第二，但是美国的市场规模是中国的三倍之多，这说明中国在整个IT推广方面、在企业利用IT方面，与美国相比还有很大的距离。在移动通信市场方面，中国通信移动用户的人群已经是世界最大的，但是我们在整个市场创造的价值比美国还稍微差一些，我们高端计算机的应用、高端手机的市场比美国差很多。我们互联网的使用人数已经超过美国了，今天我们已经有超过3亿的互联网用户，中国未来的互联网市场是世界上最大的一个市场，目前虽然产值还远低于美国。另外有一组数据，中国的IT从业人员的数字已经超过了日本，也超过了印度，中国有170万的从业人员，仅次于美国。但是另外一组数据更让我们关注，就是开发人员的数字，中国远远落后于美国，也落后于印度，也就是说在整个产业链上，我们的软件开发规模还远不如美国和印度。这是我们的现状，但是我们和印度的差距不断在缩小。我相信中国市场的发展，尤其在互联网、移动通信方面的发展，在新的软件的开发上，中国开发者的数量一定会有非常大的增长。

我尤其想谈一下开发者，其实真正创造价值的、真正进行技术创新的是开发者，没有这一部分人，我们不可能去引领世界IT产业的发展，也不可能引领创新，更不可能引领世界的发展。中国的创新趋势非常强，中国过去几年的专利申请量不断增长，是世界上专利申请量增加最快的国家，目前处于第三名，仅次于日本和美国。专利申请量的快速增长显示出我们对于知识产权的重视，这是一个非常好的趋势，意味着中国是庞大的技术市场，有非常好的人才，中国政府对于研发的重视，对于创新的重视。中国今天所说的中国制造到未来的“中国智造”已指日可待。我们谈到创新的国际化，最重要一点是我们如何利用这种整个世界创新合作的趋势，使中国自己的人才能够培养起来，能够走到中国智造。

我也想借此机会跟大家分享在IT发展上的几个热点。我们今天看到的是计算机的普及、手机的普及。随着互联网的发展，我们的计算机也从过去终端设备到云端，怎么在云和端之间找到一个平衡点是企业所关注的方向。网络已经深入到我们生活的方方面面，使得我们非常依赖于网络，所以我们对网络的依赖提出的技术上的要求是不间断的网络。随着计算机深入到生活的方方面面，也需要从用户的角度考虑我们的编程，建模取代编码是一种新的趋势，如何根据用户的需求建立新的编程模型？我们前面谈到计算机的发展，从数字界面变成了同一个界面，下面我们谈到的是自然用户界面的发展。

从设备来看，我们有四大设备：固定设备（桌面上的电脑）、便携设备（笔记本等）、专用设备（MP3播放器等）、移动设备（手机）。与之相关的是四大应用包括我们传统的提高生产力的软件，今天的IT已经远远超过了为企业提高生产力方面，它已成为我们生活、创意不可缺少的一部分，更重要的是成为我们今天生活娱乐不可缺少的一部分。娱乐在通信创意上的发展会为未来IT的发展注入新的资源和提供新的需求。

在这里给大家展示一段视频，和大家分享一下我们对于未来的憧憬。大家看到的大部分技术在今天已经逐渐成熟，这不是科幻，在未来5年我们会看到更多的新技术出现在我们的生活和工作中。第一个是平板玻璃成为很好的一个界面，你可以在上面书写和绘图。第二个是平板技术，随着材料技术的发展，使得信用卡也相当于一个平板电脑。机票也可以成为一个显示屏，多点接触的界面已经成为我们最常见的用户界面，这是未来手机本身的一个平面的显示，大家看到的是传统的在纸上写东西，能够很方便的传到电脑里面去。这是一个协同合作的屏幕，包括远端的同事们能够参与到会议里面来。这是未来的资源分享讨论的一个场景。随着未来材料的发展，报纸会变得更加具有交互性，而且可以多次使用。看到的新闻可以随时和你的工作结合在一起，寻找一些相关的信息。未来的搜索不光是在电脑上，而且可以对实物进行搜索。我希望大家从这个视频里面可以看到我们对于未来的预测。我们对预测如此有信心，是因为有很多技术在实验室已经成熟，正在一步步走向市场。我们今天的创新论坛也是想提供一个平台，让大家可以互相分享，把我们的最新技术、最新用户的需求结合在一起，使我们的创新能够更快，为用户带来方便，为企业带来竞争力。

刘应力：感谢张博士的精彩演讲，给我们带来未来一瞥。我们会更加方便，但是我们也会更加不自由了。下面有请清华大学公共管理学院院长薛澜教授演讲。

薛澜（清华大学公共管理学院院长、教授）：首先非常感谢论坛的主办方给我们安排了一场非常丰富的精神大宴，前面有非常精彩的公司的故事，也有未来的一瞥。我的故事相对来讲枯燥一点，但是是跟未来的全球化研发态势结合的。我想介绍一下总体的趋势。金融危机前后有什么变化？首先是IT技术、电子行业，我们发现确实有一些企业削减了研发投入，幅度为3%~5%，也有幅度比较大的，达到18%。但是也有一些企业增加了研发投入，而且幅度比较大，包括研发组织结构也有所调整。有些企业削减了研发部门，在新兴的市场建立研发机构。另外人员也会有变化。而且从企业的战略来讲加强了合作研发，特别是与大学的合作。在汽车与交通运输行业，我们看到的情况也比较类似，几家欢喜几家愁，有组织机构的调整、人员的调整。汽车行业主要是在低能耗、环保等方面投入，而且企业之间的合作研发也比较多。另外是医药方面，刚才王博士也提到了有很多新的变化，确实医药研发费用是越来越高，所以在企业之间的这种并购高潮也是比较明显的。另外研发外包也是一个新的趋势，像印度等国已经走在了中国的前面。

在这些大的趋势下再来看看中国研发新的动向，多数跨国公司在中国的研发不减反增，我们看到少量有所压缩，但是大多数是增加了研发投入，分析其中的原因，一个是中国市场的重要性，有三分之二的企业提到他们看好中国市场；第二个是贴近和了解中国用户的需求，这是他们在中国从事研发非常重要的一个考虑；第三个是研发成本低。在这些基础之上进行在中国的研发层次结构的调整，有的是公司的总部，有的是针对国家的研发中心，总体来看，在中国的研发机构中，公司整体战略定位是有所提高的。赛尔把上海的研究院升级为全球重要的研发中心，微软也是在中国成立了研发集团，摩托罗拉也有这样的整合。另外是跨国公司也在积极寻求与中国的政府、高校和科研院所的合作，像梅总讲的政、产、学、研、金、介，这六个因素。在研发层面这种合作也是非常重要的。为了解中国本土企业创新的主体对研发全球化是怎样考虑的，我们也调研了一些中国创新主体，大家都认识到全球化是经济发展的必然趋势。这种研发全球化给中国企业带来了新的理念，也带来了知识的流动。跨国公司刚到中国来也需要一起进行开发，跟很多企业进行合资，包括开拓新的市场。另外一点，本土企业在这个过程中，也主动从跨国公司获得技术、缩小差距。这种差距在合作的过程中逐渐地减少。同时，研发全球化在这种合作的基础上对本土企业的产业进步也起到积极推动的作用。在汽车零部件、家用电器和机床等方面除了全球化的影响，跟中国的积累也有关系。

在另外一些领域，在全球化过程中也确实产生了一些技术依赖。像技术资本密集型的产业，如芯片、无线电传导领域和复杂多媒体等，这种依赖的局面还是没有改变。中国本土企业，特别是跟中国各种机构的互动，高校跟跨国公司研发机构的互动是最多的，如承接外包、合作研发和人员流动等。在华的跨国公司跟本土的中小企业联系少，其中有一些企业对知识产权保护有一些担心。还有跨国公司研发机构跟政府的联系，我们发现它跟地方的联系多一些，跟国家部委的联系少一些，但跟商务部、国家发改委等部门的联系比国家知识产权局多一些。我们在调研过程中也向这些研发机构做了了解。对我们国家现有的公共政策，它们也提出了一系列的建议和期望，包括有一些是关于国民身份的问题，希望有一个公平的研发环境，另外包括一些研发政策的漏洞，包括一些指标不尽合理，怎样去改善。另外税收、财政扶持政策等都要区别对待。还有跨国公司和本土企业之间合作多是什么原因。大家都提出了一些具体的问题，也提出了一些建议，怎样才能够进一步地完善配套政策、优化投资环境和改善公共服务，对此前面的一些发言者也都提到了。

下面我想谈一下关于研发全球化的分析和判断，总的判断还是比较积极的。下一步怎么才能够在全球金融危机之后进一步推动全球化在中国进一步的发展，像刚才张院长还有其他公司讲到的，能让中国成为一个研发的乐土，成为一个知识的高地，这些方面大家还存在着一些不同的看法。在这个研究基础之上，也想提一下我们做的分析判断。首先我们认为研发全球化是大势所趋，金融危机之后，研发的格局可能面临一些新的调整。中国和印度有可能成为新的全球研发的高地，与美国、日本、欧洲以及一些西方的国家相比，我们的差距还是不小的。但是我们有一个新的机遇，一方面是经济全球化，另一方面也是研发活动本身内部的性质发生了变化，这些环境就像生产环境一样，也可以发包到全国各地，中国和印度都是利用这样的优势。怎样才能够进一步使这个链条更加丰满，也是需要我们考虑的。第二个就是在一些学术研究中读到的，中国在研发全球化的过程中，获得的是溢出效益还是挤出效益。从总体来看，中国还是研发全球化过程中最大的受益者，也跟我们这几年国家经济的开放、巨大的市场、各地的政策相关，我们研发机构的增长速度非常迅速，为我们吸引海外优秀人才和留住本地优秀人才产生了巨大的作用。

中国需要更加积极地参与到这个过程当中，加速提升中国整体的创新竞争力，在新的国际竞争中争得有利地位，徘徊或者迟疑有可能丧失现有的科技优势和潜力，而且在世界不同的国家都有不同的建议和争论。在20世纪80年代，我还在读书的时候，在美国卡内基梅陇大学就有这样的争论，当时也是有各种各样的意见，一直到现在美国的意见也不完全一致，一直到2007年美国仍颇有微词，各个国家都会从不同的角度有不同的看法。中国要抓住这个机遇，把中国变成研发的高地。

关于对跨国公司在中国的研发判断，有几点可能是需要分析、判断和考虑的，一点是把跨国公司在市场竞争中的正当的竞争行为和不正当的垄断行为区分开来，有些不正当的垄断行为可能需要国家通过更好的规制去规范。所有的企业都需要采取正当的竞争行为。另外一点是跨国公司在市场竞争中作为自立性主体的经济利益和宗主国的国际政治立场和国家利益，有时候我们在讨论中不知不觉地就把企业和国家的立场混在了一起。另外一点是要客观认识跨国公司的本质，冷静地分析研发全球化对中国自主创业的影响，这一点也是大家争论比较多的一个问题。所以在这个基础上，区别对待研发全球化，探讨它的形成概率，能够比较准确地找到解决问题的思路，把握住本土创新主体在研发全球化上减少和避免负面影响，从这几个方面多加考虑。

最后我想提出一些具体的政策建议，首先，在这个过程中，最重要的是加强本土企业的自主创新能力和吸收能力，这是发挥研发全球化作用非常重要的基础。我们在这几年建设创新型国家，对企业的创新有很多的支持，这是非常必要的。但是在加强扶持的同时，更重要的是在我国目前这个阶段要消除本土企业创新的各种障碍。中小企业在自主创新当中也发挥非常重要的作用，但是同时中小企业又面临很多重要的障碍，破除这些障碍可能比制定新的扶持政策更重要。第二个是要坚定不移地完善中国的知识产权保护体系和中国的反垄断体系，为促进研发全球化提供一个良好的条件。第三个是我们建议和希望有条件允许跨国公司参与，促进跨国公司与本土公司的互动，因为它们的互动能够解决中国面临的瓶颈问题，我们有环保的问题，还有重大疾病的治疗等问题，在这些方面跨国公司跟本土机构的合作，可以更好地解决问题，造福中国百姓。第四个是为跨国公司在华研究解决困难，创造良好的氛围。争取在新的研发格局中占据有利地位。我们也在了解中国企业到海外研发的情况，这种研发也是要积极鼓励的，这早在20世纪90年代就开始了，但是总体来说进程相对慢一些，比较平缓。我们也需要了解他们目前面临什么样的障碍，怎样去解决。还有就是要主动参与研发全球化的政策制定，OECD最近也有类似这样的研究，包括一些规则的制定，中国也应该积极参与，这样才能有一个更加公平和更加合理的环境，使得全球化的研发趋势给发展中国家创造机遇。最后就是改善我们投资研发的环境，促进研发的相关投资，建立合作交流平台，创造共赢的局面，类似于像科技园区、合作研发中心等。这些都是值得我们探讨的。

刘应力：下面请华为公司的副总裁李昌竹先生进行演讲。

李昌竹（华为技术有限公司副总裁）：谢谢刘书记，尊敬的各位来宾，女士们，先生们，大家上午好！今天论坛的主题是全球化的研发，所以我把华为全球化研发的情况向大家汇报一下。我们在全球14个地方设立了研发中心。我们是一个企业，做出来的这些通信产品是要卖给客户的，客户为什么会买你的产品？我们经常说到一个词，就是“沟通”，或者叫做“引导”，这个词还有一个别称叫做“忽悠”。我们经常拿自己的产品去忽悠客户，客户为什么会买你的产品？就是被你忽悠到了。微软每年93个亿美元的研发投入，能够保证它把忽悠的东西变成现实。在研发中，研发什么东西，需求和规则怎样去定义，是使华为经历过很大痛苦的问题，也是华为解决了的问题，这就是我今天演讲的题目，即《基于客户持续的创新》。

我们现在通信手段越来越丰富了，但是我们发现自己倾听客户的能力却变得越来越弱了。原因是力量变得强大以后，我可以去引导客户了，我的技术是最牛的和最好的，客户凭什么不用？这是一种典型的工程师自恋情结，华为有一大半是研发工程师，大家的这种技术情结导致我们曾经走过一些弯路。技术领先半步或者一步可能是领先，领先多了，就变成了先例。

我跟大家分享一下先例的例子，它给我们的启示是领先的技术并不能保证市场的成功。美国Iridium的技术不可谓不先进，或者不可谓不领先，因为它设计各种各样的技术。它在芯片制造的技术等方面是集先进技术之大成，还包括全球无缝的极地的覆盖等，从技术层面上来说是非常完美的东西，但它花了34亿美元以后，每个月要交掉4 000万的利息。1998年11月投入运营，1999年3月就宣布破产了。我们要问自己一个问题，为了保证自己不重蹈Iridium的覆辙，不成为这样的一个先例，就必须了解用户的需求在什么地方，作为供应商能做的就是我的首选去匹配你的战略，你的战略是什么，战略归根结底就是要市场成功、商业成功，能够把我们的对手比下去，所以我们缺少的一环是从市场到研发这样一个关键的沟通，我们听到了，但是可能没有听进去，我们要做的事情就是通过体制和流程听进去，落实到开发流程中去。

再给大家讲一个创新比较成功的例子。因为我也是做技术的，也曾经有很强的技术情结，我尽量把这个东西用非技术化的语言讲清楚。我们以一个室内型的基站为例，这个基站会接很粗的光缆，其占地是1平方米，重量是200公斤，然后它的耗电是1 200瓦。而分布型基站的占地几乎是零，重量是20公斤，耗电是500瓦。室内型基站实现的功能跟分布型基站是一样的。分布式基站是我们面向欧洲的运营商部署第三代网络通信的时候研发出来的，这个技术本身没有什么创新，无非把东西集成一下，结构有一点创新，所以技术本身不是创新的，但是这些想法形成产品以后，给运营商带来巨大的利益。我们回过头看客户需要什么样的东西，在欧洲要获取站址非常难，它70%、80%都是室外型的站址，要去室内做这样一个基站代价非常高，而且安装成本非常高，所以3G在欧洲迟迟成功不了的原因就是运营成本非常高，而且要建一个室外的基站要提前一个月向政府申请封路，然后还涉及节能耗电的问题，还有覆盖完以后要去调整的问题。

我们回过头来看，如果采用分布式的基站就会大幅度降低的成本，安装也非常快速，不用很多吊车，不用很多人去拧螺丝钉。分布式基站是华为首先在欧洲提出来的，并且在2004年底首先实现了突破，签约那一天，我们非常幸运，温家宝总理、当时的科技部部长徐冠华先生、当时的外交部部长李肇星先生，以及荷兰的总理也出席了我们的签字仪式，这也是中国首次把这种高新技术的旗帜插到了欧洲的高地上，客户对这个东西爱不释手，因为原先不敢想象的部署和运营，现在通过它的商业预算一算大幅节省了费用。分布式基站加上少量的创新给客户带来巨大的价值，原因就在于我们真正去倾听客户的需求，了解自己能做的和能解决的在什么方面。目前分布式基站已经成为移动通信里面的一个常态，包括CDMA、SCDMA，带来了很多的好处。根据我们的估计，现在全球每天大概有3 000个分布式基站在安装，所以我们不经意间变成这个产品形态的发明者和领导者，当然现在还有持续的创新，分布式基站也获得国家科技进步二等奖。

虽然有人去倾听，有人去分析了，但是这个东西是基于人，基于资源，我们能够把客户创新持续做下去，我们要用流程来保证这个创新生生不息。最根本的就是做正确的事，我们在评估需求的时候会发现需求很多，怎么进行选择？在这个前端，会有市场的、研发的、财务的和工程安装的一起分析它的可行性。IP地址实施能够保证我们做出来的东西能卖掉。这是一个开发模式，这是由美国卡内基梅陇大学提出来的，能保证你正确地运用。所以，穿美国鞋、走中国路是褒义的。流程必须先死过去再活过来。下面是一些例子，包括分布式基站和核心网，现在我们覆盖全球7.8亿的用户，实现了端到端超宽带。我们这个管道做好了，张博士的应用就不远了，包括节能环保，在绿色基站节省30%的TCO，这些东西都是基于客户需求的创新理念做出来的。原来我们研发的系统工程师天天都是在家里看文献，做计算和仿真，现在他们有一半的时间到全球各地去看，去和CTO、CEO、CMO沟通。基于华为不断成长的能力，我们也越来越得到运营商的认可。从0变成100亿元，我们花了18年；从200亿元到300亿元，我们花了3年；从200亿元到300亿元，我们只需要花1年。创新的东西我们还要去掌握，在全球我们建了14个研发中心，将近20个联合创作中心，有将近4万名研发人员。从华为很小的时候，每年就保证有10%的销售收入投入到研发上面，有10%的研发投入会投入到真正的研究中，投入到思路探索的可能性中去。2008年我们拿了全球专利申请数量的第一，但是我们也看到排在后面的一些巨头，我们做得还不够。真正给用户带来的东西会得到客户的肯定，会得到市场的肯定。

未来我们所希望做可持续发展的领导者，保持对客户的继续倾听，因为我们虽然进入了全球TOP50家运营商的36家，但是他们已经面临转型，从以话音为主到数据宽带为主的一个转型的状态。在这个过程中我们发现运营商面临一个很大的挑战，一个机会，所以他们更需要像华为这样的一个战略伙伴去帮助他们超越。超越话音，超越管道，延伸它的价值。基于华为在整个通信界的积累，我们也希望和相信自己持续的创新能够给客户带来价值，同时也给自己带来持续的增长。

刘应力：李总的讲演让我们看到了中国自主创新的希望。下面请三位演讲者进行互动。我先带头提一个问题，我知道22日微软已经宣布了Windows 7和Vista的区别，这和以往的相比有什么不同之处？

张宏江：谈到区别我想有三个方面，第一是更简单；第二是安全，随着今天PC成为我们生活和工作的一部分，保证安全性是非常重要的；第三是功能，在用户界面对于各种硬件的支持，对于各种不同的软件支持，都会比前面的好很多，这是我们历来最好的一款操作系统。谈到三大特征之外，我们还有很重要的一点，就是所有的软件兼容性和对于硬件的要求都有非常好的性价比。大家如果还没有update的话可以现在马上去update，如果你现在还在用XP，可以直接装Windows7，会有不一样的感受。

刘应力：下面给华为提一个问题，我们说全世界只要有人的地方就有中国的餐馆。现在我给大家报告一下，我到过87个国家，我每到一个地方就要去看一下华为。现在提一个问题，你在全球有很多的研发中心，比如说班加罗尔、达拉斯，你们怎么融入当地的文化？

李昌竹：要从两个方面来看。昨天开会的时候已经提到这个问题。一方面，你必须要去理解并且要尊重当地的文化，本土文化的差异会上升到企业文化的融合层面，对本土文化要理解要尊重它，特别是在中东、在欧洲。另外一方面，我们自己的企业文化也必须要贯彻执行，当然这个贯彻执行不是主观去讲，而是做出来的，我去过几个研究所，从目前来看，在印度、美国、瑞典、俄罗斯都是以当地人为主，以当地员工为主，采用这样的方式才能长久运行。

刘应力：下面给薛院长提一个问题，研发全球化有没有可能从中国移到某一个国家去呢？

薛澜：按照我们目前的趋势是一波又一波，有这个可能，但另外一点是现在还有新的趋势，今后很难看到一个整体产业从一个地区移到一个地方，全球化可能把这个链条打乱了，不同的国家有相对的不同优势，今后有可能在某些环节你有优势就会继续留在这里。我们原来看到的是一波一波的、区域性的，这种趋势会更少，更多的是全球的网络，这种网络里面的高峰很少，可能有很多高地。

提问：请问华为的李总，现在大量的跨国公司到中国来从事研发活动，您怎样看待这个问题？第二个问题是，我们在访问中跨国公司提出来，包括我们国家的科学基金要对跨国公司开放，您对这种现象怎么看？相关的还有一个问题就是国民身份，跨国公司在中国注册企业就是中国企业，应该对中国企业一视同仁，对此您有什么样的看法？

李昌竹：我综合一下，你是三个问题。我有两个观点，第一，我们在研发全球化的过程当中心态更加开放了，允许你到别人家串门，也允许别人过来。第二，研发的投入一定是先有鸡后有蛋的过程，一定要舍得投入，我刚到公司的时候很难想象，我们的研发总裁到年底会受批评，不是因为他钱花多了，而是因为钱花剩了。所以，一个是要有开放的心态，另外一个是要对研发持续地投入。

提问：我有一个问题要问微软的张院长，您认为云计算的运用前景如何？具体来讲哪一类企业或者哪一类产业对云计算会产生影响？

张宏江：今天我们看到几乎所有的应用都在端上实现，我们看到一些新的应用，比如亚马逊和搜狗的一些应用，未来的云计算一定是互联网跟端的结合，我们存储的带宽已经非常大，无论带宽再怎样发展，依然会有一个很大的需求，就是大家运用在端上。我们还有一个公共云的应用，我们看到搜索，或者一些常用的电子商务的功能，另外一些就是专用的云，比如说银行这一块，并不是要和其他的企业合在一起，所以我们强调终端和云，然后公共云和专用云，我想中国中小企业可能是最快进入云计算行业的。

提问：我是中国科学信息技术研究所的，我们知道华为公司在利用全球研发资源和开拓国际市场方面做得非常成功，华为公司在开拓国际市场利用全球资源的过程中，你们遇到的最大的障碍是什么，在解决这个问题中，地方政府和国家能够做一些什么？

李昌竹：这个问题问得非常好，最大的障碍是信任和理解，你要做生意，要跟欧美大的运营商做生意，他们甚至都不知道中国在什么地方，他要建立起这种信任，对你这个团队的信任是很难的，这是我们遇到的最大障碍。我讲一个小故事，我们在荷兰取得突破的时候，给当时中国驻荷兰的大使汇报我们的想法，希望温总理能够参加我们的签约仪式，跟他讲了我们海外拓展的过程，我们总结一点，推销产品要先推销公司，推销公司之前要先推销国家，所以说昨天研祥张总报告的里面说实力决定一切，我听了非常激动，就是国家实力强了以后，别人对你认可高了以后，就很容易建立这种信任和理解，所以我们也希望国家能够很好地把中国宣传出去，然后我们做起生意来就更容易了。当然现在已经不存在这样的问题了，现在中国的战略形象，从品牌营销角度做得非常成功，张弛有度，完全体现了中国的风度，有大国的风范。

提问：我是中国科协的，刚才看了张总对未来技术的介绍，您已经有了一定的成果，我想问您离实现还有多远？

张宏江：今天我们已经看到了他们所运用的一些技术已经在实验室得到了实现，我们Windows就支持这种多触点的显示，这些技术已经有了，多触点的显示屏已经非常成熟，最重要的是怎么把互联网和这些应用结合在一起，我相信在今后的三五年可以看到这些技术的实现，完美地结合在一起，需要很长的时间，但是三年五年可以看得到。

提问：我本身是IT行业和通信行业的，我特别质疑，研发全球化对于提高国家的核心竞争力到底有什么用？华为公司很多员工是本土培养的，没有一个是从跨国公司带过来的。我自己参加了一些摩托罗拉的项目，那些老外完全是冲着这个市场来的。所以，我想问一下，研发全球化对于我们中国的人才策略是什么？

薛澜：这个问题确实是一个比较尖锐的问题。我的观点也比较明确，大家互相学习。我们回过头看20世纪80年代，跨国公司刚刚到中国来制造的时候，我们也有各种各样的担心。我们在调研中也发现，跨国公司人员流动大部分还是在互相之间，从一个跨国公司到另外一个跨国公司，流到本土企业的少一些，当然这种局面也会慢慢改变，我们也看到跨国公司在研发管理薪酬方面不断趋于追赶国际化的企业。另外最关键的一点是，研发活动是一种知识创造，我们现在过多地去想，这个企业是中国企业，那个企业是海外企业，想把这个分得很清楚，这个企业就进入不了研发全球化。我们现在看硅谷，硅谷最关键的一点是有一个很好的场，在这个过程中知识流动很快，溢出的效益是非常强的，包括专利的申请，中国很多技术能力的提高就是从互相交流的过程中得到了启示，最后有了突破，这是一个共同学习和成长的过程。指望跨国公司培养竞争对手，这是不现实的。这个过程有得有失，最后根据企业发展作决定。从我们制定政策的角度来讲，把环境创造得更好，更浓的知识场就会过来。

提问：我有一个问题，还是问华为的李昌竹总裁。华为能做到的，其他的中国企业能做到吗？如果回答是的话，应该怎么做？如果回答否的话，应该怎么做？

李昌竹：怎么说呢，华为走过的这些路，就是说我们经常说的，成功的原因只有一个，失败的原因有成千上万个。成功的理念，包括文化都是恒久的。我不敢说别人能够复制华为的模式或文化，因为这种东西一定是公司整个团队在长期的奋斗当中摸索出来的，每个公司不一样。华为这种模式可能要重新复制，或者在这个行业复制一个，可能很难，或者说没有必要，但是在别的领域已经有很多类似于华为的企业，在非常快速地成长，我们也在成长。

提问：我是新华社的。您讲长远投入，很多民营企业都是自己的资产，像华为赔的也都是自己的，而我们很多开发园区都是国有的资产，它的评估方式就要结合近期的利益，结合目标，张总您认为对于考核我们园区的发展应该给予什么样的考虑?

张宏江：我刚才谈到华为长期的投入。我不太同意你刚才说的华为赔的都是自己的。之所以华为上下能够坚持这种投入，是因为他们把它当做自己的事业，当做自己为之奋斗的目标，而没有太多地考虑短期的效益，或者短期的印象。这一点非常重要。拿纳税人的钱来做事情的时候，更需要长期的目标，而放弃一些功利的想法，把钱更应该放在长期的投入上，长期的效力，为老百姓带来长期的回报。

薛澜：你要是为了创业，有多少企业进来了又毕业了，短期的业绩不一定很重要，关键是自己园区的定位，用什么政策来达到这个目标，这是最关键的。

刘应力：由于时间的关系，我们再次感谢三位嘉宾的发言。

06 专题论坛3

专题论坛3：新兴经济体产业技术突破的典型经验

主持人梅永红（科技部政策法规司司长）：首先非常感谢各位参加今天下午的分论坛。今天下午论坛的主题叫《新兴经济体产业技术突破的典型经验》。在座的各位比较清楚，在第二次世界大战以后发达国家都在进行工业化和技术创新实践的探索，在这个过程中有很多国家取得了很大成功，也有很多国家走了弯路，经历了很多曲折。今天我们谈问题的时候，从理论和实践层面上探讨问题非常多，既然我们都是新兴经济体，都在产业技术上进行探索和实践，为什么呈现出那么大的差异？反映出在产业技术突破方面有很多规律可循。今天最大的新兴经济体就是我们所站的这一片土地，就是中国。今天我们来讨论这样的话题，更多的是立足于中国作为一个最大的新兴体，在产业技术突破方面，我们究竟应当走什么样的道路？究竟怎样使得这条道路走得更顺畅？我们请到了产业领域的企业家，一位是朱敏，他是赛伯乐（中国）投资董事长、浙江大学国际创新研究院院长。一位是唐如安，他是诚宽电子技术（上海）有限公司董事长、教授级高工，他也是我们国家TD-SCDMA，3G标准的重要实践人物。还有一位是冯军，北京华旗资讯数码科技有限公司总裁，在这个领域他是我们的标杆性人物，华旗资讯是我们的标杆性企业。这三位典型人物的光临一定会给在座的各位带来很多新的思想和启示。首先有请赛伯乐（中国）投资董事长、浙江大学国际创新研究院院长朱敏先生。

朱敏先生1974年曾经插过队，是一个知青。毕业后，作为改革开放后第一批国家公派留学生到美国斯坦福深造，从事网络领域创新实践和多媒体技术，因拥有20多项技术而成为美国著名的科学家。20世纪90年代朱敏先生先后在硅谷创办了2家企业，在取得巨大的成功以后，又凭借坚实的基础、敏锐的眼光和激情涉足风险投资领域。2004年朱敏先生作为美国最大的早期风险投资商NEA公司在中国唯一的投资合作人，帮助其公司成功投资了中信国际和展讯等企业，奠定了良好的基础。2005年朱敏先生创办了赛伯乐（中国）投资管理有限公司，帮助创新创业者共同成长与发展。下面有请朱敏先生。

朱敏［赛伯乐（中国）投资管理有限公司董事长、浙江大学国际创新研究院院长］：今天我很高兴跟大家来交流一下，非常感谢有这样一个平台。刚才梅司长讲了，我是“老三届”中学生，“文革”到农村插队落户，有幸于1984年考上山东大学。在美国20多年，亲眼目睹了美国风险投资怎么起来，IT产业如何繁荣的。美国微软当年是非常小的公司，Adobe公司和Autodesk公司，包括后面一些公司怎么成长为世界大公司的？在美国，看到WebEx被思科以32亿美元收购。回到中国后4年来探索中国的高科技产业化。我在美国多年的经历能给国家作出什么贡献呢？我希望也能够把国家科技产业化，20多年在硅谷进行企业风险投资创新，希望结合中国实践学习一下，能够做出好的案例。下面把我们做的几个案例和大家分享一下。我把案例分成三类。

一类典型的相当于早期的硅谷模式。我当时参加的投资公司叫N1，相当于中国的通信网，相当于华为。思科的模式我们看得到，叫孵化加并购模式，当时投资的企业是中国的红杉，投了200万美金。通过早期投资发现了两个斯坦福的研究生在这边搞出来的第一个路由器，成功培养以后在纳斯达克上市，上市以后在思科董事会里面，共同策划思科将来的技术创新方向，怎么样把思科从早期做技术的公司打造成做渠道加整合的公司？所以思科核心竞争力从原来的做科技变成了营销，变成了做管理的公司。其他的投资者从外面投资了大量的中小企业，又很好地推出，很多都成功被思科收购，把思科打造出了2 000亿美元，很多中小企业有了非常好的出路。在15年里非常成功，我们也想通过这个模式在聚光科技里面做实验。我们赛伯乐基金和聚光基金共同合作，成立孵化基金，相关的国内企业共同合作起来，或者单独上市，或者进入聚光大的营销和管理渠道。聚光本身也是一个典型的留学生创业的故事，两个人一个搞技术，是斯坦福大学的博士，另外一个搞管理营销，原来是斯坦福大学和伯克利大学毕业的留学生，加在一起100万美金的风险投资，把它做成盈利超过1个亿的公司，我们希望帮他们做出思科的模式。

第二个，国内有很多企业采用第一类模式能够成功，但是周期比较长，能不能利用现有的民营的制造企业做出创新模式来？我们做了实践，叫正泰模式，我们的合作对象是正泰集团，其作为规模化制造企业成为了世界的第三强，也非常有强烈的愿望，希望从一个规模化制造企业变成高科技的国际领先的企业。我们总结了一下，这个民营企业有很大的特点，第一是有非常深的政府的关系，第二是跟银行有很强的债权融资能力，第三是有规模化低成本的能力，第四是有全球销售渠道，第五是经过25年锻炼，形成了超过1万人的本土化创业团队。我们给它投资，第一，带来国际化的创投和产业资本，就是股权融资；第二，我们带来高科技太阳能制造业，即薄膜电池；第三，有更高层次的战略伙伴；第四，有以海归为主的国际化创业团队，最后我们整合在一起，搞出全新的国际化商业模式。原来正泰以制造为主，现在支持有三个海归的创业团队。国际化团队的整合，后面支撑的就是斯坦福的同学，现在管理着200人的斯坦福大学的新能源实验研究所，中间是一批新回来的海归在创业，上面是正泰的团队，加上以我们为首的资本团队和它的产业团队融合在一起。通过原来的价值链，主要聚焦“两头独大，一个创新”的创新模式，制造和组装，一头延伸到中国设计，一头延伸到中国服务，把正态的模式变成一个微笑曲线。

通常在这种情况下我们进入到企业里面去，在企业刚刚起飞的时候，已经有很多时间积累在里面，我们给它带来增值业务的部分，这个企业成为一个以高科技为主的企业。第三种模式我们也在进行实践，怎么把国内的品牌知识变成为我的模式推出来？在这里我们讲美国一个在ODC上市的公司的例子。这个公司在电动汽车充电网络细分市场里面是老大。在15年里专注于这个领域，突然间这个领域非常热，国家都要上马电动汽车，中国有十几个城市要上马，美国也有这样的情况。它现在拿到了能源部给它的1亿美元订单，希望在美国5个城市先把充电网络做出来。中国在商业化技术能力上和它有差距，我们想怎么能够做进去？第一，参股到这个公司里面，在里面作为相对的大股东；第二，通过参股进去作为大股东以后，把它主要的研发和制造搬到中国来；第三，以我们为主再组建一个合资公司，做中国的市场；第四，把它的上市公司做到纳斯达克主板里面去。至于中国的业务到底在中国自己独立上市还是并在一起做出更强大的公司来？以及这种公司想办法嫁接到国外成功的科技公司里面，跟民营企业一样，怎样把很多国外比较成熟的科技以更好的方式嫁接出来？解决这些问题的关键在于，通过这样做使其成为全球产业链整合中的科技品牌的领先代表。第一个，作为相对大的股东，第二个，发挥两个地方国资的优势，把两个市场都做出来。

梅永红：非常感谢朱敏先生的精彩演讲。我们每个人在遇到困难的时候，总是幻想着遇到天使，我这些年在做科技调研时接触了很多中小企业，他们在创新的过程中总是面临许多困难，总是幻想能够有天使帮助和拯救他们，但是这样的天使总是不出来。刚才听了朱敏先生的报告以后，我深有感触，他们不仅仅是给企业带来了投资，给企业带来了甘霖，更重要的是带来了商业模式，带来了新的项目，带来国际化客户关系，带来了他的团队。他们不仅仅是一个投资者，他们成了推动企业变革的操盘手。在我的眼里，朱敏先生已经幻化成了一个天使。我希望中国有更多的天使降临，让我们的中小企业更快地成长起来。

下面演讲的是唐如安，诚宽电子技术（上海）有限公司董事长、教授级高工。唐如安先生跟我也是多年的朋友，他是我们国家大唐移动，就是现在做TD-SCDMA移动通信的主要的操盘手，他是大唐移动总经理，在推动TD-SCDMA的过程中，是主要参与者和主要的决策人，在此过程中他有很多体会，他写的体验报告非常感人。唐如安先生曾先后就读于北京邮电大学、上海交通大学和北京大学光华管理学院，长期从事国家重大通信、科研项目的研发和产业化工作，曾任大唐设备有限公司总裁，现任诚宽电子技术（上海）有限公司董事长，在我国具有知识产权的第三移动标准TD-SCDMA产业建立和发展中长期担任重要职责，是产业化具体实施者，并成功推动了该标准在中国的商用。欢迎唐如安先生。

唐如安［诚宽电子技术（上海）有限公司董事长］：谢谢梅司长。各位来宾，下午好！受浦江论坛和梅司长的邀请，有机会在这样一个平台把我们在这个领域多年的实践给大家作一些简要的汇报。这30年，特别是国庆60周年典礼阅兵以后，每个中国人都有很多感慨，特别是这30年的变化，从这两天的论坛我已经感受到了。从昨天上午到今天下午，我们所有的主题报告已经不是30年前的中国，而是全球视野，如何看待中国在全球的定位，创新话题本身是定位的一个展现。前一个阶段回去参加学校的校友会，我1979年进大学，1983年大学毕业，学的通信，作为通信人，非常感慨这30年来通信领域的变化，对我们每个人生活的影响都是巨大的，我们很幸运，经历过中国通信从不发达、欠发达、发达、高速发达，到现在基本过剩的时代，至少在硬设备生产研发提供方面，给我感慨的是，我读大学的时候，打长途电话要先乘16路，再换22路到电报大楼，然后去领个牌子在那坐着等半个小时，被叫到后赶快讲几句话就得挂了。到今天通信不光有网络，还有手机，很便利。当时的工作单位还叫邮电科学院，进去的第一课是告诉我们要做中国的贝尔实验室。这30年的变化很大，朗讯在哪儿？已经没有了，过去敬仰的企业没有了，北电也没有了，相反中国的华为、中信等企业在中国崛起，这是历史的变化和缩影。在这30年当中，我们经历了很多，封闭年代，我是在科研单位，那个时候我们研究的设备我们自己定标准，跟国际不接轨，自己生产自己用，开放后发现接口、规范等很多地方不接轨，发现技术上的落后，由于长期的封闭，我们落后很多，在过去计划经济时代，我们做什么，用户用什么。到改革开放以后发现大落差，再到后来重新赶超，这是我们最初做TD的动机。

我从业20多年，TD是这些年来我们国家在自主创新，特别是在信息通信领域里面一个最大的创新性活动。TD到底是什么样的创新？可以用两句话概括，一个是TD是迄今为止我国在信息领域中唯一的系统性的原始创新。为什么说系统性？因为不是单个的技术，而是采用了一系列新的技术，包括单项技术的创新，构建全新的体制，成为系统性的创新，只有系统性的创新，才能引领一个产业或者一个行业的发展，成为国际性的标准，成为大家普遍认可的技术体制。第二个是在开放条件下实现的自主创新，因为跟封闭年代不一样，我们不是在研究自给自用的标准，而是要参与国际的竞争，参与到全球产业分工当中。很多人认为TD是中国的3G标准，错了，它是国际标准。从1998年开始，我们一直把它推进，成为国际电信联盟认可的国际标准。如果是国际标准，它就应该是开放的。

TD产生的历史背景有两个方面，一个方面是我们发展3G产业带来的跨越式的机遇，第一代移动通信我们是买来的，从1986年全运会引入模拟的大哥大开始，根本没有自己的东西，尽管当年我所在的研究院第四研究所在江阴地区搞了模拟大哥大，但最后没有成功。移动通信是巨大的产业，特别对我们信息产业来说，这20年影响巨大，一个是因特网，一个是移动通信，移动通信使接入的方式便利化、多样性、个性化，大家对网络依赖，目前这两者都在结合，可能会对产业产生新的巨大的需求和变化。移动通信是巨大的产业，在20世纪90年代讲这句话的时候，大家可能还没有这么高估，今天全球有不止50亿的用户，中国已经超过7亿。中国在ERP上的被动局面，自己在这上面的作为非常小，有创新的动机，在20世纪80年代末90初的时候，3G是重新洗牌的机会，应该有所作为。

另一个方面的历史背景是起步技术比较薄弱，国外在1988年开始研究3G的雏形，当时叫未来空中陆地移动通信系统，到1998年增进发展的时候，3G基本技术发展已有10年的开发经验，在研究史上关键技术都已经开发完了，包括专利保护、3G发展技术成果已经相当完备，我们从1998年开始做基本原理的验证和计算机仿真，大规模的关键技术开发是后面的事情。竞争力量对比悬殊，国际上其他两个3G标准，一个是

CDMA2000，中国电信在用；一个是WCDMA，中国联通在用。这两个标准都有全球的2G营运作为依托，我们在这个新的体制上没有原来的积累。

第三，产业基础比较薄弱，包括投入和产业链，在那两个标准体系下已形成了完整的产业链，而我们提出的产业链上基本是空白。这样的差距使得我们在竞争的开始时，技术起点是高的，产业积累起点是非常低的，而且在提出标准的过程中，在中国政府支持下，由当时的联通和中国通信，在国际标准上一起组团发表，主要开发是在原来的研究院。国外在两个体系下形成了两个比较大的阵营。TD从1998年到现在发展了十几年了，每年都有变化，大的阶段基本有三个，第一个是标准确立阶段，1998~2001年，打了无数的仗。第二个是关键技术产品开发验证阶段，2001~2005年，主要做产品的开发和搭建，认为可以使用了。第三个阶段从2007年开始进行商业推广，特别是从奥运开始建设，2009年年初3G牌照开始发放，正式营运由移动开始，这是细分的进程。如果在产业化实施过程中，我们的政策特别是政策的环境或者政府的战略指导在该过程中能更加清晰一些，这个周期可能会缩短些，因为中国人的聪明智慧，通过竞争，全世界通信制造业都已经领教了，但我们最大的差距在环境上。

西方国家在发展移动通信过程中有什么举措？一个是GSM，一个是CDMA，欧洲有好几个标准，英国、奥地利、德国的标准都不一样，当年他们提出GSM标准着眼于欧共体建立，如果要建立一个统一的市场，企业家和商人不可能坐火车通着电话到另一个国家就打不通了，不能漫游。因此GSM的背景是着眼于建立欧洲统一体市场，欧洲对它倾注了极大的心血，4年前欧洲成立欧洲委员会在推动，包括现在每年在巴塞罗那举行的3G大会，由运营商组建的谅解备忘录组织。运营商很重要，是最终的用户，没有运营商推动会很艰难。这两个组织不断推动，到1986年的时候，欧盟委员会11月出台了指导性文件，对GSM的详细解释体现了对GSM的政策上的支持，指导性对频率作了规划，900兆频段都留给GSM用，频段资源对无线通信非常重要，是一个资源，如果没有无线频谱什么都不能运转起来。谁拥有频段资源谁才能决定未来，相当于未来市场上才有可经营的市场。所以GSM的这种操作方法导致了后来的大批企业，主要是诺基亚，从欧洲走向世界，成为全球化企业。CDMA比GSM在移动通信领域里面晚了将近10年。1993年提出的时候，全球的GSM用户已经有100多万，但是美国并没有因为标准的出现而让美国人用这个，他们坚信CDMA的先进性，特别是容量的先进性，所以美国人在支持本土技术上采取的政策也是不遗余力，当时只有摩托罗拉支持，按道理技术出来晚，市场成功的概率比较低，但是美国政府在1994年前的频率规划当中没有留下GSM的频道，技术本身后面是经济竞争。由于美国政府的支持，包括采用发售企业债券的方式，导致CDMA最终走向了全世界。中国在支持TD产业上从道义上看出是好东西，但是到底走向哪里心里没有底，都是阶段式的政策释放。从2002年开始，在科委推动下划分了频谱，似乎给了信号——中国要支持TD，但是政府给了WCDMA和CDMA2000，给外部造成错觉，中国肯定将来3个标准都会用，很有可能外国最先用。我们的导向和他们的导向不一样，产业政策的终极目标明确，他们的产业政策比较稀有化，容易导致产业集聚。东方产业政策阶段性释放，摸着石头过河办工厂、企业，很难完全下决心，中国的企业内在动力很多时候不足。

我简单说一下在技术创新的过程中也包括制度的创新，这些年为了使TD能够增加开放式的联合，成立了两个组织，一个是技术论坛，有400多家国内外顶级企业参加，大家的观点可以不一样，但是在论坛上可以进行交流，只要在论坛上面不反对TD就可以了，但不一定参加了就支持TD。第二个是联盟，是国内企业发起的、以知识产权为纽带的产业组织，对TD支持起到了作用。创新里面最敏感的话题就是知识产权，我们对知识产权的认知程度应该是比较低的，2006年10月的时候，我曾经在央企领导班子上讲过，用15年路走过了国外上百年的路，这种说法夸大了，今天很多法律起草、很多法律经验的来源都是在国外大量的法律基础上参照做的。这些年由于我们在开放，在国际贸易中，特别是加入WTO以后，知识产权问题日益敏感，所以引起我们的领导人的重视，克林顿来谈知识产权，很多人都在谈知识产权。在实际知识产权保护过程中，我们经验比较少，基本认知程度比较低，当前有两个现象，一个是滥用，这些年有所缓解，随着中国实力增强，我们行业中顶级的企业几乎没有一家逃出它的魔爪。第二个是用滥，有个不好的现象，一讲创新性企业就问企业专利有多少，开发区内申请挂高新技术企业的牌子都是要看专利有多少。我在离开大唐前，也很反感一年要多少专利的指标，发明创造是个自然的过程，由实际企业的状态和市场的地位决定，不是行政干预决定的。在知识产权上面有点像GDP，是扭曲的，创造了垃圾专利，维护费、保护费是另外一种流失和浪费。

最后要说的是，创新是需要人人支持的。TD不是个人奋斗史，而是群体奋斗史，在其中有许多人给了非常大的帮助。当年在成为标准之前，关于要不要递交标准，大部分委员觉得不到水平，下次再讲，但是我们原来的科委主任说，中国总要开始，哪怕这次失败了，也为下次积累经验。那个会议是在香山开的，被认为是遵义会议。还有周光召先生，在TD关键的时候，特别是在争取国家领导人支持的方面起了巨大的作用，我们在向他汇报的时候，他说是好事，为什么不支持？当时还有院士和他讲是不是再组织一批人进行测试，他说，你们都是外行，我们都不是搞这个产业的，信产部搞了那么多测试，难道我们这些院士再搞测试能超过那些测试吗？这是好事，我们应该支持。搞过“两弹一星”的人，骨子里有一种东西，能感觉到。还有一个，不为功利，耐得住寂寞，直面风险，敢于担当，这些是创新成功的思想基础。前些年我们向徐冠华部长汇报，当时马部长问徐部长，我们是不是走得太快了？徐部长说大不了我们回去做院士，中国如果缺少了这些有思想的知识分子，中国的创新是不会成功的。

梅永红：非常感谢唐如安先生。我跟唐如安先生有过多次的接触，每次接触都让我感动，今天又一次被感动了，同时又产生了两种感受。他说要耐得住寂寞，创新确实是寂寞的长跑，每一个创新者都饱含汗水、磨难和酸楚，可能这也是规律，所谓人间正道是沧桑，也许是规律，也许成功的背后需要有这样的积淀。还有一个感受，我们提出这样的期待，希望我们的企业家能够壮士断臂，有这种豪气。但同时创新也是国家的责任，是政府和国家的不二选择。从唐如安介绍的TD-CDMA的经历看得出来，这些重大创新离不开国家和政府的支持。

下面有请北京华旗资讯数码科技有限公司总裁冯军先生。冯军先生1992年毕业于清华大学土木工程系，2004年获得北京大学光华管理学院EMBA硕士学位，冯军先生现为北京华旗资讯数码科技有限公司总裁、清华企业家协会主席、全国青联委员、全国青年科技工作者协会理事、民建中央委员、第十一届全国政协委员，2002年入选“TOP10中国科技新锐”，2003年荣获第六届“中国青年科技创新杰出奖”，2006年获“CCTV中国经济年度人物创新奖”，2007年成为全球最负盛誉的达沃斯经济论坛世界青年领袖，2008年3月24日被希腊奥委会选为2008北京奥运会火炬接力中国高科技第一人，在北京奥运圣火采集当日赴雅典进行圣火传递。我跟冯军先生有过接触，但是我看到冯军先生所透射出来的创业者的倔强和抱负，他的产品被命名为“爱国者”，让我产生很大的冲动。让我们欢迎爱国者冯军先生。

冯军（北京华旗资讯数码科技有限公司总裁）：尊敬的梅永红司长，尊敬的朱老师、唐老师以及各位专家和各位好朋友，大家下午好！很高兴有这样的机会能够和大家汇报一下作为学生创业的民族品牌，我们关于创新的一些思路。华旗是一个完全学生创业的企业，最早的时候，创业的资金只有220元人民币，后来很幸运在大家的支持下正好赶上了非常好的发展环境，所以一步步走到今天，取得了一些阶段性成果，经常也有老师、还有同学好朋友聊天的时候问，爱国者是如何活下来的？特别是在数码相机领域，9个比我们实力大得多的日本品牌基本垄断全球市场，敢于和它们挑战的只有两家了：韩国的三星和中国的爱国者。你们学生创业跟他们竞争靠什么？你们最近不但已经活了下来，而且已经连续在国美的销量排名第一了，而且在5天前爱国者的第一款全高清数码摄像机正式面世，所以爱国者已经不仅局限于数码相机领域跟几个日本品牌竞争，现在开始进军摄像机领域。这里的发展空间还很多。如果说要有什么分享，可以从两个角度分享一下。

华旗的品牌创建过程具体我这里略过了。在学生创业的时候我有一个梦想，希望成为一面大旗帜，所以当时起了个特大的名字，叫“华旗”，顺着这个思路要不断适应环境，特别是如果为了国际化的话。到美国后发现，到处是爱国者，不管是导弹还是最火的橄榄球队都叫“爱国者”，包括最近有一个电影也叫《爱国者》。所以我们为了和创业的初衷保持一致的名字，只好取爱国者谐音叫“Aigo”。从2003年开始走向国际化，从战略的角度上华旗很幸运，刚开始不懂，所以只好把清华的校训搬出来。“厚德载物，自强不息”，缺一不可，没想到自强不息、厚德载物和现在中国发展的大环境确确实实非常匹配。“厚德载物”和全民族提倡的构建和谐社会基本一致，“自强不息”和可持续发展的科学发展观比较一致。所以关于创新其实是我们没有选择的选择，因为厚德载物当好人，做事要跟周边一起和谐发展，要当好人，还要可持续发展，没完没了，只有一条路可以走了，就是创造新的价值，简称创新，包括总的论坛叫“浦江创新论坛”。只有创造新的价值，才能又当好人又可持续，换句话说构建和谐社会及至构建和谐世界，然后又能没完没了地保持匀速发展。咱不折腾，这样大家都比较开心，这是战略。所以华旗很幸运，2004年自从U盘和MP3开始，公司超越了韩国品牌成为国际第一之后开始国际化时，将公司定位全部做研发，成立了7个研究院，全面走向创新之路。战略有了，下面说战术，华旗在创新方面发现特别有效特别简单的创新公式，在战术上确保大家在创新方面取得成果。一方面是全公司下国际象棋，首先从团队精神上，要从国际象棋上学点老外的团队精神，像两只象，一个站白格，一个站黑格，这两只象永远是好朋友，永远是1+1=11的关系。会下国际象棋的朋友都知道，双象去“将军”的话基本上对方没地儿可躲。中国象棋中的象如果左边的象站在中间，右边的象不但不能过河，最可能是连左边也去不了，全部被憋死了。所以这个规则我们需要反思一下，因为我们从小都是下中国象棋长大的，潜移默化。不妨既下中国象棋，同时学习国际象棋，学习他们的潜规则，有利于团队精神的规则。我们每个月全体参加比赛，新员工也得先考国际象棋。有了这样的精神，觉得老外的团队精神没有什么了不起，就是占了从小下国际象棋的优势。除了会下国际象棋之外，可千万别丢了中国象棋自己的优势，就是那个“炮”。那个“炮”是中国象棋的灵魂，是中华民族的象征，虽然老外的团队精神值得我们学习，但是他们的思维模式是平面的、两维的，唯独中国的炮是三维的思维模式。小平同志解决中国的改革问题的时候，1992年南方讲话，在中国南海边老人画了一个炮。不像另外一个国家从计划到市场，一夜之间遭遇了巨大损失。中国象棋跨越性思维对于解决疑难杂症有巨大的价值。在香港问题的解决上，小平同志说过一句非常经典的话，我们这一代解决不了的问题，用炮绕过去，50年保持不变，一国两制。人类历史上从来没用“一国两制”解决过问题，现在包括澳门问题都用这种方式解决了。中国人足够的智慧源于我们从小下的象棋中炮的模式，这是封建社会中碰撞出的创新火花，所以不能丢了。我们既要学习西方的东西，改革开放，又要中华民族自己的东西，所以战术出来了。这个战术叫“1+1=11”。

1+1有4个答案，如果不加管理的话，1+1=11的概率只有25%，这两个1之间各种可能性都有，用两个手指头比画一下就记住了，千万不要合在一起，方向不一致会产生负损失，目标不一致的事绝不干。目标一致，如果定位相同，1+1=1还是没有创造价值，所以既要目标一致，同时定位要分开，这时候创新的公式出来了。刚才听到的朱老师的赛伯乐是典型的1+1=11的方式，帮助了年轻的创业者，用国际化资源和中国资源整合，1+1=11也可以理解为国家提倡的集成创新。创新可以很多，现在比较符合中国的国情。目前中国当务之急可能在集成方面讲是直截了当帮助大家创造非常多的价值，为以后大家更大的发展奠定基础。集成创新是非常务实的，目前来说在每一个不管学生创业还是中国正在创业的各个领域，都可以在这方面进行思考。过去老外取笑中国人，1个中国人是条龙，3个中国人有可能是条虫，这个可以用1+1=11的方式理顺大家的方向。可以通过股份制改造及各种各样的方式让大家的目标一致，在这个基础上一定要拉开分工，像《亮剑》中的李云龙和赵刚一样，一个主抓军事，一个主抓生活，否则如果两个人定位一致，价值也创造出来了，但是好像1+1=1并没有发挥效果。为了发挥最佳效果，多动脑筋，怎么样让1+1=11？做研发，做品牌建设。中国非常值得自豪，但是在中国创造，特别是在品牌和研发领域，普遍来讲还属于共同学习和共同研讨的状态，用1+1=11的思路做研发，用1+1=11的思路做品牌非常简单。下面举几个例子大家可能就能理解了。

比如我们的7个研究院，而我是学习土建的人，怎么会在IT领域搞研发？我们每天、每周全公司的高管会就是在讨论大家如何用1+1=11互通来创造机会，MP6即产自典型的妙笔实验部。目前来说MP6标准是中国在音视频播放领域的第一个标准，原来DVD标准、MP3标准基本是国外定的，而现在MP6已经拥有了29项专利，应用也相当广泛，200万首歌曲一点就立即出现了。10年后网络游戏取代了盗版。大家在提倡保护知识产权，不要用盗版。现在盗版比正版便宜，如果用新的技术、宽带再加上妙笔1+1=11，这个时候用户使用正版会比盗版还开心，盗版就会消失。我们的两个部门用1+1=11诞生了许多专利。

技术方面的案例我就不讲了。再举一个大家好理解的例子，再说一点妙笔，大家很奇怪，爱国者怎么成为奥运会的5个合作伙伴？中国的数码品牌成为奥运伙伴没有可能了吗？但是爱国者怎样成为奥运合作伙伴，萨马兰奇成为总顾问，这个道理很简单，用1+1=11的思路非常容易实现。首先我们邀请了国际奥委会的官员视察了华旗，他们看到我们有一项目前三星都没有的妙笔技术，他们发现我们的技术可以帮助瑞士洛桑的奥林匹克博物馆，不用走遍全中国就可以让老百姓了解博物馆的所有产品，只要一点就来了，所以我们成了奥运会的合作伙伴。萨马兰奇很高兴中国的品牌能够帮助奥运会，让全世界的听众和用户了解奥运精神和奥运会的历史文化传统故事，这种文化正是奥委会最想让人们了解和认识的。爱国者用1+1=11来实现，进入了奥运会。我们用1+1=11的模式做了很多事情，包括本届奥运会的所有志愿者，都是用爱国者培训的。因为我们用3个月速成英语的方式，大家说不要吹牛了，你学的不是英语，学的是翻译，因为30年前学英语，实际上是翻译，因为不让大家说，不让大家听，所以每天只让你从四个答案里选出一个答案，每天在75%错误的答案里面学习，学到后来都糊涂了，但是奥运会需要的志愿者不是高分，而是practical English，是可以真正和全世界朋友沟通的志愿者，所以不需要成绩，只要实用经验，我们1+1=11，成立一家公司，成为奥运语言的供应商，专门培训鸟巢志愿者，能够速成，用3个月时间进行沟通，我也学习了一下，用这样的设备学习，现在我的英语也过关了。我自己也通过爱国者妙笔的学习，英语水平突飞猛进，现在什么大会上用英语都能说了。中国都是学龄前儿童学拼音，拼音是最简单的事，我们用中国方式学英语，越学越复杂。我的意思是用1+1=11的思路可以解决研发以外、品牌以外的很多问题。爱国者为中国的载人航天事业作出了小贡献，“神六”、“神七”的运行设备都是爱国者；F1赛车上也出现了“爱国者”三个汉字，麦凯轮很多时候没有得到好成绩，自从出现了三个汉字——“爱国者”以后如有神助，中国看来是能给全世界带来好运的，汉密尔顿带着“爱国者”三个汉字第一场比赛就站上了领奖台，而且是最年轻的世界冠军。

我们发挥中国人的聪明才智，用跨越式发展创造新的价值，只要能为人类创造新的价值，这些事情就值得做。不但可以做研发，还可以沿用到品牌的推广，甚至谈恋爱的时候，也可以动用1+1=11的思路，找到一个跟自己互补的人，能够创造价值。这样的婚姻是可持续发展的和谐婚姻。同时也非常感谢拥有爱国者的所有的大哥哥、大姐姐对民族品牌的支持，爱国者能有今天是在大家的支持下从学生创业走到今天。我代表1 900名华旗人对所有支持和爱护民族品牌创新的所有的老朋友，表示衷心的感谢！也希望不辜负大家对我们的鼓励，希望高新技术能够像车一样勇往直前，像马一样与日俱进，不准蹩马腿，这是国际象棋里的规则。我们要不但不蹩自己的马腿，也不蹩对方的马腿，让中国参与国际化竞争，也没有必要抵制国外的技术，中国是通过改革开放和世界融合在一起的，所以爱国不意味着排外。邓小平同志通过改革开放，通过跟全世界在一起实现了中华民族的腾飞。1+1=11其实是更大的眼界，自信的中国人通过与全世界合作，最后树立起中国人自己的标准与全世界分享，来创造价值。我们的目标是要将爱国者建设成为令国人骄傲的国际品牌。另外奥运会确确实实改变了几个东亚国家的命运。1964年东京奥运会之后，日本民族品牌一起抱团，集体用创新的方式走向了世界。1988年的汉城奥运会之后，韩国品牌开始崛起，相互支持、相互鼓励，走向了世界，诞生了一批令韩国人骄傲的民族品牌。继北京奥运会之后，上海要开世博会了，中国人也可以用团队精神团结在一起，相互鼓励、共同努力，通过实际行动把中国制造的优势转化为中国创造，大家一起来创造新的价值，通过齐心协力，真正地让中国创造成为全球华人共同的骄傲。

梅永红：感谢冯军先生的这番演讲。我用三句话概括他的演讲：诙谐的语言，朴素的道理，深厚的哲学。这三者之间统一起来用1+1公式做，因为它们之间有矛盾。今天让我大开眼界，学到了很多道理，从诙谐朴素的语气中大家感觉到企业一路走过来，似乎是蒙出来的，其实每个企业成功背后都有自己的曲折和辛酸，不能拿到今天台面上讲的苦楚。一个企业的成功是有规律可循的，可以找到很多因素，有两点不可或缺，一个是良好的环境，即制度环境、人文环境和市场环境，另外还有就是企业家的精神。每个成功企业的背后，企业家透出来的精神绝对是这个企业能够成功的灵魂。冯军先生曾经给我的感觉就是透射出一种倔强、一种执著、一种抱负，今天听完以后，又让我给他戴一个新帽子——儒雅，一个儒雅的学者，一个儒雅的企业家。

下面是论坛的互动。今天这个论坛的主题是“新兴经济体产业技术突破的典型经验”，我们以前总是在学爱尔兰的经验、学芬兰的经验、学日本和韩国的经验，今天中国和世界传达着我们的感受和实践，也让世界分享了中国创业者的经验，也预示着某种变革，下面请在座的各位提问。

提问者：我请教唐先生两个问题，第一，贵公司通过什么手段和方法来了解世界范围内技术的发展动态？第二，怎样对你的研发做一个战略的规划？

唐如安：第一，我工作的单位前身是电信研究院。中国参加国际组织已经有很长的时间，新中国成立以后陆续参加国际化标准组织当中，参加组织的主要成员过去在计划经济下，直到20世纪80年代末都是研究员体系下的。我们每年大批人员参加国际交流，改革开放以后这种交流更加频繁，对国际上的进展应该是了解的。第二，改革开放后，我们研究院体系大量的人员在国外留学或者做访问学者，同时建立国际合作，比如TD-SCDMA本身是国际合作的技术，前身是在美国的留学生一起做宽带无线接入技术的积累，在这个基础上提出3G标准进行改造。第三，这些年特别是改革开放后，尽管营运业是垄断的，但制造业是最先开放的，全世界最强的企业都在家门口，在国内环境下，我们面临的是全球性的竞争，所以对动态是了解的。

提问者：我是中国科学院科技政策所的。我问一下唐总，大唐电信前身是从电科院转制的企业，在通信领域中是比较典型的现象，它们有优势，但管理好企业是个很大的挑战，部委的研究院原来的思路和体制能真正改变多少？您要注入要改变基因，它的管理体制和商业化的倾向怎么样？

唐如安：问了一个我切身感受的问题。第一，这些大院、大所过去在国家的扶持下有很深厚的积累，也有很深厚的资源，这些资源如何从市场经济转化为一种市场的竞争力，到今天还没有完全解决。第二，在关系到这样大的创新，像TD-SCDMA单一产品和技术创新，一般的企业承担没有问题。这么大的创新离不开国家支持，过去大院、大所有优势的，特别是它们过去和政府的关系，和运营商体系的关系，因为大家都熟悉，都有它具有优势的地方，特别是前期，在具有很高的风险或者说在需要强有力政策保障。这是大院、大所的优势。大院、大所的劣势是体制问题，特别是实行市场竞争的体制，这个问题没有解决。从创新的角度讲，初期时大院、大所优势发挥更明显，但进入市场化运作以后，后面市场化程度高的企业可能赢得机会更多。但是中国的TD不应该是某个院所的，也不应该是大唐的，只不过大唐在这里扮演了一个角色。包括最近的网络建设，3G、4G招标以后，中兴、华为开始成为市场中的赢家，这是市场化的优势。我这些年也在摸索，希望通过创新以后使企业能够更加市场化。在这个体系里面人无法改变。我现在的身份不是在研究院。中小企业是创新的主体，我也想跳出来在中小企业再做一把，尝试一下。

梅永红：唐如安本身就是这个体制的反叛者，已经离开了这个院了。

提问者：我是台湾中国科技大学的。请教一下朱老师，刚才谈到的模式创新非常精彩，2000年的时候大家都期盼创业板的出台，可是又拖了八九年，最近终于要出台了。不过您的创新模式没有受到创业板的影响，您的国际化模式更厉害了。您是否可以预测一下即将出台的创业板对于未来的中国的创新和创业有什么影响？

朱敏：谢谢！这是一个很好的问题，我是从国外回来的，而且在纳斯达克做过多年总裁，对国外资本市场很熟悉，对国内资本市场有一个认识过程。这个创业板最大的用处是第一次真正尊重知识产权，因为A股有净资产的回报率，A股里带有了很大的制造型企业特色在里面，主要是根据固定资产认为企业有很大价值。我从纳斯达克过来，纳斯达克从来没有固定资产回报率，这些数字市场上都没有的。比如我在浙江，以前这个企业不需要上市，现在突然之间要上市了，因为看到了很重要的知识产权。一个企业光靠固定资产评价企业的价值，是对知识产权最大的不尊重，原来的A股至少参与在里面，反映出现有的状态。现在创业板不管是对还是错，真正第一次提出了市盈率，这和固定资产升值没有一点关系。民企看到了这个好处，忽悠一下便赚钱了。它体现了知识产权，因为公司的知识产权最后体现在盈利上面。我们尊重知识产权，不管这个知识产权是商业模式还是新的技术，都会得到新的鼓励。我们当年把知识产权狭义解释为我有一个专利，专利能够卖5 000元钱、10 000元钱，原来是担心，现在说即使是泡沫，也会带着时代往前走，这是非常好的事情。

提问者：你好，我来自同济大学中国科技管理研究院。有一个问题请教冯总，华旗资讯2004年从模仿创新向自主创新转轨，中国很多企业开始转轨，华旗资讯在战略转型过程中遇到最大的挫折是什么？是怎样克服的？

冯军：你的问题提得很好，也触动了我们的一些伤心事。因为2001年移动硬盘和U盘拿到了第一名，所以我们斗着胆子进了MP3领域，当时是韩国品牌垄断的市场，没有一个品牌敢跟韩国品牌竞争，我们就吃熊心豹子胆了，在1+1=11的思路下，在U盘的基础上加了一个播放器，居然是全世界第一个免驱动的MP3，当时韩国的MP3都带有软盘，我们给用户创造了价值，直接插上电脑就行了，因为U盘不需要驱动程序的，所以就这个小小的程序让用户可以偷懒了，这大概用了8个月的时间吧。还有中国象棋的炮，还有一个名字叫“月光宝盒”，有爱你一万年的含义。所以有两个原因，一方面在技术上给客户创造价值，另一方面符合用户需求，一个女孩子收到了月光宝盒的MP3，中国人脉脉含情的表达方式，便将爱你一万年表达出来了。2003年我们超越了三星，成为MP3的第一名，我们发现1+1原来这么有用，看起来不可一世的国际品牌其实完全可以通过创新追上，大家公平竞争、同台竞争。我们开始转型以研发为主，但是选择的领域是数码相机，所以在2004年全面进攻数码相机，第一年的投入在1 000万元左右，2006年亏损了3 000万元，2007年也是3 000万元，都是靠移动U盘的盈利和补贴活过来了，2008年才打平。2009年数码相机开始盈利了，大家都很开心。我们自己滚动式发展，当时步伐稍微迈得快了一点，但是我们都不后悔。在这里建议大家要量力而行，做自主创新，华旗一创业就做技术创新，做数码相机，现在处于劣势了。但是现在我们有南泥湾了，成为第一名，有稳定的利润来源，用那边的利润来源补贴自主创新，自主创新中有很多痛苦。唐总是非常令人敬佩的而且很可爱的人，非常不容易。在这个领域1+1=11的机会很多。互联网到来之后，数码时代细分的市场非常多，已经不是360行，各个行业都可以创造价值。这时候大家需要量力而行，一步一个脚印往上走，不能步伐过大，这个时候还要讲科学发展观，可持续发展，稳定创造价值，这样做管理经验包括市场经验都跟得上。相当于木桶原理，什么地方都挺高，如果有一个短板，作为一个企业，作为一个创业者都是无法生存的。当木桶做好了之后，必须要有自己的特长，朱老师一直在寻找。企业除了木桶原理之外有没有木棍，因为金融危机以后大家不可能拿木头捞水，这时候就必须得有一个像勺子一样比较有特长的东西。只有这样在井水不断下降的情况下，还可以用带着长木棍的勺子舀水，这样才可以活下来。你的竞争对手只有一个桶，没有自主创新，你的优势就显现出来了。这是循序渐进的过程，大家进行创新的时候一定要量力而行，一步一个脚印。

梅永红：今天的对话就到这里。刚才仔细观察三位成功人士，历经苦难的唐如安先生，冯军先生一脸福相，相对“贫困”的朱敏先生脸上充满了哲学。今天新兴经济体产业突破的典型经验，各位都能够从三位非常精彩的发言当中自己去感悟、去体会。我曾经在很多场合讲过一句话：可怕的不是落后，而是自甘落后。对于中国来说在创新方面有所作为，我们去总结国际上的经验，总结我们自己这些年来的探索，有一条是不能不坚持的，那就是永不放弃，这才是我们最值得坚持的经验。浦江论坛这次给了我很多机会，我有一个大会的发言，今天又能够做主持，我感到十分的荣幸，特别是能够为三位非常成功的人士做主持，我更感到倍加荣幸。到最后要结束的时候已经产生了一种不舍，谢谢各位！

07 专题论坛4

专题论坛4：以创新驱动发展

主持人周家伦（同济大学党委书记）：尊敬的各位来宾，女士们、先生们，大家下午好，我很高兴能够主持“以创新驱动发展”这个专题论坛。改革开放以来，我国根据自身的资源禀赋，选择了要素驱动和投资驱动的发展模式，这是与我们国情相适应的，也取得了举世瞩目的辉煌成就，中国已经成为世界制造大国，并成为世界第三大经济体。然而与GDP不断提高相对应的是我国的创新能力还有待提高，我国的发展方式还主要依靠粗放型的投资方式，导致我国资源和能源供应紧张，环境受到污染和破坏。创新是社会经济发展的动力，当前似乎所有问题的解决都依赖于创新，世界各国纷纷根据本国的国情制定不同的创新政策，通过经济社会和文化的发展以增强整体优势。我国已经提出了2020年进入创新型国家的行业目标，实现发展模式从要素驱动和投资驱动向创新驱动转变。今天我们很高兴邀请到了三位嘉宾来参与这个专题的讨论，他们将对创新驱动发展这一主题发表独到的见解。首先我们请出新加坡科技研究局主席林泉宝先生。林先生从2007年起一直担任新加坡科技研究局主席。在担任常任秘书期间，评审了大学研究框架，创办了新的学术委员会。从2007年开始，林先生成为科学理论论坛的一员。今天，林主席将和我们分享在全球新竞争格局下新加坡如何实现创新，并采取动员整个政府的方法，从而取得更大的成就。下面我们欢迎林主席作综合化的影响力主题演讲。

林泉宝（新加坡科技研究局主席）：非常高兴和荣幸能够参加这个创新论坛，也非常感谢主办方邀请我来参加这个论坛，在此祝贺这个论坛举办得非常成功。1996年我首次来中国拜访，从那时候起可以说每次回中国，尤其是上海，天空每次都比较蓝一点，到世博会的时候，你们一定有晴天，这是中国的成就，也可以说是中国的将来。

我今天的演讲题目是《融合于创造更大的影响力》，为什么要选择这样一个题目呢？因为我知道在座各位已经对各种系统性的创新有了较深的了解，所以我今天想要从比较高的层面来谈谈，并以新加坡为背景来谈谈我们如何使用整合的能力来创造更大的影响力。这对新加坡这个国家来说是非常重要的，因为新加坡人口不多，刚刚足以支持其经济发展。这是一些关于新加坡经济发展的历史，同时新加坡也是一个非常多元化的国家，它于1965年独立，历史非常短。另外我要提的是新加坡经济的发展，我们人口只有上海人口的1/5，我们需要来自于外国的移民帮助我们增强整个经济的活力。在1965年的时候新加坡的人均GDP只有不到1 000美元；在2000年的时候，新加坡的人均国民生产总值达到2.3万美元。在海湾战争爆发和前苏联解体后我们迎来了全球化。全球化为我们带来了巨大的变革，这也使得新加坡不得不重新思考自己的发展战略。我们意识到，在发展的过程当中，必须要将发展的中心转移到创新经济上来。1997年，我们就看到了这个局面，迫使自己要改变思维的方式。我们可以看到新加坡的发展和中国的发展是有相似性的，在15年的时间当中，新加坡就完成了经济腾飞的过程，中国也处在这个发展过程中。你们也在谈创新，对我们来说谈知识经济和谈创新是同等重要的，我们周边有印度、中国、越南等新兴经济体在崛起，所以我们别无选择，必须把这条价值链越推越高。

我们的经济在1999年之后发展非常迅速，人均GDP也不断增长。当然经历过世界经济的危机和萧条，我们作为一个开放的经济体受到了严重的影响。我们2009年预期经济增长为−2%，但是这相对来说已是个好消息了，因为我们之前曾经有过−9%的预期。这说明我们的经济有所回暖，现在的经济形势已经有了很大的好转。来看一下我们是怎么样在研发方面进行投资的。1990年是一个关键的转折点。当时我们认为一定要做知识经济、要创新，那时我们用于创新的投入还不大，投资不到GDP的1%。在经济危机之后，我们认识到自己的行动太慢了，需要做得更快一些。在世纪之交时发生了非常大的变化，生物医药那时正在兴起，我们抓住了生物医药发展的势头扩大新加坡在这个行业中的影响力，当时研发的投资迅猛增长。然而我们在2005年做了一个评估，发现实际上新加坡知识经济和创新的发展还是不够快。2005年做评估的重要目的就是考虑新加坡将来做一些什么样的工作，需要做一些什么事情。我们当时坐下来讨论应该给政府提出什么样的建议。我们总结出了几点，第一是加大创新投资。第二是为投资设立一个大胆的目标。我们当时在研发上的投资是2.2%，而欧盟的目标更大，是在2015年达到3%。从欧盟区域经济发展形势来看这个目标不太现实。因此新加坡是一个小国，我们要看看邻国中国和印度的情况，如果你们设立2015年达到3%的目标，我们就提出2010年达到3%的目标。我们把这个建议提交给了政府，令人感到惊讶的是，政府的回应是：可行，但是唯一的要求是，现在必须立即行动！

因此，事实上我们将研发的投资翻了两倍多，而且在GDP不断增长的背景下，研发投资所占比例仍然迅猛上升，大学的研究费用从2005年到2010年比之前5年增长了两倍多，这是非常惊人的。因为我们深刻地意识到时间的紧迫性，我们必须立即行动。

我们成立了一个研究创新和企业委员会，总理与所有部长、行业中的领头羊，还有研究方面的领先人物一起讨论创新的计划。总理能够支持这个计划是非常重要的，他可以对财政部长说："你一定要保证资金支持。"我是科技研发署的负责人，我同时也是国家研究基金会的成员，另外一个就是学习研究基金会，是为各种研究提供基金的。这两个组织之间是非常好的合作关系，我还担任了MTU的委员。在这样一个架构上，来自不同的机构的成员可以一起讨论合作，也就是说来自于政府的委员会、基金会、大学的代表都可以坐在一起参与讨论。这样一来我们就可以使不同背景的人才都参与我们的讨论，从政府官员到企业家到研究人员，大家都可以贡献一份力。科技研发署得到40%的投资，国家研究基金会得到17%，而经济发展委员会得到16%的投资，这样我们就可以对经济发展和工业发展直接造成影响，并且也得到最直接的反馈。我们放眼全局，并且综合配置资源。我们的成员包含了所有创新的元素，其中有大学、政府机构和公司的研发中心。我们将重点放在建设已有的工业上，比如石化工业和半导体工业，这些已经发展得很好的工业，我们继续追加投资。另外我们还关注其他行业，如自来水工业、生物制药工业和互动媒体工业。

我下面要讲的是我们在生物医学上8年内的发展目标。在这个项目执行之后，到底能够看到怎样的收益？我们有一个指导委员会，是由主要的几位部长组成的，我们需要部长的参与，因为到最后一天需要跟公众解释，为什么在这个领域投资那么多，到时就可以跟公众有一个明确的交代。政府层面下面就全都是执行层面。我们的做法是建立了一个独立的或者是一个唯一的主体，叫做生物医学执行科学委员会，这个组织与卫生部是分离的，只要和生物医药相关的问题，从基础研究到临床研究都可以归这里管，在这个委员会下面所有相关的人都跟委员会报告，包括医院的院长、研究所的所长、药厂的代表，还有监管机构都会在委员会下面进行讨论，所以说这是一个统一归口。我们可以消除一切讨论中可能出现的行政障碍，以达成很好的解决方案。这也是我们在2005年评估之后做出的改变。生物医药行业对整个研发系统都是非常重要的。

另外非常重要的是我前面讲的这个委员会，它收到了超过15亿新加坡币，也就是差不多10亿美元的资金，分别来自三个机构的投资，第一是科学技术研究署，第二是国家研究基金会，第三是卫生部。我们有充分的权力去运用这样一笔资金，所有的决定都是在委员会上作出的，有决定权的就是我们的执行委员会，我们需要上面这些专家的帮助，这些都是全球著名的专家，有了他们的帮助，我们就能够飞速地发展。在第一个阶段，我们首先用19个月建立了一个科研中心，建的时候就把科学家们招进来。在第二个阶段我们非常关注转化医学和临床研究及充分建立了基础研究所需要的设施，包括把临床研究所有的东西都建立起来，这样就可以把一些基础研究转化到临床研究上去，同时鼓励大学建立研究中心。我们花费了两年的时间，在两年之后完成了这些资源的整合。同时还建立了各种实体性的基础设施，像各种临床研究所需要的基础设施都是在非常短的时间内就建完了。我们没有行政的阻碍，将所有精力都放在执行上面。

我们是把资源集中起来，非常好的一个资源就是基金，每一次拨款都达到2.5亿新币，用于转化医学的研究。我们关注几个领域，一个是癌症，针对某一种癌症，短平快地把这些效果做出来，我们选择了一些非常重要的疾病治疗领域作为研究的重点。我们使用公众的投资来为我们的创新注入动力，让它们尽快地产生影响。为了让研究能够成功，我们需要非常好的人力资源。2000年时，我们国家的生物医学家数目是非常少的，于是引进了很多来自于欧洲、美国、中国、日本等的科学家到新加坡来，2 000多个科学家中，有超过50%的研究者是自60多个不同的国家，这是一个多元化的团体。我们也推出了一个计划，招纳全球人才并同时鼓励年轻的新加坡人来做研究，联合国有一个千人计划，新加坡也有博士生的培养计划，我们希望在2010年之前培养1 000名博士生，就是要赶上斯坦福大学。我们在斯坦福大学也有非常多的学生，这是非常大的投资。如果大家公费读书的话，学费加上各种费用要达到几百万元人民币，这个过程是非常漫长的，在他们毕业之后，可能还要再进行20年的实践工作才能真正成为这个领域中的领导者。新加坡在这方面是大手笔，试图培养这么多的博士生出来。同时我们也推出一个项目，招纳全球的优秀的人才。我们也计划招纳中国学生、印度学生、拉美学生、美国学生、欧洲学生和非洲学生来新加坡读书。

我们把它叫做生物城，生物城里有2 000多名研究者在进行工作，最重要的一点就是它的设施，我们召开的研讨会和开展的研究等都得到了私有行业的支持，在全球世界其他地方也是一样。这就是我们的生物城的模式图，可以看到它的面积和包括的人数等，到2000年以后，差不多过了8年时间了，我们已经看到自己斐然的成就，发表的论文数量几乎是原先4倍多，从110份到476份；2000年时专利几乎是没有的，2008年时专利已经达到216项；还有很多的基础研究进入临床后，我们再补进去新的项目，数量非常多。博士生的数量、奖金学的数量和到新加坡读书的学生人数也都在不断增长。

同时我们也非常关注研究成果的商业化，鼓励博士生和具备各项科研成就的人创业，或者投身到商业化的过程中去。接下来看一下新加坡的临床研究，在新加坡有几百个实验正在进行，从早期的实验到一期、二期、三期、四期都在不断地进行，还有CRO这种业务形式也在新加坡蓬勃开展。我们的投资是非常大的，对于人才的引进非常重视。如果你关注的领域非常具有针对性，是一个聚焦的领域，你能够创造的影响是非常大的。这也就是为什么这么多拥有科研机构的药厂愿意到新加坡来。

我现在想讲讲新加坡生物医药领域的发展，直到2007年新加坡还没有一个大型的生物医药投资项目，在此之前我们一直在谈论如何吸引投资者进来投资。而2007年以后的18个月里我们就得到了美国20亿美元的投资，这是因为我们在招贤纳才和增强研发能力上作出了努力。我们一直都很专注，并且综合运用自己的资源来解决问题。这就是我所说的影响，对GDP的影响，对就业的影响，特别是对高薪岗位的影响。我们可以看到直到经济衰退之前行业的增长势头是非常迅猛的，而就业增长势头将会持续。行业产出在过去的7年中增长了15%，就业率增长了8%，这个行业对经济发展是非常重要的，因此也很有吸引力。我今天的演讲就到这里，谢谢大家。

周家伦：感谢林主席的精彩演讲。下面我们要请出的嘉宾是江西省科学技术厅厅长王海先生。下面我们欢迎王先生作题为《科技创新助推江西绿色崛起》的演讲。

王海（江西省科技厅厅长）：尊敬的主持人，尊敬的各位领导，各位来宾，大家下午好！非常荣幸参加2009年浦江创新论坛，这两天听到各位专家和企业家的发言，收益良多。深深体会到创新已经开始成为时代潮流，开始成为社会的共识，并即将为社会发展提供强大的动力。作为江西科技部门的一位管理工作者，借此机会我谨代表江西省科技厅就《科技创新助推江西绿色崛起》这个主题给大家作一些介绍。

我们江西是中国的中部地区，全省国土面积有17万平方公里，人口4 400万人，是一块充满激情和正在发展的红土地。新世纪以来江西的工业产值3年翻了一番，国内生产总值4年翻了一番，财政收入5年翻了一番，人均收入6年翻一番。经过近10年的发展，江西创新创业的相对优势正在显示出来：一是生态环境良好，青山绿水是我们江西一张亮丽的名片；二是区位优势凸显，江西是三个三角洲产业承接转移的热点；三是资源潜力转化率明显提高；四是新产业增长发展很快，现在江西的高新技术产业产值占国内生产总值的比重达到全国的平均水平；五是政府服务能力大大提高，金融危机以来，江西省委省政府提出“化危机为生机，化经济波动期为经济发展的机遇期”。江西实施“科技应对国际金融危机，创新促进中部崛起”的政策，促进了高新技术产业逆势上扬，今年的增长速度仍然要超过30%，科技路演在94个工业园区全面展开，项目技术人才政策服务高潮迭起，企业产业对科技人才的需求越来越旺盛，创新发展开始成为全社会的共识，新产品的开发数量增长了一倍，专利申请量提高30%以上。1~8月，我们全省的国内生产总值增长10.8%，高于全国水平2.5个百分点，地方财政收入增长16.1%，固定资产投资增长45%，社会消费品零售总额增长18.5%，这些指标都好于全国平均水平，在全国的位置不断前移。尽管江西处于经济发展的阶段，我们也清醒地认识到，江西欠发达省份的地位没有根本改变，面临的主要矛盾和问题还非常突出，包括经济总量偏小，产业层次不高，创新能力不强，开放领域不宽，领军人才缺乏，资源和环境的压力比较大。依据这样的判断，江西省委省政府以科学发展观为指导，在深化对江西认识的基础上进一步解放思想，在以下三个方面积极探索，加快崛起。

第一，创新发展理念，建设鄱阳湖生态经济区。这也是江西绿色崛起的主题。鄱阳湖是我国最大的淡水湖，湖泊面积5 100平方公里，在江西的湖域面积中占92%。鄱阳湖是我国四大淡水湖中唯一保持水质优良的淡水湖泊，我们赣江每年通过鄱阳湖流入到长江的水有1 500亿立方米，相当于黄河、海河和淮河的三河水量总和。所以，它不仅是江西的母亲湖，更是全国的湖泊，在维系长江流域生态安全、水安全，维护生态多样化、调节气候方面发挥着重要的作用。鄱阳湖地区在我们江西涉及50多个县市，自然条件优越，工业化和城镇化水平相对较高，基础设施比较完善，人文环境良好，是江西最具潜力和环境潜在能力最强的地区，是中部地区正在加速成长的重要的增长极之一。20世纪80年代以来，江西坚持不懈地实施三江湖工程，开展了全流域大规模的综合治理。江西的森林覆盖率由31.5%提高到60.3%，排名全国第二，取得了显著的生态效益和社会效益，建设鄱阳湖生态经济区是江西“既要金山银山，更要绿水青山”发展理念的深化，是经济文明与生态文明的高度统一，是坚持以人为本，落实科学发展观的重要体现。我们江西走的路是既要保护环境又要加快中部崛起，把生态建设和经济建设、物质文明和精神文明统一起来，才能实现可持续发展，这就是我们江西的理念创新。

目前鄱阳湖生态经济区大规模的建设已经全面启动。重点如下：第一，进行科技生态建设。到2009年年底全省所有的污水处理厂已经建设完毕，实施了植树造林、“一大四小”工程、农村垃圾和污染治理工程等，力求使江西的森林覆盖率3年以后提高3个百分点，达到63%以上，如果能够实现这样的目标，江西的森林覆盖率在全国就排第一位了。要实现一流的水质、一流的空气、一流的生态环境和人居环境，我们还要有一个非常适应人居住的生态环境。第二，推动鄱阳湖区生态城市建设，我们江西现在提出，所有的城市要向生态城市转型，把生态作为江西城市的一张名片，建城先建生态，只有把生态搞好了才能搞建设。第三，推进鄱阳湖新型工业建设，大力发展低碳经济。第四，推动鄱阳湖区生态农业和有机食品建设，发展现代农业。第五，推进鄱阳湖区先进文化建设，大力发展生态文明和绿色文明。这个发展理念已经成为全省上下的共同行动。我欢迎在座的各位到我们江西去参观、指导，到我们江西以后，你就知道江西的生态环境有多好。

第二，创新发展思路，实施科技创新“六个一”工程。从2009年开始，为了应对金融危机，解决江西的产业在全省的布局问题，用3~5年的时间集全省之力，实施科技创新“六个一”工程。主攻光伏材料、风能与核能、清洁汽车与动力电池、航空制造、半导体照明、金属新材料、非金属新材料、生物和新医药、现代农业和绿色食品、文化和创意10个符合低碳、生态要求和高新技术产业发展趋势的新产业，这10个新产业在我们江西有基础、有优势、有资源、有需求。培育100个创新型企业。实施100项重大高新技术成果产业化项目。培育10个国家界定的特殊产业高新基地，比如南昌的国家航空城和九江的有机硅国家产业基地。建设10个国家级的研发平台。组建100个优势科技创新团队，以加快经济结构调整，促进产业升级，提高自主创新能力。着眼未来，开展新产业的布局和提高我们的创新能力。争取5年以后10个新产业的产值占江西全部工业产值的60%以上。目前科技创新“六个一”工程的进展非常顺利，各项内容已经分解到位，产业规划、创新型企业规划、研发平台规划、特色产业基地规划、创新团队规划已全部审定通过，17项政府政策措施已经出台，包括科技投入、自主创新产品政府采购、风险投资、高企认定、新产品认定、人才引进产学研结合政策得到落实，初步形成了向“六个一”工程集中，资源向“六个一”工程整合，资金向“六个一”工程流动，政策向“六个一”工程倾斜，服务向“六个一”工程跟进的发展态势，这是我们江西第二个创新，也是我们发展思路的创新。

第三，创新发展举措，大力强调五个突出。理念和思路的创新必然要求在发展方法、发展举措上要有新的措施。我们江西主要是强调五个突出：一是突出抓好重大项目，加大投入，重点提高产业项目在固定资产投资中的比重。以前江西的投资大部分投在交通能源等基础设施上，使得现在的高速公路通车旅程在全国排名第八位。从现在开始，我们要在工业和产业投资中加大比重，力求今年工业投资项目达到3 500亿元以上，占整个投资比重达到52%以上。二是突出抓好开放，抓好世界低碳与生态经济大会暨技术博览会。国家已经确定由7个部委和江西省人民政府在江西召开世界低碳与生态经济大会暨技术博览会，这也是考虑到江西绿色崛起的低碳产业的发展。我们今后还将不断地举办技术项目人才活动和各类招商引资活动。虽然江西有70多万大学生，有70多所高校，但是我们最稀缺的是领军人才。三是突出抓好机关效能建设，转变政府职能，提高服务能力和水平。我们江西这些年做了很多工作，“为企业服务、为基层服务、为创意投资者服务”在江西已成为一个响亮的口号。四是突出抓好城乡统筹发展，在建设新型城镇化的过程中，巩固江西农业大省地位。江西一直是农业大省，新中国成立以来只有两个省份一直不断地向国家贡献粮食，一个是吉林省，另一个就是江西省。所以江西为国家作了非常重大的贡献。五是突出抓好民生工程，我们省委书记反复强调各地各部门要摒弃功利思想，宁可不要眼前的政绩，宁可财政暂时受一点影响，也要千方百计帮助企业渡过难关，民生工程的支出只能增加，不能减少。

江西的后发优势一定能够发挥出来，江西的绿色崛起在不久的未来一定能够实现。

周家伦：感谢王厅长的精彩演讲。我们第三位邀请上台演讲的嘉宾是芬兰就业与经济部科技司司长Petri Peltonen先生，他的演讲题目是《以创新驱动发展——来自于芬兰的案例》。

Petri Peltonen（芬兰就业与经济部科技司司长）：感谢主办方邀请我到这里跟你们分享，我代表芬兰来参加浦江创新论坛并演讲，真的是非常荣幸。我们在这个论坛上可以对创新的策略和方法进行激烈的探讨和争论，这是一个开放型的论坛。我们在论坛上所得到的内容非常重要，而且会在全球，在今后成为一个具有影响力的论坛。前面我们听到了新加坡的例子，可以看到国家在背后所起到的推动作用。

我们来看一看芬兰，如果用一个词来形容，那就是“合作”。可以说是政府和私有经济的合作，也就是公司的合作，这是我们芬兰的一个特色。在新加坡，政府是后面的推手，而芬兰则是公司的合作，这是我们的特色，也是我们创新体系源源不断的动力之一。其中最重要的就是私营公司。在芬兰，私有经济的投资是非常明显的，占到17%。在芬兰最大的公司就是诺基亚。政府对于研发的投资力度也是非常大的，其中最重要的一点就是政府在研发方面的投资过去一直是非常稳定的。我们与新加坡有非常相似的结构。比如说我们总理的角色就是制定各种各样的政策，在总理下面有一个委员会，和新加坡相似的就是总理、部长、业界的领导人、科学界的主要领导会聚在一起，从而保证这些政策的一致性与和谐性。我们有一个部叫做就业与经济部，在这个部下面有一个非常重要的政府机构，叫做芬兰技术与创新委员会，这是一个融资的委员会，起到了非常重要的资金提供作用。我们的上海委员会也有自己的业务，就是为在中国、包括在上海工作的那些芬兰研究者或者芬兰公司提供一定资金支持。

再来看教育部，它有另外一个融资机构，叫做芬兰科学院，是为各种研究提供相应资金的。在芬兰的创新体系中，合作伙伴关系和合作是非常重要的。我们搭建了一个非常好的平台，我们有一个国家的中心，叫做国家科学技术与战略中心，主管一些相应的指导性工作。目前，这些项目已经超过了40个，在OSKE下面的国家级项目也已经达到了40个。这有一个明确的工业导向，以行业为导向，这和新加坡行业委员会的做法非常相似，这样一个架构对于国际合作来说非常重要。我们是一个小国家，需要找到最好的合作伙伴，包括国际的合作伙伴，这对于我们这样的小国的创新是非常重要的。在项目开展的过程中，我们和欧盟及其他一些国家有着非常紧密的联系，同时我们也和创新的其他重要国家联系起来，其中就有中国。中国在很多领域都是非常先进的。我们有100多个与中国合作的研究项目，这些项目遍布各个行业，如在纳米科技材料方面及能源方面，我们与中国都有非常密切的合作。

世界在发生变化，即使我们没有经历这场金融危机，全球化也已经开始了。我们把目前的世界比喻成一个平的世界，但是我想说世界也是尖的，可以看到在地图上面列出了研发最为频繁密集的地区。我们前面讲世界是平的，是因为研发活动遍布全球，并不是说研发在世界所有地方都是遍地开花的。上海是世界上最重要的研发中心之一，包括美国硅谷等也是。这些地方正在推动全世界研发的进展。芬兰也有自己的一席之地，这对于我们制定政策是非常重要的。世界是尖的，哪些城市是最尖端的呢？我们创新的战略就是要让芬兰的系统成为世界上最引人注意的系统之一，同时我们也应该和世界上的活跃地区中最尖端的地区连接在一起，包括上海、新加坡，还有世界上其他一些主要的地方。

我们对于芬兰的创新政策已经做了一定的改革，并取得了一定的成就。但是我想重申一下，世界在不断发生改变，我们要认识这种改变的趋势，才能更好地制定创新的政策，这就是为什么我们的政府要对自己的政策做一定的审评，然后去做一个辩论，看一看审核过的政策能否真正地执行下去。在金融危机之前，我们的经济年增长率是4%，当然中国是发展最快的，芬兰只有中国的一半。但是芬兰已经在欧盟排在最前面了，4%的年增长率有一半来自于知识经济，占到总GDP增长的一半，还有一部分来自于一些可行性的、可见的实体投资。对于芬兰来说，经济增长一定要建立在生产力上面，欧洲在人力成本上是毫无优势的，所以我们一定要关注知识经济、关注创新。我们看到研究只占到一半，也就是说生产率增长要靠研发，但是研发并不能解决所有的问题，还有一些非技术领域这些也是非常重要的，创新并不只是做研究就可以了，创新要把研发的成果真正转化为生产力。我们要做的工作是在这两个领域都加强力度，不仅仅是投资的力度，在非技术的领域也要加大力度。

技术是最重要的发展推动力，也是创新的主体。还有两个非常重要的驱动力推动我们国家的创新，第一个是需求，第二个是用户。对一个公司来说，做创新的动力就是面对竞争，我们的公司看到了世界的需求，所以他们开始了创新。同时由于国家有政策，我们有着非常充分的竞争。用户对于创新来说是也非常重要的。用户可以是一个消费者，也可以是某个公司的客户，我们要尽可能去了解用户的想法，知道他心里到底想什么，这对我们创新也是非常重要的，这就是三个主要的驱动力量，一是技术，二是需求，三是用户。在这三者平衡的基础上我们的创新才能越做越好。

我们把自己的创新策略叫做一种变化的政策，我们知道世界现在已经没有边界了，世界变平了，在这个变平的世界上有各种各样的参与方，我们需要做的就是用一个系统化的方式来做创新。我想引用的是2009年3月《哈佛商业评论》所发表的文章，文章标题就是《找到并利用世界上创新的热点》，在文章里列出了4种创新的模式，一个是中国，一个是美国，还有一个是新加坡，最后一个是芬兰。4个模型当中芬兰占了一席之地。创新没有一个统一的方法，所以在这篇文章里列出了不同的模式，对这4类模式的比较是非常有意思的。首先我们来看美国。美国有着非常好的创新环境，有世界上最先进的大学、有最好的科研机构、有最好的商业环境，做创新当然不成问题。我们再来看中国，中国是一个动力十足的地方，这种动力在亚洲或者其他地方都不常见，中国的人力资源非常丰富，中国政府也给予了非常好的支持，它和世界的联系非常紧密，工业基础非常好，因此中国在创新这方面的角色会变得越来越强。而政府扮演一个领导者的角色，不断把这个创新推向前进。我们看一下新加坡，前面林先生已经讲得非常清楚了，新加坡是非常成功的，它吸引了来自世界不同地方的人才来到新加坡做研发工作，他们的密度是非常大的，这让新加坡经济的成长非常快速。再来看一下芬兰，我们的特点之一是非常好的公司合营的文化和思路，这是相当独特的，其中包括了国内和跨国的公司、大学，还有业界等。我们认为创新是一个团体的工作，我们要把技术和非技术的两个部分结合在一起，这就是芬兰采用了这种思路的原因。芬兰的模式和其他3种是有所不同的。

没有统一的方法，所以我们不能简单把一个国家成功的模式转化一下用到另外一个国家去。

最后，我想讲一讲在经济危机中怎样创新，怎样执行创新的政策。首先是资金。芬兰政府已经出台了一定的刺激政策，用以增加R&D和创新方面的投资。在过去两年当中，创新投入是以每年10%的投入增长，芬兰政府的工作还是相当成功的，尽管我们遇到一些寒流，但是芬兰政府对这方面的投资没有中断过。第二就是需求和用户导向。除了有技术以外，还要有需求和用户，我们要了解客户的需求会发生什么样的改变，然后根据这些变化和市场的动向决定自己的发展方向。不一定非要在技术上做创新，在非技术方面同样可以做创新。最后我们还要知道长期的发展是怎样的，要有一个长远的眼光，要设立一些国立的项目和研究所，它们是为今后做打算的，比如环境保护、节省能源，我们把这称作一种跳板，通过这个跳板很好地把现在和将来连接在一起。

虽然我不想国家和国家之间比来比去，但我必须引用一个数字。英国有一本杂志，叫做《经济学家》，2009年4月份出了一组数字，把不同国家的创新做了比较，芬兰被列为世界上第三大创新国家。在今后的4年当中，芬兰创新的势头还将不断增长，《经济学家》的这组数字让我们对芬兰的创新更加充满信心。

周家伦：感谢Petri Peltonen先生的演讲。我们有请三位嘉宾上台来，我们下面的嘉宾和媒体的朋友也可以提问。

提问：我想请问一下王厅长，您刚才说到江西缺乏的是领军人才，江西省在引进人才上有什么措施，选拔这种领军人才的标准是什么？

王海：非常感谢你提出这个问题。我们江西现在对人才是求贤若渴，因为江西是一个不发达的省份，现在正处于高速发展阶段，教育、农业、医疗和卫生都需要各种人才。江西的矛盾在于，一般的人才还是很多，因为我们江西有70多所大学，有70多万大学生，每年有20多万大学生毕业，但是领军人才缺乏，最重要是创新人才缺乏。第一就是科技创新人才，因为要能够组织一个团队进行前沿技术的跟踪和新技术的研发；第二是企业创新人才，包括企业管理人才；第三是公务员管理队伍人才缺乏，尤其在我们江西这个地方。为了突破这个瓶颈，2008年以来我们制定了一系列的措施，第一就是千方百计地引进人才，我们已经招收了25个外来的博士在我们各个大学做副校长，最近又招了十几个；第二，我们省里也提出一些引进措施，比如引进人才以后我们给了一些待遇，这在网上都已经披露出来了。最重要的是怎样留住人才，关键是靠事业留住人才，我们把这个平台做好，重要的是重点实验室，另外一个是帮助企业发展，把企业人才留住，把创新的人才留住，这是我们很重要的一个任务。我们最大的优势是生态环境的优势、发展前景的优势、政府服务的优势和平台优势，我们也一定会支持人才。当然在江西人才引进创新创业成功的也不少，我们非常欢迎人才到我们江西去。

提问：我是同济大学MBA学生。请问王厅长，假如我们同济大学有一些项目到江西去，您作为科技厅厅长对我们有什么支持?

王海：很好，我们和同济大学有过一些合作，主要是人才方面的合作，研发部门的合作，成果转化方面的合作。和同济大学、复旦大学、理工学院还有一些其他的合作，现在我不知道你是什么项目，如果是研发项目，我们可以配套；如果你是产业化项目，我们可以组织企业跟你合作，或者通过我们的科技担保，也可以把你这个产业做起来，或者通过我们开发商的授信，我们有“六个一”工程，今年授信是50亿元人民币，如果需要土地可以跟国土局联系，我们江西在华东地区是面积最大的一个省份，但是我们江西大部分处于山地。

提问：我是江西临川人。我想问一下王厅长，您刚才说的江西的发展是以绿色为主题，可能会筛选出一些破坏生态环境或者过度使用自然资源的企业，这样可能会导致一些产业链配套的不完善，这样会对江西省招商引资带来影响，您怎么处理这个矛盾?

王海：江西要发展低碳产业，实现可持续发展，我们靠绿色崛起，以前我们在大量招商引资的时候，确实引到一部分高耗能产业，现在这些产业在国家产业政策条件下已慢慢地退出，比如造纸行业、化工行业。另外我们调整了招商引资的思路，设定了三个不引，一是落后的设备不引，二是严重污染的项目不引，三是危及环境安全的项目不引。一定要坚定不移地把这三个标准把住。现在我们的产业发展主要还是着重于新能源、新材料，还有高技术产业，这些都是低碳产业。当然如何处理产业发展和生态保护的关系，是我们江西今后要处理的重要内容，并不能说我们绿色崛起环境就会更好，首先要把我们江西的绿色植被搞好，现在我们的森林覆盖率是60.05%，另外我们水资源的治理已经全面开展，农村的污染和垃圾也在开始清理，你提的问题非常好，我们对一些高耗能产业要特别谨慎。

周家伦：我向Petri Peltonen先生请教一下。芬兰的发展吸引了全世界的目光，我们知道芬兰很长一段时间把教育作为一个重要的举措，这里面有创新的内涵跟它联系在一起吗?

Petri Peltonen：这个问题问得非常好，教育和创新应该说是有非常紧密的关联，创新首先是来自于那些研发机构，所以在芬兰也有很重要的举措。我们非常强调研发，也非常强调高等教育，两者并重。举一个例子来说，我们很强的一个创新政策，如果没有一个很强的教育方面的政策并行的话，也就是无本之木了。初级教育也是非常重要的，而且现在我们看到它受到了国际上越来越多的关注，OECD就是一个很好的例子。而高等教育也是一个关键的问题，我们现在各个大学都在争夺全球的人才，不光是在中国，在其他地方也是如此。我们现在也开始了一系列的大学改革策略，涉及大概20所大学，我们接下来的改革是要减少这些大学的数目，进一步进行兼并，这样做它们会有更好的资源整合，接下来会让这些大学越来越脱离政府的管制，使他们有更多的独立性，大学能够更好地去迎接世界的挑战，因此创新和教育确实是两者并重的。

提问：我想问Petri Peltonen先生，据我所知，芬兰的人口是500多万，我所在的城市常住人口也有500多万，芬兰历史上是以砍伐业、林业作为发展重点的，而中国也是一个农业大国。你们走在我们前面，如何从传统的以砍伐业为主的国家，成为现在出现诺基亚这样的大企业的创新国家？这个动力来自何处，能力的培养是怎么进行的？在这个过程中，芬兰政府起到什么样的作用？你们是政府和企业建立伙伴关系，伙伴关系也有一个主导方和非主导方的。请Petri Peltonen先生解释一下。

Petri Peltonen：谢谢您问的问题。首先把芬兰和中国相比是不公平的，芬兰是一个很小的国家，跟新加坡差不多，而中国是一个全球的大国，不管是从经济来说，还是从人口来说，都是大国，所以在我的演讲里面，并不是说我们国家可以与谁媲美，我们是互相学习的。我们来看中国的一些数据，那些数据的比较是很难说明这个事实的，因为国家不同，人口总量不同。我们总是拿上海和芬兰来比较，上海应该是由创新来驱动的，在这方面是可以和芬兰相比的。在中国有很多，乃至在亚洲也有很多的增长点，而且中国或者说上海在研发上都在扮演着越来越重要的角色。说到林业、农业、砍伐业等，芬兰的技术和创新的政策在这些行业里面确实扮演了非常重要的角色，这也是受到政府的政策驱动，因为经济的影响，政府认为有必要做，整个国家就做了。比如造纸业或者木材业，我们现在也希望采伐业有所变革，从传统的造纸业转向一些智能纸的生产，又比如从智能纸的生产转向电子的生产，基于竞争的压力，我们也不得不鼓励企业进行创新，找到自己的竞争优势，这样可以改变它们产业的流程，总体来说，政府的政策可以很好地刺激企业与行业进行改进。

你最后一个问题说到政府的作用，我们芬兰是公司合营合作的模式，政府并不是告诉企业应该怎么做，而是刺激、鼓励这些企业自己改革，政府提供刺激，或者说政府刺激研发是非常重要的，要刺激企业自己发挥积极性进行研发。在政府和企业之间，对话都是非常重要的。

提问：林主席你好，我来自中国科协信息技术研究所。根据您的演讲，新加坡政府发挥了非常重要的作用，请问新加坡政府在推动这些科技成果的产业化以及知识产权的转移方面有没有什么体制或者机制上的创新?

林泉宝：关于新加坡的情况，我的芬兰同事也提到了，他发表了一篇文章说新加坡的成长历史不长，我们甚至没有足够的时间来打造一个大的全球市场，我们最初的人均GDP还不到1 000美元，现在已经发展到很高的数值。我们的历史非常短，我们的大学只有44年的时间，我希望能延续100多年。我们的实际做法就是开放我们的系统，使新加坡成为一个非常吸引人、非常吸引创新企业的地方。不管是大的跨国公司、当地公司，还是小的公司，我们希望把新加坡打造成为备受人才青睐的地方，不管是美国的人才还是南非的人才，只有这样做才可以使新加坡快速发展。新加坡怎样才能保有自己的差异优势？新加坡的差异竞争力在哪里？中国也是一个大国，也在考虑这样的问题。如果做研发，和其他亚洲国家不同的是，新加坡是唯一的真正国际化的地方。它的国际化体现在语言上，其他地方不可能在一夜之间就具备新加坡这样的优势。比如日本也有它的优势，日本在研发方面也希望全球化，现在它们也确实有世界级的研发，但它们为了要有持续性的发展，也要国际化。在日本做研发是非常困难的，你可以看见国际化的面孔，但是走出实验室后你会发现这还是原原本本的日本。在中国确实也有世界级的研究人员和系统，但是从长远来看，要很好地利用13亿这样一个人才高地，中国有16亿元的研发投入，中国可能还会去其他投资不那么高的地方。政府扮演着非常重要的角色，政府想把这个地方打造成什么样是非常重要的。我欢迎所有的人才到新加坡来。

周家伦：由于时间关系，我们跟三位嘉宾的交流到此结束，感谢三位嘉宾跟我们分享他们精辟的见解。

主持人王志学（科技部副秘书长）：女士们、先生们，大家下午好！很荣幸担当今天下午下半段的主持人，接下来一共有四位演讲嘉宾，他们是同济大学兼职教授、原科技部党组成员吴忠泽先生，上海杨浦区区委书记陈安杰先生，江苏省科技厅厅长王泰先生和美国卡尔大学讲席教授、亚洲语言文学系主任赵启光先生。我们首先请吴忠泽先生演讲。他演讲的题目是《上海世博迎接智能交通的新时代》。

吴忠泽（中国智能交通协会理事长）：很高兴能来参加此次“浦江创新论坛”。借此机会，我想就国际智能交通的最新动向、我国智能交通现状及发展趋势谈几点看法，请大家批评指正。

智能交通是当今国际交通运输领域发展的前沿之一，它是高新技术在交通领域集成应用的产物，在国际上的发展不过十几年的时间，却在包括发展中国家在内的许多国家和地区发挥了明显的作用，引起了交通运输领域各方面革命性的变化，推动了信息、通信、控制、新能源和汽车技术在交通运输平台上的融合和集成应用，并带动了智能交通产业的形成。智能交通的发展表明，科学的进步和技术的创新正在以前所未有的速度为人民和社会提供更多可选择的工具，以应对社会、经济、安全和环境的挑战，并使交通服务更加丰富和人性化、使交通运输系统效率更高。面对当前的金融危机和气候变化，智能交通作为一个重要的技术手段，引起了世界许多发达国家和新兴工业化国家的重视，可以说这既是智能交通发挥作用的重要舞台，也是智能交通发展的新机遇和新时代。

一、国际智能交通的最新动向

智能交通即ITS，1994年在巴黎召开的第一届智能交通世界大会上被正式提出，10多年来，在世界各地已经取得了长足的发展，其中美国、欧洲、日本成为世界ITS研究和应用的三大基地。其他一些国家和地区的ITS研究也有相当规模。可以说，全球正在形成一个新的ITS产业，难以计数的大小项目的研究正在开展，发展规模和速度惊人，以“保障安全、提高效率、改善环境、节约能源”为目标的ITS概念正在逐步形成。特别是近两年来，随着应对世界金融危机和气候变化，智能交通作为一个技术领域和产业领域，受到各方面的关注，其技术开发方向和内容也相应地变化，已经成为交通管理、出行服务、保障安全和社会管理的重要手段和百姓生活的组成部分。

第一，作为应对气候和环境变化以及化解能源紧缺的一个重要的技术选项，智能交通领域的众多技术能够为节能减排作出贡献。这一点在2009年9月召开的第16届智能交通世界大会上表现得尤为突出，这次大会的两次全体会议从政治和政策层面讨论未来的交通、气候变化以及智能交通的发展，中心内容就是：建立绿色的城市、保障城市间交通的可持续性、航空业要实现绿色飞行，为实现这些目标，需要什么样的智能交通技术及其配套的政策。

第二，与减排相关的需求管理和ITS技术成为近期各发达国家关注的焦点。例如城市交通需求管理、交通管理、速度管理与控制、智能化信号控制、道路定价（收费）、车道分配等技术的开发和研究领域都开始研究和测试其在减少排放方面的效果。需要指出的是：专家和管理部门希望在保证城市交通运行平稳和节约能源之间找到平衡点，有代表性的研究是欧洲正在进行的可控路网与能源消耗和减排关系的研究，初步的研究和仿真结果是：通过信号控制、路口协调和速度管理等技术，试验区内可减少排放氮氧化物3%～9%、碳3%～8%、颗粒物1%～6%，节约燃料5%～20%。

第三，安全是近几年智能交通领域的关注重点。交通安全，特别是道路交通安全仍然是发达国家面对的严重问题，例如美国和欧洲道路交通事故死亡人数每年都在4万人左右，与此连带的赔偿、伤者的治疗和康复更是给经济和社会带来沉重负担。因此近年来发达国家的政府和企业把应用智能交通技术、改善道路交通安全作为重要的内容来考虑，例如美国的车路集成系统（VII）及其后续项目Intellidrive，其目标是为美国道路交通提供更好的安全和效率，美国政府安排了一系列研究课题，从技术开发与测试、需要的基础设施、商业投资、技术稳定性、政策的可持续性、公众的接受性等方面开展全面的研究，如果研究结果是正面的，预期2014年开始部分实用化。

第四，交通信息服务系统开始升级。目前国际上交通信息服务的典型代表是日本，车载导航器用户已接近4 000万个，其中最大的车辆信息和通信系统（VICS）的用户已近3 000万个。日本VICS的最大特点是具有实时动态交通信息，用户不交使用费。同时，日本还有世界上最大的电子不停车收费系统（ETC），其用户也超过了3 000万个。面对如此庞大的用户和服务系统，日本从2006年开始启动了称之为“下一代道路服务系统”的车载信息系统和路测系统的集成开发和试验，称之为智能道路计划（Smartway），还成立了政府部门和企业共同参加的开发联盟，同时将建立Smartway作为一项国家政策予以实施。Smartway的核心是通过先进的通信系统将道路和车辆连接为一个整体，车辆既是信息的应用者，又是信息的提供者，道路拥堵信息和安全信息服务以及收费服务都通过集成化的车载终端完成。从2007年起Smartway开始在道路上进行测试和示范，2009年3月完成大规模测试后，开始在三个都市区部署并提供服务。

第五，智能化的车辆在逐步走向实用化。发达国家从20世纪末开始就一直在进行智能车辆的开发和试验，从最初设想的全自动公路，逐步转向安全辅助驾驶和不依赖道路设施的智能化汽车，最近又增加了节能和新能源汽车的内容。例如在欧洲，将从2010年开始用1年的时间对智能车进行道路测试，计划在欧洲道路上对1 000辆以上安装了各种智能化车载设备的各种品牌汽车进行试验。

在日本，由政府和产业界共同实施的ASV（先进的安全车辆）计划现在已经进入第4期，根据日本国土交通省的计划，近期内安装有智能化车载设备的汽车首先要提高车辆的侧向安全和减少追尾碰撞，而对驾驶员驾驶状态的识别和辅助驾驶将在稍长一点的时间内实现应用。

二、我国智能交通的现状

中国从20世纪末开始跟踪国际智能交通的发展，从开展国际技术交流起步，到“十五”期间的开发和试验，再到智能交通为北京奥运会提供全面服务，中国智能交通走过的路径可以概括为“以应用为主线，以支撑发展为目的，不断跟踪国际前沿，逐步缩小差距”。

总结“十五”以来我国智能交通的发展，有以下四个主要特点：

第一，在为大型国际活动提供高效的智能交通服务方面，中国走在世界的前列。典型的例子就是为2008年奥运会服务的智能交通系统，它集成了交通信息采集与处理、交通信号控制、交通指挥与调度、交通信息服务、应急管理等22个子系统，形成了北京奥运交通管理与服务系统。该系统是目前国内规模最大的智能交通管理综合系统。目前，上海市正在制定实施2010年上海世博会智能交通系统建设规划，它将是我国ITS在北京奥运会成功应用之后又一次高水平、大规模的示范应用，向世界展现中国在ITS领域的最新进展。

第二，具有自主知识产权的电子不停车收费系统形成产业，开始走向大范围应用。“十一五”期间在科技部的支持下，交通运输部组织了京津冀和长三角区域国家高速公路联网不停车收费示范工程，通过科技攻关和示范工程形成了比较完整的技术体系和标准规范体系。截至2009年8月，在中国经济较发达的地区有10多个省（直辖市）建设并开通了不停车收费系统，开通了600多条不停车收费（ETC）车道，用户发展到60多万个。不停车收费系统不但为出行者提供了便利的服务，也为节能减排作出了贡献，根据北京市对该地区不停车收费系统的调查，每条ETC车道与人工收费车道相比，减少排放CO_2近50%、CO约70%、HC约70%，节能减排效果显著。

第三，车载导航仪已经具备大量应用的条件，但是产业链和价值链有待理顺。基于数字地图和GPS的静态导航已经开始大面积应用，目前的主要问题是，如何为用户提供及时和准确的数据更新服务还尚待解决。而基于动态交通信息的动态导航，正在逐步扩大应用，主要的问题是交通信息的来源和服务费用，目前北京、上海和广州正在试验应用的车载动态导航系统，数据的准确性和唯一性还难以保证，另外如何形成可持续发展的车载动态信息服务系统产业也还在探索之中。

第四，智能交通领域的前沿研究，中国已经起步。“十一五”期间国家在高技术研究计划（“863”计划）中安排了现代交通技术方向，其中就包括智能交通领域的前沿研究和跟踪研究，在国家自然科学基金中安排了“视听觉信息的认知计算”重大项目，该项目研究成果的体现载体就是智能汽车。

总之，中国的智能交通还处在起步阶段，虽然我们发展比较快，也已经有了一些应用，但是与主要发达国家相比，还存在比较大的差距，关键技术自给率低，自主创新能力不强，研究成果的应用和转化率不高，推进产业化的政策机制尚不完善，还远远不能适应我国交通运输快速发展的需要，我们必须增强紧迫感。

三、未来中国智能交通发展的趋势

第一，在现有的各种交通基础设施网络上通过充分利用ITS技术，促进中国综合交通运输体系的建立。我们面对的是已经按照各自体系建设的公路、铁路、水路、航空和城市交通系统，它们已经形成了巨大的基础设施体系，如何将这些系统集成起来形成衔接顺畅、换乘方便的综合交通运输系统将是严峻的挑战。因此，在工作中必须从实际出发，充分利用可以应用的其他技术和运输组织手段来弥补基础设施的缺陷，今年的世界智能交通大会让我们看到了新的发展方向，这就是在现有的基础设施网络上利用信息技术和ITS技术进行系统集成，既可以为节能减排作贡献，又可以为出行、换乘、调度和管理提供科技支撑。

第二，大力推进ITS技术在城市公共交通系统中的应用，促进和谐社会的建设。中国的交通运输正在转变发展理念，由主要依靠资本、土地、劳动力等生产要素的数量投入，逐步转变到更多地依靠提高生产要素的利用效率作为发展的驱动力，同时更加重视节能减排、环境保护以应对全球气候变化。其中，大力发展城市公共交通是一种必然的选择。从而为我国ITS的发展提供了一个巨大的市场，也就是说ITS不但要为开车的人服务，而且要更多地为乘坐公共交通工具的人服务。未来，我国将从政策和投入等多方面推进ITS技术在城市公共交通系统中的应用，为建设资源节约型和环境友好型社会作出贡献。

第三，将更加关注智能化和新能源车辆技术的研发。智能化车辆技术与新能源汽车的结合，将对未来后石油经济时代的交通工具乃至经济社会的发展产生重大的影响。为此我国在“十二五”期间将结合中国国情，进一步加强有关智能化和新能源结合的车辆技术的开发应用的力度。

第四，利用ITS技术改善交通安全将成为重中之重。2008年，我国科技部、公安部、交通运输部三部联合签署了《国家道路交通安全科技行动计划》，将ITS技术集成应用示范列为其中，并且正在实施。未来我国将会继续加强这方面的工作，促进改善交通安全。

第五，抓住通信技术发展的机遇，不断创新交通信息服务的方式。随着3G的推广应用和新的通信技术的发展，为交通信息采集和服务提供了更多、更经济的技术手段，未来我们将充分利用通信技术进步为发展智能交通创造的机遇，在交通信息服务的方式和途径上不断创新，走出一条符合中国经济发展水平和消费习惯的信息服务之路。

各位来宾，在2010年举办的上海世博会上，面对保证参观世博会交通安全顺畅与特大型城市日常交通出行的矛盾，以及应对全球气候变化，智能化的交通组织和管理，人性化的交通服务，是保障世博会成功举办的重要支撑条件。为此我们提出几点建议：一是在上海主要快速通道、主要交通干线上建设高密度的交通信息采集与识别系统，大幅度提高交通指挥调度系统中的智能技术水平，尤其是在信号控制和速度控制上努力实现交通运行平稳和减排之间的平衡；二是在上海主要公交站点和各种交通工具换乘枢纽建设智能化的公交信息服务系统，实现智能化的公交调度和换乘服务，提高上海公共交通效率和服务水平；三是大规模投入应用节能与新能源汽车，通过智能交通技术和汽车先进技术的融合，实现园区内交通零排放及周边地区低排放，为实现人类更安全、更节能、更绿色的生活方式起到示范作用。总之，我们期待着通过大家的共同努力，使“科技交通、人文交通、绿色交通”成为上海世博会的一道亮丽的风景线。

王志学：感谢吴先生。下面我们请上海市杨浦区区委书记陈安杰先生演讲。

陈安杰（中共上海市杨浦区区委书记）：各位领导、各位朋友，今天很高兴能够在“浦江创新论坛”上向大家介绍杨浦区从传统工业区向知识杨浦转型的经验。杨浦是上海市人口最多的区域，20世纪90年代上海城市结构调整，在这种情况下，上海进行大的改革调整，杨浦是上海最大的城区，据统计，10多年时间杨浦从20世纪90年代1 200多家大中小企业到2002年剩下不到200家，60万产业工人调整到6万，这种调整使杨浦从老工业区一下子变成经济基础发展滞后老城区，因此必须转型，没有传统优势，靠什么发展？这关系到杨浦的命运，当时我们试图重振国有企业雄风，但那不可能。调整不具备，道理很简单，杨浦是一个老工业城区，土地资源很稀缺，城区改造成本很高。因此，从2003年开始，我们按照上海市委市政府作出的“建设杨浦知识创新”的重大决策，坚持老城区的改造，优先发展高新技术产业，充分发挥大学的资源优势，特别是我们跟着工业化这个规划提出城区创新发展理念，就是“三区”融合创新发展，即大学校区、公共社区、科技园区共同发展，通过6年多的转型结构调整，现在杨浦已经基本形成了以科教为特色、服务经济为核心的新兴产业体系，二、三产业增加的比例已经调整到24：76，过去76是制造业，现在服务业是76，而且制造业不是原来传统的产业，6年提高了10个百分点，第三产业中知识性服务业已经占到了31%~32%，其发展势头更加迅猛。同时，以电子信息、环保节能、新材料为代表的高新技术产业每年都以30%~32%的势头在发展。现在一批跨国公司和国际高端研发机构在向杨浦聚集。

同时更重要的是，3 600多家龙头企业、具有知识产权的中小科技企业在当时就为区域发展做宣传，杨浦经济实力显著增强，2003年税收仅为35亿元。在2002年转型时期，我们区可用财力为1.6亿元，2008年是7亿元。在金融危机的上半年，区财政增幅首次在上海九个城区名列第一，过去是倒数第一第二。全市综合绩效考核杨浦名列第一。这个变化的背后是城市结构调整、城市转型。现在杨浦的影响力显著提升。过去杨浦号称下三角，现在完全改变了人们对杨浦的这种看法，城市面貌在继续变化，关键是对杨浦的发展前景信心更坚定。经过6年多的调整，杨浦成功走出“三区”融合的新路子。长期以来，大学、科研院所和地方政府，包括企业，在体制上是分割的，资源是分散的，因此杨浦“三区”联动的机制就是打破地区与高校和科研院所之间的无形围墙，整合区域发展资源，获取各类创新要素，推动产学研融合发展，使杨浦成为一个城市大学、大学城市的环境。6年来我们突破现有体制和传统观念的束缚，始终坚持区域发展，整体推进。

一是“三区”联动，政府要主动，我们要求全体干部群众确立服务高校就是服务杨浦，发展高校就是发展杨浦的理念。始终要求干部要重视大学，看长远，算大账，要有胸怀，要大气，真心实意做到“三个舍得”，舍得把大学周边多余土地拿出来支持拓展，舍得把商业地产项目让出来搞科技园区，舍得把人力财力拿出来组织和美化大学周边环境。大学园区从2002年的28万平方米发展到2010年的300万平方米。我们是没有增量土地的老城区，我们通过旧区改造、工厂收购，把这些土地向可持续发展的学校、园区和平台拓展。二是“三区”联动的核心要有载体，就是大学科学。6年来我们与高校一起，通过市场化，推进大学科技园建设，我们杨浦现在建成了55所大学科技园。三是打破围墙，与高校和科研院所合作建设一批公共服务平台。四是推动大学技术转移中心，走出小区，进入科技园区，建立政府、高校企业和科研院所产学研联盟，推动产业聚集发展。五是共同推动中小科技企业在大学周边聚集发展。六是建立高校企业城区人才对接和流动的机制。七是始终把公共社区建设作为推动高校和科研院所改革的载体，我们社区为产学研一体化提供配套休闲的生活环境。八是打破行政体制束缚，建立地区与高校、科研院所部分高层领导的会商机制和联席会议，并建立干部交流和交叉挂职机制，不断达成共识、共为、共赢的局面。总之，“三区”联动就是一面旗帜，把区域各方联系在一起，凝聚在一起，使产学研一条龙的目标得以实现。

同时，我们感到城区转型的关键是调整产业结构。当然，这个调整不是单一的调整，要结合园区和项目。我们在注重产业结构调整的同时，更加注重城区结构调整和构建区域创新体系。首先我们注重经济结构和产业结构调整，把低端的生产力和高污染高能耗的制造业从中心城区调整出去，注重知识产业和现代服务业。同时我们更加注重城区结构调整，把事关区域发展的产业问题、企业发展问题、老工业改造问题与就业、居住、生态环境和交通等民生问题一起放在城区发展的整体来研究和磨合，通过经济发展方式和经济发展模式的改变来带动经济结构调整和产业结构升级。同时我们特别注意在转型过程中要营造创新的环境，现在我们建成了人才广场、大学生创业基金等一批公共服务品牌，包括建设国家海外高层人才基地，还出台了鼓励科技创新的配套政策。我们还建立了财政性支持科学发展的资金，杨浦在整个财政不好的情况下，坚持5%的投入，现在初步形成了各类创新要素汇集，鼓励创新企业的环境和氛围，无论是经济结构调整，还是城区结构调整和创新环境的营造，都是为了构建杨浦区的创新体系。在杨浦这样一个传统工业化的老城区，信息产业比较薄弱，怎样提高我们的创新能力？我们的体会是必须坚持对外开放，瞄准国际最高端，将先进的理念、技术和人才为我所用。6年来，我们在这方面跨出了3步：第一步，引进西门子、德国大陆集团等跨国公司总部，借助跨国公司科技创新能力提升自己。第二步，引进世界最著名的风投银行，形成创业投资聚集区。现在我们和美国硅谷银行形成“1+4”的合作模式，目前我们正在策划成立一个科技银行。第三步，引进联合国南南技术产权交易系统，努力使杨浦成为资本加技术的国际技术转移中心。

我们的体会是，解放思想是关键。杨浦这样的老城区，主题一定是发展。6年多来，不管有多困难，我们始终不放弃。二是“敢”字为先，敢于负责、敢于碰硬、敢破难题、敢担风险。三是“创”字为重，把目标定在世界的高端，定在国际一流水平上，而且把知识经济和知识服务业始终放在我们杨浦发展的重要方向。这样，通过6年的转型，杨浦从创造变成研发创造。杨浦转型的过程，就是学习实践科学发展观的过程，是科学发展观在杨浦的生动体现。朋友们，杨浦通过创新发展走出一条“三区”融合发展之路，得到国际社会方方面面的肯定和关注。2008年中央领导到杨浦考察，科技部部长、教育部部长认为杨浦“三区”联动是落实科学发展观的一大创举。

今天杨浦已经站在新的发展起点上了，我们将按照建设国家科技创新城市的目标，落实国家创新工程，到2015年把杨浦基本建设成为创新人才聚集、创新机构汇集、创新服务完善、创新生态良好的开放的国际化的充满活力的创新城区。具体目标：一是建成大学小区、科技园区、公共社区“三区”融合联动发展的体制机制框架和政策支撑体系。二是营造创新创业环境，实施百万创业家项目，建成有杨浦特色的创业苗圃、孵化器和加速器的完整孵化服务体系。三是构建杨浦特色的产学研战略联盟，建成一批以大学和科研院所为主导并向社会开放的与中小科技企业形成对接的创意服务平台。四是优先发展高新技术产业和知识服务业，努力使高新技术产业年均增长20%以上，知识服务业增加值占第三产业增加值38%以上。要培养一批具有原创性、有核心技术的世界级企业，成为具有国际影响力的创新基地。五是坚持金融创新服务科技企业，汇集各类风险投资等新兴金融机构，努力打造国际科技金融创新要素聚集区。

王志学：下面我们有请江苏省科学技术厅副厅长王秦先生演讲。

王秦（江苏省科学技术厅副厅长）：尊敬的各位专家、代表，大家下午好！我非常荣幸有机会参加“浦江创新论坛”。下面结合我们江苏企业创新的一些实践谈几点体会。先向大家简要介绍江苏经济发展的基本情况，2008年全省GDP超过3万亿元人民币，人均GDP超过了5 700美元。我们主要的产业是装备制造、电子信息和石油化工，这三个产业的产业规模都超过了1万亿元人民币，一些电子产品，比如鼠标、键盘、显示器等12个电子产品的产量居世界第一位。虽然受到2008年下半年全球金融危机的影响，但是江苏2009年上半年经济仍然保持平稳较快发展的态势，2009年上半年GDP增长达到11.2%，规模以上工业增加值增长达到12.3%，预计全年的经济总量将会超过3.3万亿元人民币，人均GDP将会超过6 000美元。

我们一直在考虑为什么江苏的经济能够平稳较快地发展，得出的结论很多，很重要的一点就是技术创新。过去讲自主创新，讲科学技术是第一生产力，后来讲自主创新，并不是每个人都发自内心这样认为的，或者说每一个人并不都是这样做的。这次金融危机来了以后，大家反倒对自主创新，尤其是企业的自主创新有了更加广泛的认识，自主创新是支撑我们经济平稳快速增长的重要因素。2008年下半年以来所有的没有倒下去并且抓住了机遇规模又扩大的都是拥有自主知识产权的企业，所有成长最快的都是我们科技部门最近几年培养出来的新兴产业，通过成果转化，过去没有的，现在变成江苏经济增长的一个产业。2008年江苏的新兴产业产值是6 000亿元，这6 000亿元过去是没有的，我们经济增量主要是来自于自主知识产业。

2008年我们全社会的研发投入首次超过了1 000亿元，专利申请量江苏也是首次占据全国第一。2009年前三季度，江苏高新技术产业增幅达到了13.5%，高新技术园区的经贸总收入增长26%。江苏5年前没有太阳能，一家厂也没有，而目前太阳能电池的产量占到全国的75%，占到全球的25%，我们的太阳能电池的产量主要是一批企业通过自主创新能力转化为成果的。一大批新兴产业迅速成为我们经济的增长点，高新技术产业的产值所占的比重提高到43%。江苏企业研发投入在金融危机时不降反增，还有一个原因是知识产权。有人研究过美国历次的金融危机，在所有的都降的情况下知识产权是增长的。江苏2009年全省社会的总的研发投入占GDP的比例将首次超过2%。

大家都知道企业自主创新的重要性，但是政府应该如何支持企业搞自主创新？我们也总结了一下江苏的经验。我们做的工作包括三个方面：一是增强企业依靠市场机制来配置创新资源的能力；二是要增强企业内在的研发能力；三是增强企业自主创新的能力。我们创新资源的分布是院所多、企业少，真正依靠市场本身来为企业配置资源的体制和机制还不太成熟。但是江苏也有两个优势，一是科教资源比较丰富，有120所高校，有120万的大学生，有超过2 000家的独立研究所，有将近30万的研发人员，同时江苏对外开放程度比较高。江苏最近6年来每年实际利用外资都超过了100亿元，怎样结合江苏实际来引导企业增强配置资源的能力？一个是坚定不移地推进产学研合作，一个是充分发挥外资技术溢出的效应。

关于产学研大家谈了很多年，也做了很长时间，但是这项工作在当前仍是我们从事技术创新工作的重中之重。我们跟国外不一样，国外有独立的研发机构，那是100多年前的事情，而在中国是最近几年的事情，所以这是我们的一个长期的任务。一是政府要发挥引导作用。江苏省政府与省内外高校签订协议达到了800多份，建立的产学研合作领导机构达到280个，江苏省政府每两年分别举办面向国内的产学研合作成果展示洽谈会和面向国际的跨国技术大会，政府发挥引导作用。二是财政性资金的杠杆作用。江苏从2004年开始设立了成果转化专项资金，从最初的3亿元到现在的10亿元，已经累计实施了543个项目，政府投入58.4亿元，带动社会总投入670多亿元，这些项目平均的资助强度都在1 000万元以上，最多的是4 000万元。当中也有一批企业在项目实施期间成功上市，但是企业还是主体。每个规模以上的工业企业，平均有两个以上的省内外高校和科研院所作为它的合作单位。另外，这些企业还和省内外3 000多家院所建立了合作关系。常年在江苏企业进行产学研合作科技人员达到了5万多人，另外江苏充分发挥高校院所的骨干和生力军作用，2009年启动了校企联盟行动，已经建立了校企联盟1 876个，通过校企联盟深入企业的科技人员达到13 300多人。目前企业和高校、科研院所的合作活跃，高校科研经费的75%来自于企业。

第二个问题是发挥江苏经济发展的外向型的优势。江苏累计实际到账的外资是1 850亿美元。有人说外资不好，核心的技术不会拿到我们这儿。它有替代效应，会限制当地的产业技术的创新。我们实际观察问题的要点不是这个，而是当地的企业到底具不具备消化吸收的能力，在江苏也不是所有的地方都有收益。技术溢出明确的地方，是当地的企业研发能力、自主消化能力比较强。江苏走开放型经济的道路不长，我们考虑问题的要点是如何能够增强企业的技术消化吸收能力，利用外资带来的技术溢出的效益。我们有几条措施，一个是支持兴办外资的研发机构，目前在江苏的外资研发机构已经有260多家，研发人员达到24 400多人。最重要的还是如何增强企业内在的消化能力。江苏的企业多数是民营企业，它们不是从研发开始做的，是从市场营销开始做的，所以发展初期多数没有研发机构。我们要做到以下几点，第一，鼓励行业的龙头企业建立高水平的企业研究院，建设目标是达到国际一流；第二，面向大中型企业建立工程技术研究中心，加快发展面向中小企业的公共技术服务平台。目前江苏是分期建设的，研发场所总面积已达到178万平方米，聚集的队伍达到2 700多人。

目前江苏大中型企业中建立工程技术研究中心的有500多家，它们的研发投入占所有企业研发投入总和的比重达到3.89%，拥有的研发人员达到22 000多人，另外还为中小企业建设了172家科技公共服务平台，主要是集中在开发区创意园内。同时我省的拨款超过4亿元，引导社会投入达到16.14亿元，每年服务企业达到15 000多家。近两年来，江苏研发产出的能力大幅增强，一个指标是江苏的专利申请量每年增长60%以上，2009年上半年是80%，企业的创新意识大大增强了，能力也有所提高，与此同时我们在一些大中企业建立了比较规范的知识产权制度。

作为一个要在国际上参与竞争的企业，必须有持续的创新能力。江苏主要是通过两项工作来引导企业的：一是引进和培养创新人才；还有一个是推动企业搞管理创新，企业技术创新的成败往往取决于企业的管理水平。江苏是比较重视人才的，在全国最早实行高新技术人才引进计划，近两年我们安排省级的科研经费专门对人才的资助将近9亿元，引进各类高层人才4 000多人，人才团队544个，这些引进的人才团队创建的企业达到700多家。有技术的企业很多，技术失败的企业也很多。反过来看，在技术创新上成功的企业，在管理上也持续不断地创新。企业创新技术虽然非常重要，但是我们也注意引导它们的商务模式也要不断地创新，尤其在新兴的产业里面。

关于江苏省政府是支持企业，有三组词：产品研发和成果转换；技术有效和市场有效；政策制定。我们往往认为有产品研发就会有成果转换，技术上有效就意味着有市场，实际不然。一是成果转化率低，所有成果都能够在市场上取得成功是不可能的，难点是成果产业化。二是成果的产业化和在市场上取得成功才是企业技术创新最重要的目标，包括过去划分的基础研究、应用研究。我观察了很多企业，帮这些企业进行了总结。现实中有两种研究，一种是有用的，一种是没用的，现在很多是分不清的。像航天航空，我们搞不清是科学还是技术，我们就没有必要区分它们是基础研究还是应用研究，只要是对企业有用的我们都要支持。

最后讲一下，政府制定政策很重要，但是政策的落实更重要。比如税收支持企业，很多人认为减税不好，我们要有一个正确的观念，增税是政绩，减税也是政绩。江苏税收支持企业在全国是第一位的，2009年新的税收服务政策也在全国率先落实。另外，政府部门要为企业服务。

刚才讲的主要是江苏在企业创新中的一些实践和探索，作为科技管理者，我们的认识也有局限性，不一定全对，仅供大家参考。

王志学：下面我们请美国卡尔顿大学讲席教授，亚洲语言文学系主任赵启光先生演讲。

赵启光（美国卡尔顿大学讲席教授、亚洲语言文学系主任）：大家好！今天我讲的题目是《文化创新与文化继承》。这个题目有一点另类，今天我们都是讲科技、讲创新，我来这儿讲文化，好像是“误入荷塘深处”。不过我听说下届“浦江创新论坛”讲创新文化环境，所以就登台略起一点承前启后的作用。诸位的任务是把不清楚的事情弄清楚，作为一个文化工作者、一个文科的教师，我的任务是把本来清楚的事情弄不清楚。

我相信在宇宙中存在着一种脱离我们而存在的井然秩序之美，就像一个谜存在于我们的上空，而对这个谜的接触或者说模糊认识反而是一种美，而我们如果把任何事情都搞得这么清晰，任何因果关系都这么明确，我们就会产生一种焦虑，所以在企业界、科研界，以及白领人士中存在一种焦虑，一种内心的缺欠，也就是我们常说的身体的亚健康，在我们国家存在着精神上的亚健康，而文化创新就应该从身心健康开始。

我经常听说大学的学子在人生最美好的时期选择了自杀。原因何在呢？这些人数理化非常好，可是他们缺乏对人生美的追求，一点点小挫折就让他们选择绝路。从我们老祖宗身上可以发现文化创新的新路，从而支持科技创新。科技的目的，发展的目的，其实是始于人文也终于人文，我们不能只注意终端，而忽视它的起始和目的，我们要纠正社会上所存在的一种缺乏历史感、缺乏责任、缺乏对自然美的感知的偏差。

2000年，我曾在《光明日报》上提出一个想法，是说我国的经济发展非常之快，在对外交流中存在着“文化交流的逆差”，10多年来这个名词被很多学者所接受，也被广泛使用。但是10多年以后，这个逆差不但没有缩小，反而加大了，其原因并不是我们文化输出减少了，而是我们经济的输出非常之快，而文化的交流远远落在后面。我们国家的经济力量之强大，可以举一个小例子证明。我专为参加这个会刚从美国回来。在回来前我从家中的咖啡桌上顺便抓了两本杂志，我一看封面就非常骄傲，但也非常惭愧，这两本杂志都跟中国有关。这本杂志叫做《经济学人》，这个画面画的是一个睡美人，题目是“欧洲醒来吧”，为什么说欧洲醒来呢？它说欧洲浪费了8年，签了两个协定，有两次否决的投票，可是美国和中国依然忽视欧洲。这个欧洲人酸酸的，这使得中国人非常骄傲。欧洲人被两个国家的人所忽视，即中国人和美国人。欧洲人认为这两国人想主宰世界了，主宰什么呢？是意识形态吗？是经济吗？是教育吗？是幸福指数吗？看来目前说中美主宰世界这话为时尚早。这份《财富》杂志不是我专门挑选的，是偶然拿来的，封面是“中国买世界”。为什么说中国能买世界？从三位刚才的谈话可以看出，中国正在崛起。不过，撒切尔夫人曾经说过一句话：现在大家都担心中国要统治世界，不必要担心。她说中国没有前苏联那样有感染力的学说。中国出口的不是意识形态，而是洗衣机、电视机。刚才各位谈的都是物质方面的，我们是生产超级大国。我们在文化方面是不是也起到一个大国应起的作用呢？我非常惭愧地说，在这方面我们做的是远远不够的。

我想提出一个观点，就是科技创新要始于文化创新。我们大家都知道，14、15世纪在欧洲发生了一场伟大的运动，促进了科技的发展，这场文化运动叫做文艺复兴，也就是在14、15世纪的时候意大利人发现他们缺了点什么，经过探索，经过但丁、达·芬奇他们的探索，发现他们时代所缺的东西在古希腊存在过。他们想再创历史的辉煌。首先文艺开始复兴，文艺的发展又促进了科技的发展。

文艺复兴的思想家想恢复的古希腊时代叫做轴心时代，轴心时代存在于公元前800年至公元200年，在这个轴心时代我们中国人是完全不必要惭愧的，在那个时代我们也有伟大的思想家，完全可以和柏拉图、亚里士多德媲美。就是在春秋时代，春秋时代出现了许多思想家，百家争鸣，百花齐放。我认为，春秋时代是我们新时代文艺复兴的支点，正如古希腊是欧洲文艺复兴的起点一样。我们说汉唐盛世，很值得骄傲。但是，最值得骄傲的时代是春秋时代，那个时代我们产生了灿烂的思想家，我们可以从中挖掘出无限的宝藏指引我们前进的方向，正如14、15世纪欧洲人挖掘出文艺复兴无限的宝藏一样，我们中国就应该以春秋时代的思想作为一个支点进行一个大飞跃。

这个创新就好比撑竿跳，在杆子上有几百个漂亮的动作，而助跑就是吸收外来的文化，而这杆的支点就是自己文化曾经存在的重大的、特别是意识形态方面的传统。刚才已经说到我们的支点应该是春秋战国时代，我认为主要支点有两个，儒家只是一个。我们现在一提起春秋，好像只出现孔子一人。欧洲人从来没有说我们只遵循柏拉图，或者亚里士多德是唯一的思想家，古希腊的思想家很多，不止一人受尊敬。我们要在春秋时代产生的百家之中选取对于我们当前文艺复兴最有利的、最有效的、最合理的支撑点，这个支撑点目前来看有两家最突出，一个是儒家，一个是道家，所以我们应该儒道并举，造就我们文化的创新。

当然我们的创新还要受外国影响，欧洲的文艺复兴从古希腊中吸取了营养，同时他们也从外国的影响中受到了启发。这个外国影响是从哪儿来的呢？在很大程度上是从中国来的。当时意大利有一个旅行家叫马可·波罗，他到了元代的中国以后，发现中国的技术已经远远领先欧洲。马可·波罗说当时中国人烧黑石头，欧洲人不相信，说石头能烧吗？我们知道这是煤。马可·波罗说中国人的纸可以当金子用，欧洲人也不相信。马可·波罗说的是元代流行的纸币。凡此种种欧洲人大为吃惊，原来欧洲不是世界的中心，不信基督教的中国人有着这样优秀的发明。于是欧洲人对教会统治了1 000年的中世纪有所怀疑，另外马可·波罗东方历险也直接促成地理大发现，这都是欧洲文艺复兴的助跑。中国在那个时代是远远领先的，后来为什么中国没有继续领先，我们以后有机会继续讨论。

我们说孔子是中国发展的支撑点，那么老子是否能够形成一个支撑点呢？我想强调一下道家。先看看道家的国际影响。我在来这里之前，正在美国教两门课，一个是古典汉语，一个是道家养生之道，我把太极拳结合在《道德经》里。西方人对儒家的理解是非常困难的，因为儒家讲的是社会伦常。外国人听了“有朋自远方来不亦乐乎”，他们说“我也会说”，但他们较难体会儒家思想的社会含义和孔子语言的精妙。而当我们向世界人民展示道家的时候，他们都受到了震撼。我在这里举一个例子作证明。我教的道家养生之道的课，刚开始上课的时候只有6个人，第二次16个人，第三次36个人，以后66人、76人，到现在这门非常生僻的课在全校是最热门的。我的课跟主修没有关系，学生争着选修是在于道家有非常多的现实意义。老子谈了很多人和自然的对比，人生的价值，事物的增长与消亡等。学生越来越多，我们教务处招生要设一个上限。我不敢说我教得多好，是老子的吸引力太大了。为什么一般说来老子和其他中国思想家的影响不够大呢？问题是我们没有包装好，没有向世界宣传好。我带着学生来中国，在长城练太极拳，我在美国讲课的时候，给大家在黑板上画图，给大家画西方和东方对世界的不同认识，美国学生非常喜欢。

我们现在有一个理论叫做“不折腾”，“不折腾”在道家就应该说是无为。孔子讲和为贵，老子也说过，“万物负阴而抱阳，冲气以为和”。我们现在说的和谐，是人和人之间的和谐，国和国之间的和谐。我们还忽略了一点：人和自然的和谐。我们总想征服自然，我们为什么不可以和自然并存呢？为什么不可以保护我们的环境呢？还有一个和谐，人内心深处自我和谐，我们总是在讲创造，在讲得到，我们为什么不想想怎样追求心灵的美呢？

老子说过：“名与身孰亲？身与货孰多？得与亡孰病？”名誉和身体谁亲？身体和物质利益谁多？得到和失去哪个更有害呢？生命与物质谁重要，多少人想不清这个道理啊。世界各国的强盗抢钱的时候都会问一句话：要命还是要钱？人们都会说要命，把钱拿去，身份证给我留下。但是，在生活中我们常常是要钱不要命，在最关键的时候，在一个人抢你的时候，你的思维是非常清晰的，在最短的时间内要保护自己的生命。可是经过很多思考推论演算以后不少人糊涂了。冒险的时候想，我这样做可能不被发现。中国不少人有个毛病，概率论总是算错，这就是中国人爱赌博的原因。西方人总是看危险的百分之几，中国人总是看成功的百分之几。

离开世界的时候，钱你是带不走的，年轻的时候为了钱丧失了身体，老的时候为了身体来花钱。所以这个问题总是弄不清楚，可是老子说得非常清楚。很多贪官案发的时候，房顶上、冰箱里全是钱，可能小时候穷怕了，他就是意识很清楚，世界上没钱是不行的，没有命的概率却不去算。而如果把身体和物质我们看得清楚一点，不但保证了自身的安全，也使周围的人享受了一种宁静，享受一种和谐。

一个身心健康的人，一个心灵美的人会散发出一种柔和的美丽光芒。我们常常喜欢一个人，原因是他内心很美。这个人站在我们面前，就知道他的内心素养有多高，内心世界有多美丽，所以我们如果建立内心的美，不光是对我们自己有利，对我们的周围、对我们的社会、对我们整个国家都是有利的，而这一点我们恰恰忽视了。

我们坐飞机的时候，飞机起飞时，空姐都演示，如果飞机发生故障，请大家首先带上氧气面罩，然后帮助旁边的人。这是对的，即便你旁边是你儿子，你也首先自己带上，再去救他。不能想象一个心灵缺氧的人能够帮助别人。所以我们内心美的创造是我们内心和谐的一个因素，而这种和谐会感染周围的人，如果我们每个人都是心灵高尚的人，我们的社会必然和谐。所以老子的思想在这方面是对孔子思想的一个极大补充，而我们在轴心时代就有这样的光辉创作。老子的主张还有很多地方可以用，比如老子说“知其雄守其雌”，西方人说这不就是女权主义吗！孔子说了无数高明深刻的话语，不小心说了一句“天下惟小人和女子难养也”，让他丧失了一半的粉丝。

我们今天可以看到老子依然很现代。我的学生常常说，老子真是现代思想家。没有一个科学家会像老子一样提出保护环境，我们这种保护自然而无为的思想是世界领先的。中国四大发明中的罗盘是道家发明的，当然作用是为了看阴阳等，作用可能不准确，我们也不要苛求于古人。比如化学，道家和后来的道教就相信一种东西可以变成另一种东西，炼金术就是化学的前身。佛家讲修来世，儒家讲立功立德，死了要有名声，只有道家认识到生命是可以延长的，健康是可以通过努力获得的，他们有一种长生不老的愿望，但是我觉得这种想法将来有一天会变成事实。最近有人提出长生不死是有可能的，因为一切都有可能。

我常常给美国学生讲一个笑话：一个好汉在森林里走，这时出现一个强盗，他说："此路是我开，此树是我栽，要从此处过，留下买路财。"好汉说："我倒是想留下买路财，但是两个朋友不答应。"强盗说："哪两个？"好汉举起一个拳头说："这是一个。"举起另一个拳头说："这是另外一个。"我们文化创新应该有两个朋友，一个是老子，一个是孔子。中国文化及中国历史上几个最光辉灿烂的时代都是以道家为主导的，比如西汉的尊黄老之术，有了文景之治；汉朝的光武中兴、唐朝的贞观之治都尊崇道家。

"五四"时，陈独秀、胡适之看到西方人很有力量，回家跟自己祖宗算账，说打倒孔老二。其实错不在孔子，错在董仲舒、汉武帝独尊儒家。我们只有以春秋时代的百花齐放，百家争鸣，追求心灵之美，在这种思想的指导下，中华文化必然立于世界之巅。于是，我们出口的不只是电视机、冰箱，还有文化。在所有的大国崛起的时候，只有我们中国的崛起是以和谐为宗旨的。我们中国两个大思想家都提出要"和"。我结束这次演讲的时候想说：孟子讲浩然之气，庄子讲鹏翼高飞。我希望中国上上下下都是心灵高尚和谐之士，来来往往都是身心健康高飞之人。

王志学：好，请演讲的四位嘉宾在主席台上就座，我们利用一段时间做一个互动。

提问：我想请教一下吴老师，关于智能交通系统，您刚才所言，它实际上是一种集成创新，是一种新技术的组合应用，如何看待政府和企业在这种组合中的功能定位？我们发现上海新增了很多智能公交亭，绝大部分还没有投入使用。上海线路有1 000多条，城市网站都有相关的换乘查询的服务，但是真正要查询的时候，是上地图网站还是上政府交通网站呢？另外是公车，企业可以把一件事情做得更好，政府为什么还要重复投资，把钱拿出来统一招标？我想问一下吴老师，世博会之后，电动车的出路何在？除了这些体制制度上的羁绊之外，我们还知道一个突出的问题，就是电子地图，怎么样保护这些创新者的利益呢？如果这些创新仅仅是用组合创新，而不能在现有法律框架下借助知识产权成熟的法律进行保护，可否用新的法律来保护呢？

吴忠泽：你一口气提了几个问题，我发现大部分的问题都应该由杨雄常务副市长来回答，因为他第一天讲了世博会科技的问题，其中一部分是智能交通。我刚才介绍了一下智能交通的问题，这对上海是非常紧迫的。我从2009年上半年到上海调研开始，跟上海交委和交通管理局交换过意见，坦率地讲目前上海的智能交通水平比起北京来说差距还是很大的。由于经过了一个奥运会，北京的智能交通水平提高了很多。上海目前正在准备世博会，这是一个机遇，也是大力改进、追上北京水平的一次机遇。有一些是属于政策方面的，有一些是属于技术方面的，技术方面的问题就要靠产学研集合来解决。但是技术创新的问题主要还是要靠以企业为主体、市场为导向、产学研结合的这种技术创新体系来解决。至于交通管理方面的一些政策和规划的问题，主要由政府来解决。目前最大的问题是各种交通工具没有形成一个综合的交通服务体系，各有各的基础设施，但是没有集成起来，所以老百姓感到非常不方便。但是你要想改变这个事情又很困难，有一个出路，就是世界智能交通发展的状态要将信息技术和智能交通结合起来，这是一条出路。另外就是关于公交系统，这目前可能是要急于解决的问题，要用智能技术提高公交调度水平。这次世博会上要有大量新能源汽车，包括电动汽车、零排放汽车，世博会结束以后，可能会在上海的交通系统大规模使用，就像北京一样用了大量的新能源汽车。除此以外像一些大的加载GPS的汽车，也要有一个过程，可能暂时还一下子解决不了，数据的唯一性、准确性还比较差。

我想智能交通总体来说，我们国家和世界水平差距比较大，我们现在追的话，可能要用5年、10年的时间，逐渐缩短和发达国家的差距，好在我们政府的认识程度比较高，所以我想很快就可以有这种机会来改善我们交通拥堵的情况，提高安全出行水平。

提问：我的第一个问题提给陈安杰书记，因为杨浦区的“三区”联动非常成功，在上海很多地方都有感受。当然，杨浦区的一个特点就是教育集中，有很多大学，在全国其他的城市这种模式是否可以复制，甚至进行管理或者是理念上的输出？同时我们也看到在全国有上百个大学城，但很多的大学城是大学建成了，居民也有了，产业却没有，我希望作为一个比较成功的典范，杨浦能给这些地方提供很明确的建议。第二个问题是提给赵老师的，在最后的讲台上是您来讲文化，我深受触动。从制度创新到制度体制创新，再到文化创新，因为文化是最重要的趋势。但是现在存在一个普遍的现象，就是重知识轻文化，以至于我们很多大学生及各个方面，可以说有知识没有文化，或者是多知识少文化。这种状态怎么改变？

陈安杰：非常感谢你对杨浦传统工业城转型的肯定。对杨浦模式刚才我讲了“三区”联动，我们把大学的资源和整个资本结合，“三区”联动是放在一起总体考虑的，不是单独考虑的。最近科技部的党组书记来杨浦视察，他讲了杨浦的经验很有意义，对中国科教聚焦地是一个很好的经验，怎样和区域服务、和区域的整体经济发展结合，是可以借鉴的，还有老工业城区转型也是可以借鉴的。我希望杨浦走出的这条路能够为中国类似的城市提供借鉴。

赵启光：谢谢您的鼓励，证明我这个发言没有错。美国有一个钢铁大王，叫卡内基，他在100多年前到中国、印度、日本游历，他说将来最有希望的是中国，因为日本已经现代化了，日本在接受外来文化的时候是模仿，只有中国人有保护自己文化的内涵，只有中国人能看见一棵树的努力，能说冬天的影子比本质更重要。卡内基是美国的首富，他看中了中国的潜力，事实证明中国发展到今天不只是由于我们的科技，而是我们有文化内涵。您说的就是文化，文化和知识一样，今天我们的学生知识很多，但是没有变成文化，要拥有文化需要广泛的涉猎。我们现在读书就是为了考试，读书的数量太少，出了学校以后不读书了，结果文化读书都是一种享受，这可能也和我们儒家影响有关系。我们把知识作为一种享受，把知识变成内心的信仰，这个时候知识就可以转变为文化。

提问：我想请教赵老师，你认为中国的老子和耶稣有什么关系吗?

赵启光：您不是第一个问这个问题的。老子和耶稣有很多共同之处。耶稣本质上来说更像老子，耶稣谈上帝，老子谈道，正因为你相信他，所以才往道上走。耶稣认为在上天中存在一种超自然的力量可以保佑我们，两者都认为人的力量是有限的，而意识到我们力量是有限的时候，我们内心就得到一个安慰，我们有的时候也需要有所无为。我们现在很多人认为自己是上帝，一件事情要做成，做不成埋怨自己，埋怨社会，但其实不是每件事都是以我们自己的意志为转移的。当我们仰望星空的时候，我们只是一个小小的分子，这一点是所有的宗教都意识到的，如果你说道教是宗教的话，只有老子做到了这一点。

提问：我就请教我们江苏的王厅长，12月20日是上海江苏商会成立的日子，您的主题是《企业创新的活力》，我想请您从企业创新的活力的角度来解读一下上海江苏商会成立为什么有一点姗姗来迟。

王秦：这是我到上海第二次碰到类似的问题。一个是大家平常对技术创新误解很多，另外一个是对市场经济误解很多，从本质上讲市场经济是合作的经济，我们难以想象没有市场怎么运作，我们每天要吃那么多的食品，每天要进来这么多人，要为他们安排，市场规律就是把这些都安排好，让每个人进来后都感到非常舒服。区域经济之间合作是主题，当然也有竞争。上海带动东部发展大的格局是事实，江苏的企业和上海企业的合作也是一个大的趋势。很多总部在上海的公司的生产基地都在江苏，所以江苏和上海之间企业的合作是大势所趋，也是主流所在。江苏企业到上海成立商会也是很自然的事情，有的是总部在这里，有的是为上海大企业配套的一些企业，他们想更多地了解上游企业对下游的需求，需求本身就是技术创新的方向，所以这件事情出现，第一很自然；第二有利于加强我们上海上、下游产业链进一步的互动，从技术创新的角度看，没有需求就没有创新，所以也会推动两地企业技术创新的发展。这也是好事情，是不是来晚了，我没法判断，非常感谢你提出这个问题。

提问：我请教一下赵老师，您觉得我们应该种一些什么善因？什么是中国今后的第一推动力？

赵启光：刚才那位好像是对基督教有研究，你好像是对佛教有研究，仁者见仁，智者见智，如果在某个方面我们做得很好，我们会强调在做得不够好的方面是重要的推动力，不是说其他方面不重要，而是被忽视了。文化是第一推动力。这不是说我们大家坐着谈文化就完了，你首先要吃饭、要开车，有智能车最好。为这些东西我们集中了90%以上的精力，而对文化的投入太少。比如在美国，我看到非常好的设施就是公共图书馆，无论一个多小的城市，无论多穷的人都可以走进图书馆和世界最伟大的思想接触，图书馆管理员决不会因为你穿得破就把你赶走。而我们国家这方面是比较欠缺的，我看到路上有各种各样的设施，但是图书馆的比例是低的，一旦我们在这方面投入就变成第一推动力。毛主席也认识到这一点，认为文化推动革命。他有一点是对的，即文化是一个重大的方面，在文化方面改进了，社会的其他方面都会跟上，如果我们把文化和古代联系起来，和大众联系起来，这就会推动我们国家前进。

王志学：由于时间的关系，我们今天这个专题的演讲就到这里。

08 调研报告

调整我们的思路和政策：以创新驱动发展

中国科学技术发展战略研究院专题调研组[1]

创新是经济社会发展的永恒主题，也是经济社会发展的不竭动力。世界主要发达国家把科技创新作为国家的发展战略，走创新驱动发展之路，已经成为创新型国家。中国提出到2020年进入创新型国家行列的宏伟目标，这就要求我们必须调整发展的思路和政策，坚持走有中国特色的自主创新道路，实现发展模式从要素驱动和投资驱动向创新驱动转变。

一、走创新驱动发展之路是中国现实和必然的选择

改革开放以来，中国根据自己的资源禀赋和比较优势，选择了要素驱动和投资驱动的发展模式，这是与我国国情和发展阶段相适应的现实选择，在

---

[1] 专题调研组成员包括：杨起全、孙福全、刘峰、郭戎、陈宝明、孔欣欣、刘辉锋、段小华、孟弘。原国家外国专家局局长马俊如、科学技术部政策法规司司长梅永红、中国科学技术发展战略研究院常务副院长王元、副院长王奋宇等同志对专题报告提出了不少宝贵意见，对此深表谢意。

实践上也取得了阶段性成功，并成为一些发展中国家学习的样板。然而，这种发展模式延续到今天，我们不仅感受到资源短缺和环境污染带来的巨大压力，而且在金融危机的背景下，以美国为首的西方国家主动调整产业结构和消费模式，使得我国的传统发展模式受到前所未有的挑战。如果我们不及时、果断地转变发展模式，就有可能重蹈一些拉美国家的覆辙，陷入中等收入国家发展停滞的陷阱而不能自拔。

（一）金融危机背景下我国发展模式面临的严峻挑战

尽管中国以要素驱动和投资驱动为主要特征的发展模式创造了世界经济发展史上的奇迹，但不可否认的是，这种成功的取得是以大量消耗资源和过度透支环境为代价的。随着中国经济规模的持续扩大，资源和环境压力日益加剧，必将给经济发展造成严重的瓶颈。在金融危机背景下，我国传统的发展模式将受到更加严峻的挑战。

1. 新能源的开发利用将使以传统能源为动力的产业发展受到严重制约

中国正处在工业化和城镇化加快发展的阶段，国际经验表明，这个阶段正是能源消耗、污染排放强度加大的时期，资源环境约束将非常明显。特别是近几年高耗能产业发展较快，中国已成为世界上第二大能源消费国，能源消耗占全球15%，已与整个欧盟国家相当。据统计，从1990～2005年，我国石油消耗量增长了286%，天然气消耗量增长了312%。如果我国经济增长继续保持现有能耗水平，要达到人均GDP5 000美元的中等发达国家收入水平，那么每年将至少消耗56.7亿吨标准煤，成为世界第一能耗大国，消耗全球30%以上的能源。世界能源将难以支撑中国的发展，所以，用新能源逐渐替代传统能源是一个必然的选择。以美国为首的西方国家已经加大了新能源开发利用的力度。新能源的利用将改变产业发展的技术路径，如果我们不及早进行战略部署，就不仅会形成新的技术依赖，还会在战略全局上陷于被动。如果我们仍然使用传统能源，以美国为首的西方国家必然会以污染环境为由加以限制，迫使我们采用新能源减少碳排放，这必然使以传统能源为动力的产业发展受到严重制约。

2. 国际金融危机导致国际经济规则加速变化将使污染环境付出更大的代价

由于我国已探明的石油、天然气资源储量相对不足，以煤为主的能源结构在未来相当长时期内难以改变。而相对落后的煤炭生产方式和消费方式加大了环境保护的压力。煤炭消耗是造成煤烟型大气污染的主要原因，也是温室气体排放的主要来源。随着中国机动车保有量的迅速增加，部分城市的大气污染已经变成煤烟与机动车尾气混合型。如果这种状况持续下去，将给生态环境带来更大的压力。在国际金融危机的背景下，以美国为首的西方国家通过新能源的开发利用应对全球气候变化，必然联合起来制定新的规则（如征收碳关税）共同干预环境污染行为。谁污染，谁付费；多污染，多付费。以污染环境为主要特征之一的传统发展模式不仅危及本国公民的健康和可持续发展，而且从经济上核算也将付出巨大代价。

3. 金融产品过度衍生化导致资源价格剧烈变动使我国资源短缺的瓶颈制约更加凸显

以人均拥有量来衡量，我国是一个资源贫瘠的国家。我国煤炭和水力资源人均拥有量相当于世界平均水平的50%，石油、天然气人均资源量仅为世界平均水平的1/15左右，铜和铝等重要资源的人均储量仅分别相当于世界人均水平的1/4和1/10。此外，我国对石油、水资源、钢材、水泥、有色金属等资源的消耗却居于世界前列，不仅远远高于发达国家和地区，也远大于世界平均水平。每产出1万美元GDP，中国需消耗的石油、水资源、钢材和水泥是世界平均水平的3倍、4倍、6.8倍和11.6倍。自然资源的绝对稀缺和高速消耗，给我国经济持续快速发展造成了重要制约。如今，资源不仅仅是产品生产的一种投入品，而且是金融衍生品市场上的一种投资品。金融产品的过度衍生化造成一些自然资源价格的剧烈波动，如石油价格从每桶40美元上涨至近150美元，后又跌到50美元以下。我国的石油、天然气等矿产资源存在严重缺口，原油对外依存度达50%。资源价格的剧烈变动大大增加了我国企业生产经营的不确定性，使我国资源短缺的瓶颈制约更加凸显。

（二）延续当前的发展模式可能会陷入中等收入国家发展停滞的陷阱

按照世界银行和亚洲开发银行的标准，人均GDP在900~11 000美元的国家为中等收入国家，目前大部分国家属于中等收入国家。当一个国家将从低收入向中等收入国家迈进时的发展战略用于从中等收入向高收入国家迈进时，就会陷入中等收入发展停滞的陷阱，继而在陷阱中长期徘徊。30年的改革实践，使我国经济形成了具有自身特色的发展模式。一方面，各种有利的经济增长因素被充分地加以利用，创造了高速增长奇迹；另一方面，特定发展时期所具有的土地、水、环境等自然资源和劳动力资源的廉价供给特征，也导致经济增长方式没有实现从主要依靠生产要素的投入转变为主要依靠生产率的提高。在经济增长与人口、资源、环境的矛盾日益突出的今天，单纯依靠消耗自然资源和发挥廉价劳动力的比较优势来积累资本、换取技术、发展经济的做法已经面临严重的压力。为实现经济的持续健康发展，创新驱动代替生产要素驱动已成为必然与现实的选择。

1. 劳动力无限供给条件下的低成本优势将难以维持

长期以来，我国劳动力存在着无限供给的条件，劳动力工资在一个低水平上长期保持不变，劳动力成本优势无疑是我国的比较优势。加之在中国模式的经济社会发展和计划生育政策的双重作用下，高比例的劳动年龄人口为我国形成了具有生产性的人口结构，从而为经济增长提供了持续30余年的“人口红利”。但不容忽视的是，今后我国老年人口比例上升将与劳动年龄人口比例下降并存。联合国人口预测报告显示，从2015年开始，中国15~64岁劳动年龄人口在达到峰值后逐年减少，现在已经出现了劳动年龄人口增长率的快速下降。预测结果还显示，2005~2030年，我国50~64岁年老劳动人口将增加67.1%，而15~29岁的年轻劳动人口则减少18.8%❶。可见，在我国经济发展过程中正出现老年人口数大幅上升和劳动年龄人口数相对减少的现象，劳动力无限供给条件将不复存在，劳动力短缺问题将会不可避免地发生。新增劳动年龄人口比例下降与老年人口比例上升并存的事实，更充分地证明了劳动力供求不平衡呈现出的是全局性特点，是整体供给不足，而不仅是局部性短缺。因而，中国的劳动力成本优势在不久的将来会悄然消失。

研究显示，改革开放以来，我国经济增长的就业弹性平均在0.2左右，意味着GDP每增长1个百分点，就业增长大约需要0.2个百分点。这个就业弹性充分反映出我国经济增长对劳动力投入的依赖。当劳动力成本的比较优势丧失后，中国必须寻找新的经济增长动力。

2. 缺乏创新的高投资率难以维持经济的长期持续增长

20世纪八九十年代，东亚多个地区实现了经济的高速增长，被世界银行的《东亚奇迹》（1993）研究报告称作“亚洲高绩效经济”。然而，克鲁格曼敏锐地指出，这些经济体中的大部分虽然实现了高增长，但却几乎没有任何生产率的提高。东亚的经济增长可以完全归因于劳动和资本等生产要素投入的增加，而不是生产率的提高，所以也就谈不上是什么奇迹。由于资本等资源的有限性，这种模式下的高速增长肯定是不可持续的，相关经济从高峰落入低谷则不可避免❷。亚洲金融危机的发生已使这些国家的经济多年难以恢复。当前蔓延全球的金融危机也让我国的经济发展模式面临着类似的困境。高投资率保证了连续多年的经济高速增长，但在基础设施建设布局已基本完成，全社会生产能力严重过剩，出口又面临国外需求大幅萎缩的形势下，投资很难再对经济起到以往那样显著的拉动作用。

近十几年来，我国的全要素生产率呈现下降的趋势。据相关研究测算，“八五”期间，中国全要素生产率最高，达到7.2%，对经济增长的贡献率为58.9%；“九五”时期下降到2.77%，贡献率下降为32.1%；“十五”期间略有上升，为3.67%，贡献率上

❶ 王俊祥：中国正面临劳动力短缺的现实挑战，光明日报，2006-10-18。
❷ 克鲁格曼（1994）：The Myth of Asia’s Miracle，Foreign Affairs，V.73（10-12）.

升为38.3%；进入“十一五”后又下降到3.41%，贡献率下降为29.7%[1]。全要素生产率的明显下降反映出，目前中国经济增长仍然主要来源于资本投入，仍属于资本驱动模式和粗放型增长模式。而历史上发达国家在经济发展过程中，科学技术对经济增长的推动作用越来越大。20世纪初期，发达国家科技进步对经济增长的贡献率仅为10%~15%，到50年代该比例上升到40%，70年代以后又上升到60%，80年代进一步提升到65%~80%[2]。可见，中国经济能否保持持续增长的势头，将取决于是否能够成功实现发展模式的转变。

3. 延续加工贸易型的发展模式将严重制约我国产业竞争力的提升

经过多年发展，凭借门类齐全、配套能力强、劳动力成本低的优势，我国在全球经济版图上已经形成了“世界工厂”。据联合国工业发展组织估算，2007年中国制造业有172类产品产量居世界第一位，全球70%的玩具，50%的电话、鞋，超过1/3的彩电、箱包等都产自中国，中国制造业增加值占世界的11.44%。但是，中国制造业的国际地位主要体现在总量上，比较优势主要体现在低成本方面，质量和技术与发达国家仍存在一定差距，在全球产业链中处于中下游。尽管很多产品产量居世界前列，但附加值较低，特别是具有自主知识产权的产品比重较小，出口产品中拥有自主品牌或知识产权的只占10%。

在高技术产业方面，虽然我国已成为世界高技术产业大国，但至今还没有一家进入世界500强的高技术产品大制造企业。虽然高技术产业增长速度很快、规模很大，但存在很大“虚高”成分。据估计，我国高技术产业利润率仅为4%左右，低于很多传统产业。2005年，电子计算机及办公设备制造业增加值占世界的46%，规模居世界首位，但实现利润仅为276.34亿元，约为美国英特尔公司的74%；医药行业规模居世界第三位，实现利润372.55亿元，仅为美国默克公司的74.8%[3]。除垄断行业外，国内高技术含量的行业大都处于外资实际控制之下，外贸依存度超过70%，其中工业品出口的60%来自外商投资企业[4]。造成这种结果的原因主要是，我国高技术产业发展在很大程度上依赖于加工贸易。自20世纪90年代以来，我国通过大量引进外资承接了全球产业转移，逐步融入了全球生产网络，在境内形成了巨大的生产加工能力，而出口的产品相当一部分是在华外资企业生产并返销母国的。目前中国两头在外的加工贸易占进出

---

[1] 胡鞍钢等：国家“十一五”规划纲要实施进展评估报告，《宏观经济管理》，2008（10）。

[2] 赵远亮：从科技进步对经济增长的作用看我国西部大开发，《科学管理研究》，2001（2）。

[3] 王昌林、蒋云飞：我国高技术产业发展及其政策调整，《中国软科学》，2008（8）。

[4] 陈清泰：走出“世界工厂”误区，《瞭望》，2002（29）。

口的比重仍在50%左右。由于处于国际产业链低端，利润空间小，从事加工贸易的企业对国外市场的依赖性和敏感度非常高，国际市场一旦出现波动，即可能面临生存危机。当前的金融危机已经见证了这一事实。要从根本上扭转这一局面，在国家战略层面必须实现从资源消耗型发展到创新驱动型发展模式的转变。具体就是，积极推进产业结构调整和优化升级，推进工业和信息产业的融合、制造业和服务业的融合，帮助企业通过技术创新提高产业竞争力，积极培育新的产业比较优势和竞争优势，提升中国产业的国际竞争力。

二、实现创新驱动发展需要克服的阻力

我国转变发展模式，实现创新驱动发展，已经具备了一定基础。科学发展观的树立为发展方式的转变奠定了思想基础；市场经济体制的初步建立和国家创新体系的初步形成为发展方式转变奠定了体制基础；经济实力不断提升为转变发展方式奠定了物质基础；知识要素、技术要素和人力资本要素水平已经初步满足发展方式转变的需要。同时，金融危机和科技革命给发展模式转变和结构调整提供了历史机遇。但我们同时也要看到，转变发展模式是一个艰难的过程，目前还存在一些需要克服的阻力。

（一）市场资源配置机制不完善阻碍技术创新

市场机制最重要的机制是资源配置机制，当资源配置机制发生扭曲、市场价格信号不能反映技术创新的努力时，企业技术创新就会缺乏动力。当前，我国部分生产要素和资源价格形成机制仍不健全，要素市场的行政性垄断和区域、行业部门的市场分割仍然存在，市场竞争机制尚未充分发挥作用，降低了企业自主创新的热情。

首先，要素市场价格机制不完全，导致企业更多地把精力放在争资源、争项目上，通过寻租来获取高额利润。要素价格扭曲，不能充分反映市场供求关系，客观上保护了落后的企业和生产结构，也导致企业倾向于高消耗的增长方式，通过大量消耗资源来取得利润，削弱了企业通过技术创新来降低成本的动力。

其次，金融市场建设滞后，严重阻碍了企业技术创新。企业技术创新需要资金的支持，特别是根据不同的风险承受能力形成结构化的资金支持方式更为重要。目前，我国多层次资本市场体系并没有建立起来，金融市场并没有形成资源充分流动的局面。反映要素价格的机制和场外交易市场发展缓慢，创业板市场推出能否起到推动企业技术创新的作用有待观察。尤其是科技型中小企业更难获得金融系统的支持，使得许多有市场潜力的创新成果由于得不到资金支持而无法产业化。

（二）促进自主创新的市场需求激励政策没有发挥应有作用

企业不管实施什么样的技术创新战略，最终总是要以某一种产品或服务的形式出现在市场中，不管是实物市场还是虚拟市场，最终还是要在市场中实现创新的收益。所以，能否在市场中取得成功是企业能否进行持续技术创新的一个关键条件。“以市场换技术”的策略虽然在一定程度上为我国学习国外先进技术创造了条件，但是也为国外企业打开了我国市场的大门，国内市场被外资挤占。时至今日，在许多行业中还存在着迷信国外产品的倾向，同等性能的自主创新产品得不到国内市场的采用，使国内企业失去了通过市场实现不断提高技术创新能力的机会，我国自身的研发力量和产品受到压制。

我国把扩大内需作为未来保持经济增长的主要动力，扩大内需的政策不断出台，但是市场需求引导技术创新的政策未得到应有重视。在政府采购政策方面，虽然我国已经制定了政府采购支持自主创新产品的管理办法等，但是在实际操作中，对自主创新产品的政府采购支持力度还很不够，其中一个重要原因是面向政府采购的自主创新产品认定机制尚未建立。《政府采购法》出台时，自主创新的议题尚未形成政策文件，因此对自主创新产品的认定机制缺乏相应规定，仅仅提到“对本国货物、工程和服务的界定，依据国务院有关规定执行”，而由于各方面因素的影响，对本国产品的界定迟迟未能出台。2006年初，国务院在《国家中长期科技发展规划纲要配套措施》中提出：“建立自主创新产品认证制度，建立认定标准和评价体系。由科技部门会同综合经济部门按照公开、公正的程序对自主创新产品进行认定，并向全社会公告。”但是从实践来看，这些规定和办法在国货保护、设定国外产品进入门槛等方面还存在着一些问题，与政府采购支持自主创新政策的要求尚有一定差距，需要进一步加以完善。

（三）重大产业技术创新的组织形式有待进一步完善

近年来，我国为推动产业技术进步，对产业技术创新给予了大力的支持，创造出多种产业技术创新的新形式，但是从总体上来看，还缺乏能够满足产业技术重大创新需要的组织形式。产业技术重大创新投入高、风险大，系统性和复杂性强，要求参与单位之间形成持续稳定的合作关系，而目前的产学研结合组织形式合作目标趋向于短期化，缺乏中长期的合作创新；以单元项目为载体的合作关系多，围绕产业技术创新需求建立的持续性合作关系少；多数合作以企业向大学、研究机构一对一地委托项目，大学、研究机构组建临时性项目组的形式进行；合作的组织形式松散，意向性的合作协议多。

目前，产业技术创新战略联盟作为一种重要的产学研结合的组织形式，得到了高度的重视，从2007年科技部等六部门批准对钢铁可循环流程技术创新战略联盟、新一代煤化工产业技术创新战略联盟、农业装备产业技术创新战略联盟、煤炭开发利用技术创新战略联盟进行技术创新战略联盟试点以来，各地纷纷兴起了创建技术创新战略联盟的热潮，几乎涵盖了所有的行业，骨干企业也都在谋求建立产业技术创新战略联盟。但是从总体上讲，产业技术联盟在我国的发展还处于初级阶段，早期虽然有一些运作比较成熟的联盟，例如闪联、TD-SCDMA联盟等，更主要的是围绕标准的构建和市场推广组织的联盟，在围绕技术开发方面组织的产业技术联盟运作还很少，因此，对于如何运用产业技术创新战略联盟这一手段来推进产业技术创新工作，还有待进一步探索。另外，在政策层面也未建立起一套有效地激励企业加强技术联盟的政策措施体系。产业技术创新战略联盟在国家科技计划组织中的作用也有待进一步探索。

（四）全社会推动自主创新的氛围有待进一步形成

首先，我国正处于工业化中期阶段，重化工业加速增长，在经济发展方式上，还没有摆脱高投入、高消耗的增长方式，导致的结果是从宏观上看GDP高速增长，并成为世界第三大经济体，但是在国际产业分工中却处于低端加工环节，并有被锁定的倾向，经济增长的效益差；从微观来看，企业并没有把技术创新作为盈利的主要手段，而更多地依靠技术含量低和附加值低的产品来获取利润。虽然随着自主创新战略的实施企业自主创新能力的动力在逐步增强，但是目前仍然没有摆脱粗放型的增长方式。从根本上来说，创新还没有成为我国企业主要的盈利模式。

其次，一些地方追求速度的偏好、扩大投资的偏好和追求外延扩大规模的偏好通过各种渠道传递到企业，成为企业难以抗拒的导向。我国虽然从“九五”时期起就认识到转变经济增长方式的重要性，并采取措施转变经济增长方式，但是保持较高的经济增长速度仍然是我国经济发展的迫切需求，GDP增长速度在我国的政府业绩考核中占据较大比重。在这一目标导向下，我国经济部门仍然存在着通过扩大投资、扩大规模和吸引外资来加快GDP增长的内在动力，在实际经济运行中，充分发挥政府调动资源的能力，保证扩大投资和增加产值的项目。政府的外延增长需求带动企业行为短期化，宁愿低水平复制生产能力，却吝啬于对技术和人力资源的投入；宁愿在同类同档次产品上持续进行低成本恶性竞争，而不愿采取差异化战略探索通过创新、品牌和服务提高效益；宁愿引进、再引进，持续跟踪模仿，而不愿意下苦功完成一次技术学习的过程，走消化吸收再创新的道路。

再次，在现有企业高管人员任用制度下，近期业绩往往是国有或国有控股企业主要经营者和经营团队最迫切的追求。在建立企业长期发展能力和短期盈利目标之间，企业经营者更倾向于后者。往往在企业发展中不注重创新能力的积累和培养，而偏重于通过引进或再引进迅速解决企业面临的技术需求；与其把资金和人力等稀缺资源投入带有很大不确定性的自主研发，不如集中投入于规模扩张，更适应主管部门的偏好，或者寄希望于引进外资来持续获得先进技术。

最后应指出的是，我国创新文化建设不尽完善，阻碍了自主创新能力的提高。有关部门虽然为遏制国内学者为了职称、奖励和待遇进行研究而采取了多种改革，如改职称评定为聘用、减少评奖数量、实行岗位绩效工资以及推动应用性成果进入市场等，在一定程度上改变了学术研究与世隔绝的局面，但从整体上看，学术界内部脱离实际的问题仍未根本解决，许多学术研究依然是为了某种资格、荣誉和待遇。科学研究要冒很多风险，但是具体到每个项目、每个专家，成功却变成了唯一的选择。回避风险成为许多立项的原则之一，只要是国外没做过的，项目申请者不会去做，项目评审者也不相信。这成为我国科技界的主流，长此以往，将导致模仿跟踪之风盛行，创新型成果越来越少。

（五）创新人才培养不足

我国创新人才缺乏，创新人才分布结构不合理。从企业来看，我国企业中的科技人员占企业从业人员的比重仅为5%，而日本却高达30%。大量高层次的科研人员游离于企业之外，存在于高校和科研机构之中，科技人才与企业的脱离严重阻碍了我国企业的技术创新。在中科院688名院士中，没有1名来自企业；在中国工程院656名院士中，来自企业界的也寥寥无几，如2001年新增81名院士中只有4人来自企业，2003年新增58名院士中也只有6人来自企业。一方面说明我国企业研发能力的薄弱；另一方面，大量的科技人才集中在科研院所和高等院校，而由于激励机制的原因，这些科技人员把主要精力集中于评职称、发论文和获奖等方面，而不是专注于研究发明，即使他们从事研发工作，也主要在进行基础理论研究，与企业和市场严重脱节。当前，跨国公司大举进入我国市场，越来越多地在国内设立研发中心，必将吸引更多的科技人才服务于跨国公司，使我国企业缺乏创新人才的情况更加严重。

创新人才培养不足。从教育体制来看，一方面，教育体制不合理，阻碍了创新型人才的培养。目前国内的基础教育状况是不利于创新人才培养的，创新能力和创新热情在儿童时期已经被消磨殆尽，到大学阶段后，许多学生已经失去了学习和研究的热情，只有能力特别强的和“压不垮”的极少数人可以脱颖而出。以应试教育为目标的教育体制，扼杀了学生的创新力，也一定程度上延误了对创新型人才的培养。另一方面，教育结构不合理，不适应快速发展的产业创新需求。经济社会发展对应用型专门人才的需求，从数量紧缺逐渐转向结构性紧缺，普通教育与职业教育发展不够协调。自《职业教育法》颁布实施以来，我国职业教育虽然取得了长足的进步，但与经济和社会发展对职业教育的要求相比仍有较大差距，在整个教育事业中仍属于薄弱环节。社会上重普教、轻职教的问题仍很突出。职业教育办学设施简陋，教育经费紧张，教师队伍人员不足，结构不合理。

（六）不适当的开放制约自主创新

当今世界正在发生广泛而深刻的变化，全球科技革命迅猛发展，为世界经济发展和全球化进程注入了更强劲的动力。在经济全球化的大环境下，研发全球化趋势愈发明显。国际化产业分工体系逐步形成，发达国家向全球价值链上端移动，占据了高端位置。经济科技全球化，在给我国自主创新创造机遇的同时，也带来了严峻的挑战。

首先，跨国公司在华设立研发机构对我国自主创新是机遇也是挑战。从有利影响上看，近年来，跨国公司加大在华研发投资力度，客观上会或多或少地产生一些技术“溢出效应”，但是对我国自主创新也产生了一定的抑制作用。一是通过抢夺科技人力资源从而削弱国内企业研发能力，降低潜在竞争压力。跨国公司具有品牌和工资优势，大量的科技人员流向了跨国公司，使得我国企业、高校和科研机构的人才更为缺乏。跨国公司研发中心所从事的主要是应用型研究，利用本身所具有的工资和品牌有效地抑制了国内科研人员的创新和流动倾向，将国内产业科技创新纳入到对其没有产生威胁的轨道，这是跨国公司对外增加研发投资客观上所起到的技术垄断效应。二是“溢出效应”并不明显。跨国公司喜欢设立独资的研发机构或对研发机构控股，很大程度上封堵了跨国公司在华技术扩散的渠道，减少了先进技术的溢出。跨国公司在研发国际化中严格控制技术溢出，对关键技术进行封锁。

其次，外资并购对我国产业自主创新能力提出了挑战。近年来，跨国公司通过对发展中国家一些具有较强研发能力的行业龙头企业进行并购，并将这些企业改造为加工厂，削弱了这些国家产业自主研发能力。跨国公司还收购发展中国家具有自主知识产权和先进技术的高技术企业，包括一些起到自主创新示范作用的企业，垄断高技术发展成果，从根本上消除技术上的竞争对手。

再次，我国在利用国际科技资源提高自主创新能力上，存在政策不完善和支持力度不够的问题。自主创新不等于完全依靠自己进行创新，在开放经济的条件下，充分利用国际科技资源，有利于迅速提高我国的自主创新能力。利用国际科技资源，可以有以下几种途径：通过并购取得先进技术；吸引国际科技人才；设立海外研发机构；

对引进技术进行消化吸收和再创新；开展国际科技合作和共同研发等。近年来，世界科技发展突飞猛进，为我国充分利用国际科技成果创造了基础。2008年以来爆发的金融危机使世界经济进入衰退之中，也给我国通过各种途径取得和利用国际科技资源创造了有利时机。但是，在促进我国企业充分利用国际科技资源提高自身创新能力方面，我国还存在政策体系不完善和支持力度不足的问题。主要表现在：一是国内政策环境不完善，我国对外投资管理体制、法律体系和支持服务措施等相对滞后，一定程度上制约了我国企业的海外研发投资。我国还没有形成完善的对外投资的法律体系，现行的法规不仅颁布时间较早，而且门类不全，行政审批制度复杂，加上严格的外汇管理制度，这在一定程度上制约了海外投资企业的国际和国内融资能力。二是对于利用国际科技资源的财税和金融政策支持力度较小。在税收政策上主要侧重于税收抵免和减让等直接鼓励措施，对于加速折旧、延期纳税和设立亏损准备金等间接鼓励措施使用较少。

（七）对传统发展方式存在路径依赖

长期沿用传统的发展方式容易在人们的思维和行动上产生惯性，以至于对依赖大量廉价使用资源、能源和劳动力等生产要素的传统发展方式形成较严重的路径依赖，因为人们已经习惯了传统的生产方式、组织管理方式和积累财富的方式。任何试图改变传统发展方式的努力都有可能使人们变得不大适应，并且有可能打破既有利益割据，因而这种努力遇到一些阻力就不足为怪了。

在我国传统的发展方式中，经济增长主要依靠投资和出口拉动，消费对经济增长的贡献相对较小。在发展路径上，内向经济以政府固定资产投资的超速增长来拉动，外向经济以低价格、低附加值和低利润率的产品出口来拉动，国内消费市场以社会福利市场化拉高教育、医疗和住房价格为前提来带动。

对传统发展方式的路径依赖造成结构调整的困局。一是传统采掘业资源枯竭后的产业接续和低成本制造业的技术创新动力问题。20世纪90年代以来，在计划经济时代建起的资源型城市，由于依赖的煤炭和金属矿产等资源枯竭，导致整个区域的急剧衰落，形成严重的社会问题。寻找接续产业成为一个不可回避却又难以解决的难题。二是出口导向型产业在国际产业链上从加工贸易到研发驱动的升级问题。沿海地区目前也进入了产业升级的困局。由于劳动力和土地成本持续上升，从2006年以来，广东等依靠低工资发展“三来一补”的外向型加工区域，纺织、玩具、模具和电子等产业正急速向我国江浙以及东南亚国家等更低成本地区转移。金融危机之后，国际市场需求急剧下降，问题更加突出。三是劳动密集型加工业向东南亚等更低成本地区转移后产业空洞化问题。当前东莞、深圳等珠三角高成长区域的发展速度已经放缓，面临新兴产业接续或产业结构升级的重大挑战。

从要素驱动向创新驱动的转变，需要牺牲一部分眼前的利益。我国大量存在的以廉价劳动力和自然资源为竞争优势的制造业还是财富创造的主要产业。这些产业也是我国出口创汇的主要产业。经济发展方式的转变，需要用高技术和高附加值的产业来代替这些产业，但这个转换的过程需要付出巨大的代价，牺牲一部分眼前的利益。这种产业结构调整升级的代价，对当前利益的损害以及未来收益的不确定性将阻碍经济发展方式的转变。这种阻力在珠江三角洲地区正逐渐表现出来。广东省政府把这一过程形象地称为“腾笼换鸟”，意在用新的更高附加值的产业填补正在失去的既有产业。持“腾笼换鸟”观点的人认为，制造业尤其是加工贸易已不能成为珠三角的主打产业，需要引进新兴产业，吸引更优秀的管理人员和技术人员实现更新换代。但是“腾笼换鸟”也面临一些制约因素。其一是地方层面，意味着压缩产能，关停企业，会直接造成GDP下降和就业困难，地方政府面临很大压力。由于“腾笼换鸟”效果不确定，如果采用行政手段而非市场自动调节，那么就存在旧鸟飞走、新鸟没来的局面，如果长期空笼，政府将又面临经济增长难以为继的压力。其二是企业层面，如果大量资源投入于新产品研发，将不得不压缩现有产品的生产规模。在利润率本身就很低的情况下，没有足够的生产规模，企业是很难盈利的。同时如果企业开发的新产品没能占领足够的市场，而原有产品的市场规模又减少的话，可能给企业带来毁灭性的灾难。

三、转变发展模式的战略思路

以创新驱动发展，就是要在发展方式的选择上充分发挥政府的引导作用，促使各方面的资源和政策向创新集聚，激发全社会的创新能量，摆脱传统的依靠要素、资源投入以及高消耗、高污染、低效益的增长方式，使我国走上一条以创新为发展的主要驱动力，从而打破原有资源、能源以及其他自然条件的束缚，并能够不断适应经济社会发展需求，最终实现可持续发展的道路。

（一）以深化体制机制创新和国家创新体系建设为动力，为创新驱动发展奠定制度基础

一是促进经济部门和科技部门有效结合，加强科技资源宏观管理和有效配置。科技与经济不能有效结合，造成科技成果转化困难，科技对经济社会发展的支撑作用难

以有效发挥，而且从宏观上降低了我国科技资源的整体配置效率。必须打破科技与经济的结合障碍，加强经济政策与科技政策的有机衔接和协调。加强科技资源的统筹规划和管理，避免资源在各部门之间的重复、分散和浪费。

二是完善市场机制，充分发挥市场在资源配置中的基础性作用。应完善市场体系和市场机制，使价格能够充分反映供求关系变化，并进而为企业创新提供条件。为企业创新提供公平的市场机会，营造公平的创新环境，特别是在国内企业与国外企业进行竞争时至少要创造平等的竞争机会。政府还应充分发挥采购和新产品消费补贴等满足市场需求的激励政策对于技术创新的引导作用。

三是建立不断创新并能够使创新成果应用的技术创新体系。实现创新驱动发展，最根本的是要依靠企业技术创新能力的提高，通过企业将技术进步的成果应用到产业发展中去，最终实现改善产业发展面貌的结果。我国国家创新体系建设的突破口在于形成以企业为主体、市场为导向、产学研结合的技术创新体系。建立这样的技术创新体系，一方面解决了创新的动力问题，以满足市场需求为基本方向，以企业作为技术创新的主体；另一方面实现技术创新主体的有效互动和紧密结合。

（二）以加快培育重大战略产业为抓手，形成引领未来新增长极的新兴产业

战略产业是立足于未来市场需求、符合科技进步方向、具有较大增长潜力和拉动作用的具有战略意义的产业，具有市场潜力大、技术先进和带动作用大等特点。重大战略产业形成的基本途径是通过新兴技术的应用来满足市场消费需求，既是市场需求发展的要求，又是政府有意识选择的结果。新兴技术的应用需要得到政府的支持，特别是在全球经济一体化的条件下，时间和速度成为取得国际竞争优势的关键。在这种情况下，政府必须以重大战略产业的培育和发展为抓手，积极培养能够引领未来经济增长的新兴部门，并带动整个经济增长质量和效率的提高，实现经济增长方式的转变。在现有基础上，以市场可实现性、技术与产品成熟度、企业基础和产业成长性等为筛选依据，结合重大专项的实施，重点围绕低碳能源、新兴信息产业、新材料、生物医药、先进装备制造、海洋产业、现代农业和现代服务业等战略性产业及其重点产品开展工作。

（三）以全面提升传统产业的核心能力和技术水平为根基，打造新竞争优势

随着技术进步，经济增长中传统产业和新兴产业总是处于更替和变化之中，而传统产业一般是经济中的支柱产业。我国正处于工业化中期阶段，重化工业加速增长，2002年以来，钢铁、有色金属、化纤、汽车、电子通信设备等五个行业的增长对工业增长的贡献率都在50%以上。这就是说，在发展方式转变中，一个重要的方面是对以重化工业为代表的传统产业的升级和改造，全面提升传统产业的核心能力和技术水平，建立新的竞争优势。一是应用高新技术改造传统产业，提高传统产业的效率和质量，降低能源和资源消耗，减少污染和废弃物的排放；二是通过高新技术改造传统产业，提高传统产业附加值；三是通过技术路线的突破来改变传统产业的技术基础，使传统产业的发展更好地适应市场需求的变化，并从根本上奠定传统产业的新高起点的发展基础。

（四）以突破新能源等一批重大关键技术为着力点，为可持续发展奠定技术基础

近年来，世界科技发展突飞猛进，科学技术前沿领域呈现出群体突破的态势，重大创新成果不断涌现，成果转化的周期缩短，科技产业化进一步加快。在生命科学和生物技术领域，人类基因组图谱已经全部绘制完成，抗逆、抗病高产作物和转基因动物不断培育成功，科学家们利用人体表皮细胞制造出了类胚胎干细胞。在纳米技术领域，纳米发电机已经研制成功，中美科学家合作首次制备出具有高表面能的24面体Pt纳米晶粒催化剂。在信息技术领域，超级计算机的运行速度大大提高，通信技术与网络技术相互融合，构成了以无线保真技术为基础的无线联网。另外，全人类应对气候变化已刻不容缓，“低碳经济”已日益受到世界各国的关注，如何发展“低碳经济”将是21世纪人类面临的最大挑战。继工业革命和信息革命后，世界经济正面临又一轮转型，低碳经济将重塑全球经济面貌。新能源技术将成为“低碳经济”时代的重要标志。美国奥巴马总统上台后，把发展新能源技术作为重点，力图通过发展新能源重塑美国的竞争优势，并为美国长远发展奠定基础。

当前，伴随着经济的高速增长，能源的约束日益加强，我国已成为世界第二大石油进口国和消费国，能源已成为制约我国经济可持续增长的最重要因素。我国要实现发展方式的转变，必须在应对全球气候变化过程中积极发展新能源技术，抢占低碳经济发展的技术制高点，在新的技术基础上谋求新的竞争优势，并通过新能源开发和利用为未来经济增长奠定新的能源基础。另外，必须加快发展以新材料和生物技术为代表的高新技术产业，为我国的可持续发展奠定技术基础。

（五）以更加积极主动地利用全球资源为重点，实行开放式创新

在当今世界经济、科技一体化的趋势下，要通过发展方式的转变实现大国向强国的转变，必须在更广的领域和更大的深度上利用全球的资源，并与国际市场形成共生的发展关系。这就需要使我国的发展方式向着与国际社会和谐发展的方向转变，探索在全球增长条件下的大国崛起新路。积极利用全球资源，首先是全球的科技资源。当前，国际研发全球化的趋势日益明显，国际资本流动加速，这些都为我国充分利用全球科技资源创造了条件。世界科学技术在生物医药、新材料和通信等领域不断取得进展和突破，特别是在新能源技术的开发上，各国加大投入，并通过国际科技合作解决面临的难点和共性问题。这些都是我国通过各种途径利用全球科技资源的有利条件。其次是全球的人才资源。2008年发生的金融危机，使一些受到打击的高技术产业人才出现过剩的情况，这为我国充分利用全球的人才资源创造了更好的条件。再次是全球矿产资源。我国需对支撑我国工业化道路的资源供给条件进行全球性的谋划，形成有效的战略布局，加快股权投资和战略性储备，为我国经济增长奠定资源基础。

（六）以促进中小企业技术创新为引擎，提升企业创新能力

中小企业是技术创新的重要源泉之一，它不仅在成果数量上占有相当高的份额，而且创新的水平与层次并不亚于大企业。目前，我国66%的专利成果是中小企业发明的，74%以上的技术创新由中小企业完成。可以说，中小企业已经成为我国技术和体制创新的主体。中小企业技术创新具有满足自身发展需求、资本量较小以及与外界合作密切等特点，其抗风险能力较低，因此需要得到外部的有力支持。此外，中小企业技术创新还具有与社会结合紧密、能更快地满足市场需求的特点。中小企业一般是创业的开端，往往孕育着有重大突破的创新路线，对于社会创新起着重要的推动作用。通过对中小企业技术创新的支持，往往能够为全社会创新活动起到引导和示范作用，从而激励全社会开展创新创业活动，形成社会氛围。

我国目前对中小企业技术创新的扶持，如孵化器、中小企业技术创新基金、中小企业技术创新服务平台和对小企业创新创业活动的减免税政策，对于促进全社会创新创业活动都起到了积极的作用。如促进中小企业技术创新活动的风险投资的发展，对于全社会的创新活动也会直接起到促进的作用。但是从总体上看，我国中小企业技术创新还面临着规模不大、实力不强和创新能力薄弱等问题，在资源配置上对中小企业技术创新相对忽视，特别是现实中中小企业技术需求得不到及时和有效的满足，在一定程度上还存在着“重大轻小”的错误认识和倾向，这对于形成全社会共同创新的氛围是不利的。要实现创新驱动发展，必须充分重视中小企业的技术创新活动，并注重通过鼓励中小企业技术创新来引导和促进全社会的创新创业活动。

四、转变发展模式的政策选择

为实现转变发展模式的战略思路，需要完善和制定切实有效的政策，营造有利于发展模式转变的良好政策氛围。

（一）制定培育战略产业的政策以培育新的经济增长点和调整产业结构

加大对战略性产业和高新技术产业的财政投入，重点包括对重大战略产品研究开发的直接资助，安排专项资金建设产业化平台和示范基地，支持自主知识产权和标准的创制，开展重大战略产品开发和产业化的贷款贴息、贷款担保等业务。加大信贷支持力度，商业银行要根据国家产业政策和信贷政策，结合自身特点和业务需要，加大对战略性产业项目的信贷支持力度。鼓励担保机构为重大战略产品开发和产业化融资进行担保。鼓励银行开展重大战略产品的卖方贷款和买方贷款业务。

围绕“保增长、调结构、扩内需”这条主线，把推进知识产权战略与扩大内需、振兴产业和加快技术创新相结合，加强对地方和区域知识产权战略制定和实施的指导，推进行业知识产权战略；加强统筹协调，与国家及相关行业、地区的税收、金融、贸易、科技和教育等政策相协调，营造更好的知识产权发展环境。

（二）制定引导创新要素向企业聚集的政策以培育企业主体

科技计划主要支持企业通过产学研合作等形式开展基础产业和支柱产业中的共性技术研发，以获得自主知识产权和提高技术创新能力为主要考核指标，直接以此类产业的国际竞争力为最终导向。支持企业紧密跟踪国际先导技术趋势，找准未来一段时间内可能的技术重点进行联合攻关。尽快启动财政科技经费支持企业技术创新的投入和运用方式，通过贷款贴息、风险补偿、保费补贴和风险投资等方式，增加资金的杠杆效应，引导社会资金投入技术创新领域。

推动我国尚处早期阶段的创业风险投资业进一步发展，同时也要加大激励科技风险投资行为。一是发挥政府创业投资基金的引导作用。鼓励政府创业投资基金更多采用引导基金方式，引导商业化创业投资基金发生更多科技投资行为；扩大国家级创业投资引导基金规模，建立符合公共财政和科技政策规律要求的评价体系。二是建立信息反馈和综合评价机制。加强对创业风险投资业的信息引导，特别是提供国家鼓励的重点技术领域、技术项目和产业技术创新信息，引导创业风险投资有序进入，汇聚各方力量，共同支撑行业发展。三是切实落实风险投资支持政策。近些年来，我国为支持风险投资的发展出台了很多支持政策，应该说政策框架已经基本形成。但关键是落实问题，特别是在各项政策与目前整体的法律法规规则之间还存在不协调的情况。例如，要允许有限合伙制度企业作为公开公司股东；减缓对个人投资者的双重征税；风险投资机构的投资额抵免范围也应有所扩大。

（三）制定有效的创新产品需求政策以创造新的市场

尽快建立符合中国发展需要的自主创新产品采购政策体系。改进政府采购工作，建立鼓励国民企业自主创新的政府采购体系，以政府采购中基础性、关键性科技产品和应用性科技产品的比例及自主知识产权科技产品和无自主知识产权科技产品的比例作为考核指标。应要求基础性和关键性科技产品的比例高于应用性科技产品的比例，自主知识产权科技产品的比例应高于无自主知识产权科技产品的比例。

以渐进和灵活的方式组织不同类型的技术或产品的政府采购方式。对亟须的国外先进技术，可先采购、后消化和吸收再创新，最终实现自主创新；对本国技术，要通过采购技术鼓励原创技术和集成创新。应针对不同阶段的技术采取不同的采购模式和方法，形成技术、产品、服务和工程并重的科学采购体制。

启动有利于消费升级的有关政策。通过转移支付体系减轻农民消费负担，促进城乡的协调发展。加快社会保障制度建设，提高居民的消费信心。把握好各项社会保障制度改革出台的时机、力度及舆论导向，尽力稳定居民收入与消费不断增长的心理预期。加快推进消费金融发展，促使消费者转变消费观念，加大消费信贷投放量，创新消费金融工具。

（四）制定激励政策以使人才各得其所

变“升学型”教育转为“创新型”教育。引导我国教育体制由应试教育向能力教育转变。教育体系应有明确目标，要从小抓起，加强基础教育中的能力教育，培养青少年的科技兴趣。加强师资队伍的继续教育，无论何种教育，都要依赖一大批教育工作者去实施教育理念。创新导向教育最缺乏的资源就是合格的、优秀的和以创新方法为教学中心的师资队伍。

加强技能与职业教育的发展。一是加强校企合作和产教结合，引进企业生产岗位所需技能的内容、结构和标准，引入企业技能和生产管理文化，促使职业学校的教学要与行业企业的要求和规范保持一致。二是加强职业教育的基础设施。学校的设施设备要切合行业企业真实的生产环境，实践教学基础设施水平高，与生产一线相衔接。

利用重大项目培养技术创新领军人才。科技领军人才是专业技术人才队伍的精英部分，不仅是新知识的创造者、新技术的发明者、新学科的创建者以及科技新突破、发展新途径的引领者、开拓者，同时也是一个创新团队的组织者和领导者。一方面这部分资源某些程度上是“可遇不可求”的，因此就要充分保护好和使用好现有的领军人才；另一方面，也要摸清领军人物成长、培育和筛选等规律。我国科技中长期规划中部署了一批重大科技项目，年度科技计划中也逐步把对大项目的投入作为重点，应充分利用重大科技项目实施，抓紧培育领军人才。在科技重大项目承担单位逐步推行首席专家制度，促进重大科研项目实施和重点学科建设，同时促进对科技人才的培养；在完善人才使用管理办法方面，实施高层次技术创新人才工程，每年选拔若干科技领军人才培养对象进行重点培养；设立科技领军人才基金，对一些重大攻关项目的负责人给予经费补助。

全球化竞争下我国创新型中小企业发展的挑战和对策*

——一个新的国家竞争战略思路及对策的思考

吴霁虹　朱岩梅

引　言

我国已经全面融入经济全球化的进程之中。作为后来者，我们不得不与西方强国进行面对面的竞争。确切地说，是在强国制定的游戏规则下竞争；决定竞争成败得失的关键越来越取决于我们是否能够占领可持续发展的知识经济的制高点。因此，如何部署和实施明天的知识经济发展，进而获得重要国际规则的参与权和制定权，对于我国的发展和战略利益至关重要。

中小企业对于经济增长和就业的贡献早已得到各界的共识。在当前应对国际金融危机中，政府调动各方面力量帮助中小企业度过融资难的困境，无疑是及时和必要的。但中小企业面临的困难绝不仅仅体现在融资方面，更体现在产业、税收、投资等各方面受到的政策歧视。我国经济要走出危机的阴影，必须立足于经济转型，而转型则离不开民间投资的启动和中小企业的真正复苏。在此过程中，创新型中小企业应当受到特别的关注和重视。

本报告的主张是：创新型中小企业的健康发展是我国赢得未来全球竞争的关键。我国还存在着诸多影响创新型中小企业健康发展的制度和政策性障

---

* 本文对“创新型”的界定是：有新技术发明和技术改进能力，有新产品、新工艺、新流程等开发、推广和应用能力，有新商业模式创造和实施能力；对“中小企业”的界定是按国家有关部门的定义：职工人数2 000人以下，或销售额3亿元以下，或资产总额4亿元以下的企业。

本报告基于对40多家中小企业进行了调研和访谈。在历时几个月的调研过程中，得到了科技部、张江集团、上海市科委等的支持。特别要感谢同济大学的在校研究生张静对该报告作出了重要贡献，帮助前期记录、整理大量的采访访谈内容，并参与后期报告的数据核对工作。在校研究生霍静波也参与整理了部分访谈记录。还要感谢徐冠华、梅永红和科技部战略研究院的专家们对本报告的修改提出了重要意见。

碍，应当把发展创新型中小企业提升到国家战略层面，形成清晰完整的发展思路和目标，并通过制度创新和重点政策的突破，推进创新型中小企业的全面繁荣和发展。

本报告将分四部分阐述：

（1）创新型中小企业是中国在全球化竞争中获胜的关键；

（2）当前我国创新型中小企业发展面临的突出问题；

（3）上述问题的根源分析；

（4）鼓励创新型中小企业发展的思考与政策建议。

一、创新型中小企业是我国在全球化竞争中获胜的关键

创新型中小企业是国家创新能力提升的中坚力量，是“企业家精神”的摇篮，这是决定国家创新能力的基因，它们的发展决定了一个国家的竞争优势。

第一，改变创新型中小企业的弱势地位，本质上有助于提升我国在全球的竞争优势。

产业竞争优势决定一个国家在全球竞争中获取利润和财富的能力，从而决定国家竞争优势。优势产业的崛起需要一批领袖级的企业，而很多领袖级企业都是由中小企业发展起来的。因此，我国要在全球化竞争中获胜，就必须培育一批可成长为领袖级企业的创新型中小企业。

例如，美国信息技术产业（包括计算机、互联网、通信、软件等产业）的强大，正是因为有一大批像英特尔、谷歌、思科、微软等拥有绝对竞争优势和全球影响力的领袖级企业，而这些领袖级企业在二三十年前都曾是创新型中小企业。它们的成长史就是美国支柱产业崛起的历史，他们的创新历程也是美国国家创新能力积累的过程，正是它们奠定了美国的国家竞争优势。

我国4200万家中小企业中，只有12万家是创新型的，约占中小企业总数的4%。但他们已为国家贡献了50%以上的创新成果[1]，涉及的产业包括了生物医药、新能源、新材料、移动互联网、信息技术等。这些企业很可能就是未来我国领袖级企业的种子，这些产业集聚的领域就是潜在优势产业的苗圃，决定着中国未来的国家竞争优势。

第二，创新型中小企业是“企业家精神”的摇篮，决定国家创新能力的基因。

对我国而言，国家创新能力就是我国能否将在全球竞争中的不利地位转变为优势

[1] 房汉廷，“中国科技型中小企业发展评析”，《高科技与产业化》，2004年第9期。

地位的能力，也是我国能否在有限时间内抓住机遇实现增长方式转变的能力。“企业家精神”是国家创新能力的重要因素，创新型中小企业恰恰是孕育“企业家精神”的摇篮。

企业家或创业者敢为人先、勇于冒险、充满激情的创新和创业精神，在商学院的教科书中被称为“企业家精神”。与很多大企业（特别是国有大企业）或机构不同，创业者或企业家所领导的创新型中小企业没有“铁饭碗”，每天都要面对着生与死的选择。不断创新和适应变化的市场需求，成为广大中小企业寻求生存的不二法则。

中小企业能够健康成长的秘诀是：迫于激烈的竞争，企业家或创业者的骨子里会形成独特的商业基因，这些基因包括拥有高级的商业资源，创造高附加价值的能力和高级的决策智慧❶。例如，这些基因要素表现在企业决策层能准确洞察前沿技术、市场和行业发展趋势，并能将竞争思维聚焦于其竞争对手和客户；拥有高级的商业资源意味着他们愿意投入大量的资源去提高人才的创造能力，并吸引和激励那些在官僚企业组织和文化下难以生存的创新型人才；而其创造高附加价值的能力往往表现为他们能建立先进的营运系统，以支持公司创造更高的附加值，并让企业的商业模式与专业化、规模化、标准化、信息化对接。

当拥有独特商业基因的企业越来越多，像溪流汇集成河，它们就会成为国家创新能力的基因。当“企业家精神”成为推动一个国家经济发展的主流和动力的时候，其能量就会转化为强大的国家创新能力和竞争优势。

硅谷就是最好的例子，威廉·肖克利（William Shockley）就是“企业家精神”有力的证明。1945年，肖克利被贝尔实验室雇佣时还是一名固体物理领域的年轻科学家。1955年，由于他发明了晶体管，被任命为肖克利半导体实验室主任。1957年，他雇了8个新毕业的研究生创建仙童公司（Fairchild Semiconductor），不但开发出了世界第一块集成电路，而且也为日后该产业的形成种下了创新的种子。之后，仙童公司的员工在硅谷创建了一家又一家的技术创新型公司，包括英特尔、AMD、菲利浦半导体、LSI、国家半导体、计算机微系统、Signetics、FourPhase、克莱纳等公司。其中克莱纳的创始人尤金·克莱纳，是硅谷最早期的风险投资家，他的投资成就了300多个高科技企业，极大地推动了信息技术、生物技术、新能源等产业的发展。来自这些先驱企业的创新者和企业家们，让创业和创新变成一条涌泉不息的生命链，造就了今天的硅谷，为建立美国国家竞争优势做出了重要贡献。

---

❶ 吴霁虹，下一步：中国企业全球化路径，北京：中信出版社，2006。

我国改革开放30多年来，也培育出了一批具有创造性和敢于面对挑战的企业家，包括比亚迪的王传福、阿里巴巴的马云、腾讯的马化腾等等，以及很多很多正在成长的创新型中小企业的创业者们。他们的成长和发展正在改写着国家的创新基因。

第三，创新型中小企业即使不能成为领袖级企业，也是国家创新能力提升的中坚力量。

首先，领袖级企业和一大批创新型中小企业的有效组合，已成为一个国家产业竞争优势的重要特征。例如，只有120名员工的ALWIL反病毒软件企业无疑是一个小企业，但如果没有它，全球8 000万台计算机就有可能受到病毒的攻击。通过技术授权，它与领袖级的IT企业成为商业伙伴。ALWIL可能永远不会成为像微软、IBM或SAP那样的大企业，但是，如果没有ALWIL这样的创新型小企业，互联网产业就不会有今天的繁荣。激烈的全球化竞争导致专业化分工更为精细，而在各个环节做得最精、更专的往往是提供专业化解决方案（技术/产品/服务/商业模式）的创新型中小企业。它们的健康成长，就意味着国家创新能力的提升。我国的情况也是如此，75%的技术创新来自中小企业，80%以上的新产品由中小企业开发，65%的专利由中小企业发明[1]，这就是国家创新能力的最好说明。

其次，创新型中小企业是大企业延长生命周期和保持行业领袖地位的重要源泉。当行业的领袖级企业发展到一定程度，常常通过不断兼并创新型中小企业来保持其创造能力、可持续发展和市场地位。随着企业规模的日益壮大，领袖级企业组织的灵活性和冒险性很有可能渐弱，规模化与个性化的矛盾越来越突出，使得创新变得困难，而且创新的成本变得更高。面对这种情况，大公司的持续发展通常有两种出路：一种是变革、重生；另一种是通过兼并创新型中小企业来保持其竞争优势和创新能力（特别值得注意的是，很多中小企业的创业目的甚至就是被大企业收购），这种持续发展的方式已成为全球竞争的一种商业模式。例如，思科用以捍卫其行业领袖地位的核心业务和核心技术，至少是由125家被收购的创新型小企业贡献的。为保持其技术创新前沿性，IBM、通用、Boeing也曾进行了600多单、550多单、70单的小企业收购业务。可以说，没有生生不息的创新型小企业群体，就不可能有这些领袖级企业。

---

[1] 陈乃醒、傅贤治，中国中小企业发展报告（2006–2007），北京：中国经济出版社。

二、当前我国创新型中小企业发展面临的突出问题

本课题组在上海、北京、深圳、苏州等地选择了42家有代表性的中小创新型企业进行了调研，并与企业中高层管理人员深度访谈，之后总结整理了来自外部的、影响企业发展的主要障碍和问题。其中，反映频率最高的有如下六大问题。

（一）公平性问题

许多国家的发展经验表明，中小企业的发展往往会受到大企业特别是垄断性企业的制约。因此，各国在降低市场准入门槛和反垄断方面都不遗余力，通过强有力的法律法规加以规制。目前我国在这一方面的法规和政策都不够完备，中小企业在政府采购、行业准入特别是现代服务业的行业准入等方面受到明显歧视。包括国有大企业和一些外资的垄断性企业不断强化自身的垄断地位，对中小企业形成了强烈的挤出效应。

大企业、大品牌垄断市场，中小企业在竞争中遭排挤和歧视的现象，在生物医药、医疗器械、软件、电子信息、创意文化等各个领域都不同程度地存在。政府、国有企业采购倾向于大公司、大品牌，中小企业的竞争环境恶劣。以汽车为例，尽管包括比亚迪、奇瑞、吉利在内的13个自主汽车品牌2007年就已入围政府采购目录，但实际效果并不理想。比亚迪共销售50余万辆车，政府部门仅采购600辆，仅占1%。奇瑞的情况也是如此，2007年中央政府共采购奇瑞汽车100辆，此后便不再问津。由此导致的直接结果就是：本土中小企业既得不到积累经验的机会，也得不到滚动发展的资金支持，难以保障企业的持续创新能力。

一些发达国家的经验值得我们借鉴。如美国联邦政府每年的采购总额超过4 000亿美元，国会要求联邦机构必须建立针对小企业采购的目标，至少每年有23%的订单给小企业[1]。而且，《联邦政府采购法》还规定，如果本国供应商的报价比外国供应商的报价高出不超过6%的幅度，必须优先交由本国的供应商采购，而中小企业可以享受高达12%以上的优惠。正是这些政策使得硅谷很多中小高科技企业受益匪浅[2]。

（二）融资环境问题

在今年应对国际金融危机的举措中，金融支持经济发展的“金融九条”中也提出贷款要向中小企业倾斜，但2009年上半年投放7.4万亿元的信贷，只有20%左右流向了

---

[1] http：//www.sba.gov/contractingopportunities/index.html，美国中小企业管理局网站。

[2] 刘小川、黄河，美国中小企业政府采购政策的演变及其启示，《中国政府采购》，2007年第11期。

中小企业；在金融机构的授信额度中，中小企业得到的授信额度不到国有大中型企业的零头[1]。

目前，中小企业在国家银行的贷款比重只占22.5%，这与它们的实际贡献很不相称。国外企业的直接融资占70%，银行贷款等间接融资、债权融资占30%。而我国企业直接融资只占2%，98%靠银行贷款[2]。因此，现阶段中小企业融资难的根本原因，主要在于适应中小企业融资特点的市场化金融体系不完善，融资渠道不畅通，而不在于中小企业自身。

通过商业银行间接融资所面临的困难，是各国中小企业共同的难题。正因为如此，许多国家都采取了一系列相应措施。在这一方面，日本的经验值得借鉴。目前日本有5家专门为中小企业提供服务的金融机构，为中小企业提供设备资金和周转金贷款等，利率和贷款期限都优于市场贷款。此外，日本政府还全部或部分出资成立为中小企业申请贷款提供担保的机构，增加中小企业从私人银行获得贷款的机会。

（三）法规政策的缺位和可执行性的问题

我国目前很多促进中小企业发展的政策法规还存在缺位、难以“落地”的问题。2002年全国人大常委会就通过了《中小企业促进法》，但在制度层面上和可操作性法规层面上的政策措施依然不够。一方面，以制度化方式实施的政策法规较为缺乏；另一方面，支持中小企业的功能型政策仍然十分欠缺。而日本政府在20世纪下半叶的50年间，相继出台了30多部有关中小企业的法律法规，形成了一个完整的体系，有力地推动了中小企业的发展[3]。英国政府自20世纪80年代始为保护中小企业的利益已出台了110多个法案[4]。

我国现行的一些政策，包括税收政策等，仍然是针对制造业等传统产业制定的，一些新兴产业、知识密集型产业的发展走在了政策前面，政策环境出现“真空”。这就在客观上造成了对代工型、加工型企业有利，对知识密集型（IT、医药研发、创意文化等）产业不利，制约了新兴产业的迅速崛起，不利于产业结构的调整。

比如，有关无形资产（包括知识产权、版权、专利等）评估和抵押的政策仍然缺失，只有极个别地方政府开始尝试试行知识产权、版权抵押贷款，大多数地区还相当保守和滞后，对于软件、研发、文化创意等轻资产类产业的发展带来不利影响。又

---

[1] 马光远，40%的中小企业已倒闭，谁来救助剩下的60%，《南方日报》，2009年6月15日。

[2] 李子彬，中小企业直接融资比重需要加强，《上海证券报》，2008年11月22日。

[3] 陈韶华，中日扶持中小企业政策法规体系比较及其启示，《求索》，2009年第2期。

[4] 王晓红、毕克新，中小企业技术创新支持体系研究综述，《工业技术经济》，2006年第3期，第2~6页。

比如，动漫设计企业属于文化产业还是服务业？应该按照3%还是5%缴纳营业税？由谁来认定？再比如，新药审批时间太长的问题、研发费用按150%税前加计扣除的问题，在不同执行部门的具体执行过程中，都会遇到各种各样的问题。

（四）税赋过重的问题

《福布斯》杂志最新推出的2009年全球“税赋痛苦指数”排行榜中，中国内地排名全球第二❶。作为一个发展中国家，中国的税赋太重，企业（特别是中小企业）“痛苦指数”偏高，从长远来看，这十分不利于新兴产业的发展。目前部分企业享受的“两免三减半”优惠政策作用也不显著，因为对于创新型中小企业而言，前几年都是投入期，根本难以实现盈利。

1999年诺贝尔经济学奖获得者罗伯特·芒德尔认为，高税率将打击民间的投资积极性，从而抑制经济发展。他指出，任何一个国家税率一旦超过30%，人们的注意力就会从如何创造更多收入转向如何避税。罗伯特·芒德尔的减税主张成为美国20世纪80年代以来主要的经济纲领，并且与其他政策一起共同造就了美国经济尤其是高技术经济的持续繁荣❷。

（五）政府服务问题

中小企业缺乏了解和研究政策信息、建立关系网络的资源和能力，政府对中小企业的综合性、指导性服务不到位，政企之间的政策供求信息不够透明。据中国科技发展战略研究院的一项调查表明，2006年大中型企业创新经费中来源于政府拨款的资金占到政府总拨款的79.1%，而小型企业只占到20.9%。今年应对金融危机的“十大产业”振兴规划措施，总体来看也还是以扶持大企业继续做大、兼并重组和进行产业升级为主要目标，中央投入的200亿元技改项目绝大多数流向了大企业。在获得公共服务、公共政策和资源等方面，中小企业还缺乏与大企业进行公平博弈的能力。

很多发达国家都有专门为中小企业提供服务的机构，值得我国借鉴和效仿。美国政府设立小企业管理局（SBA）专门为小企业提供各种服务，包括贷款担保、培训咨询、政府订单、救灾援助等等。到2008年底，超过2 000万家小企业通过SBA得到了政府的帮助。每年140万家小企业和企业家的发展受益于SBA及其合作伙伴。仅2008年，小企业顾问团（SCORE）就为1 200家小公司解决实际问题，为小公司节约了105亿美

❶《福布斯全球税负痛苦指数：中国大陆排名全球第二》，和讯网，http：//funds.hexun.com/2009-04-02/116313514.html.

❷ 周彩红、李廉水，政策供给与我国中小高科技企业的发展，《科学学与科学技术管理》，2004年第2期。

元，并因即时提供数据和信息，节省了小公司约396万工作小时数❶。日本政府建立了技术顾问制度，在全国各地设立了200多个公立试验机构，聘用技术上有丰富经验的专家、工程技术人员担任中小企业的技术顾问❷。韩国、英国也都有类似的机构。

（六）人才问题

人才是中小企业做强的关键要素，而“抢夺”人才（无论来自何方）资源已成为一个国家或是一个企业赢得竞争的第一关键要素。哈佛教授W.Kerr在谈到美国引进移民人才时就指出，“吸引和留住这支高技能的队伍就是美国国家利益，这是我们提高我们国家创新效率所采取的一个最简单的政策杠杆”。对于我国来说，人才是最重要的战略资源，2006年我国科技人力资源总量已达3 800万人，居世界前列。能不能把这些人才利用好，使他们的才智充分地发挥出来，这是关乎国家根本利益的重大命题。在此过程中，创新型中小企业无疑是广大科技人才施展才华的重要载体。

然而，我国目前使用人才、评估人才、培养人才、吸引人才的方式、方法和环境仍有待改善，一方面使得大量的优秀毕业生流向发达国家，或是流向跨国公司、大型企业，另一方面创新型中小企业难觅人才，创业更是成了找不到工作的毕业生的无奈之举。我们调研采访中了解到，很多创新型中小企业的创业者都是美国归国留学人员，他们中很多都有在硅谷创业的经历，而且不乏成功故事，这与硅谷的创业环境、创业文化和创业条件是分不开的。据统计，全世界科技移民总数的40%到了美国，外国科学家和工程师占全美科技人员总数的20%左右。在以科技产业闻名于世的加利福尼亚州，由新的移民创建的企业占到新企业总数的35%。正是这种充满创新创业活力的局面，才造就了加利福尼亚州乃至美国经济的不断繁荣。另据中国科技发展战略研究院对75家世界500强跨国公司在华研究机构的调查，2004年聘用中国研究人员4 714人，2006年达到10 926人，其中多数是我国著名高校的毕业生和从海外归来的留学生。大量人才流失与创新型中小企业人才难觅，反映出我国人才环境的不尽完善和相关政策的缺失。

三、上述问题的根源分析

长期以来，我国创新型中小企业的地位与它们在建立国家竞争优势中所起的重要作用极不相称。由于在国家战略发展布局和政策扶持方面处于相对弱势地位，与大

❶《SBAs FY 2008 Annual Performance Report》，美国中小企业管理局网站，http：//www.sba.gov/idc/groups/public/documents/sba_homepage/serv_abtsba_2008_apr_001-040.pdf.

❷蓝寿荣，国外科技型中小企业创新制度述要，《科技创业月刊》，2008年第11期。

企业相比，创新型中小企业常常在竞争中处于弱势和边缘地位，主要表现在不公平竞争、融资难、税收不合理、政策缺位，政府服务欠缺以及人才等问题，这正是我们在调研中企业反映频率最高的六大问题。这些问题严重阻碍甚至是打击了它们的创新和发展，进而也阻碍了国家竞争力的提升。从战略与政策层面上看，导致这些问题的根本原因与决策者的战略观念有关，同时也与利益相关。

（一）战略上的认识不足，这是阻碍创新型中小企业发展的根本原因

以下对中小企业的三大认识“误区”，凸显了对于创新型中小企业的重要性认识的不足。

第一，战略上的“重大轻小”，严重阻碍国家竞争优势的提升。

政府部门受“抓大放小”的传统计划经济发展观念影响，长期对中小企业不够关注，使它们的成长空间备受挤压。国家有关政策如投资政策、政府采购政策、信贷政策、税收政策等一直向大企业倾斜，而对创新型中小企业却较少作为，即使有所作为也多为“锦上添花”，很少“雪中送炭”。这种政策倾斜进一步强化了大企业在市场、资本、自然资源等重要资源上的垄断地位，直接导致对创新型中小企业的不公平竞争，严重挤压了它们的创新和发展空间，进而阻碍了国家竞争优势的提升。另外，大多数国有大企业的高管都是由政府有关部门任命的，他们与政府的关系更加密切，更容易得到政府的支持和政策的优惠，这也造成了对中小企业（绝大多数都是民营的）的不公平。

创新经济学家熊彼特的“创造性的破坏”研究表明，一个国家提升竞争优势的重要途径有两个：一个是中小企业特别是创新型中小企业的诞生和成长；另一个是占用重要资源但经营很差的企业（包括大型的）的死亡，使其低效率占用的资源可以被释放出来。但是，我国目前一些经营能力较差的大企业很难被市场淘汰，但它们却占用了大量的资源（融资渠道、政策支持等），以至于对中小企业产生了一种错误的导向——只有做大，才能受到政府更多的关注，才能得到小企业得不到的政策“好处”。

政府部门“抓大放小”、“重大轻小”的观念会造成很多不良的后果。一方面，某些地方政府官员在学习创新能力强的城市（如深圳）时，往往只看到了堪称地方名片的标杆型大企业（如华为、中兴通信），地方政府官员为追求政绩和相互攀比，急于树立“标杆型企业”，但往往是“拔苗助长”，适得其反。因为他们忽视了正是深圳为创新型中小企业营造了好的成长环境，才使得它们成长为今天的华为、中兴、腾讯、迈瑞等等。这些大企业之所以能够持续健康地成长，也在一定程度上依赖于聚集在它们周围的千千万万个创新型中小企业，政府通过营造有利于中小企业成长的环境，有利于产业链的完善，也帮助了大企业健康成长和持续发展。

另一方面，在相关政策的影响和引导下，许多中小企业都极力追求尽快“做大”。部分企业管理者受“大企业容易得到好处”现象的诱惑，盲目做大，不专注于核心业务，往往公司资产盘子很大，核心竞争力却不升反降。有的企业通过收购迅速扩张，而内部管理能力跟不上企业规模扩张的速度，一旦市场发生变化，企业的资金和业务风险极大。实际上，德国、瑞士等欧洲国家的许多中小企业并不强求做大，但非常注重做强。很多企业往往默默无闻，在一个缝隙市场长期保持领袖地位，其产品甚至并不起眼，深深隐藏在价值链的“后方”，但市场占有率遥遥领先，被称为“隐形冠军”。这些欧洲企业专注而稳定的发展，所传递的价值观不是“大”，而是“强”。

第二，我国现阶段仍是重点关注传统经济，而非知识经济❶，这严重制约了新兴产业的崛起，而新兴产业中的主体往往起初多为中小企业。

过去几十年里，我国对西方经济学理论进行了全面的学习和吸收，对于推动市场经济发展产生了积极作用。但是，在此过程中，“生产要素理论”和“比较优势理论”被推向了极致，在很大程度上主导着中国经济的发展，使中国成为发达国家在“全球化”这个棋盘上的一个棋子。如果说在当时特定历史发展条件下采取比较优势策略是个不得已的选择❷，那么当今天中国经济已出现严重的结构性矛盾时，就十分有必要对这些传统理论进行彻底的分析和澄清。

全球化和知识经济时代的来临，使得驱动经济发展的要素已与亚当·斯密所处的时代大为不同。美国等发达国家之所以能占据产业价值链的高端位置，是因为掌握更多的知识和人才，而不是劳动力和土地等资源，知识和人才是他们创造财富的关键要素。但是，我国目前的战略决策仍然在很大程度上被比较优势理论所左右，从一面倒地支持加工贸易到以“技术换市场”，从外贸优先政策到外资优先政策，都反映了对于国外技术、资本和市场的依赖性倾向。很多重要战略性资源仍然集中投入在低附加值的产业，这与建设创新型国家和自主创新的战略是相悖的。

事实上，在某种特定的范围内，李嘉图的理论绝对正确。那就是，在技术水平一定的情况下，国家专注于有比较优势的领域更为有益。但是当一个国家想要通过吸收

---

❶ 吴霁虹，“走出创新陷阱”，《IT经理世界》，2009年5月。

❷ 朱岩梅，比较优势战略对中国经济发展局限性的研究，《中国软科学》，2008年第8期。

新技术发展经济时，这个理论就不适用了。因此，比较优势理论只适合安于现状者，而不适合试图变革和创新的国家。如果完全遵从比较优势的理论，20世纪60年代的日本就会放弃发展汽车工业，那么今天就不会有丰田汽车的存在，世界汽车工业恐怕也不会有日本的重要地位。

第三，过度关注短期利益，而非长远利益，这将有可能使中国在新一轮的全球竞争格局调整中错失良机。

决策者常常面临长期利益与短期利益的两难选择，要实现长远目标，往往必须放弃眼前利益。例如，4万亿刺激计划追求的是短期的经济增长，但很可能存在与国家长远目标不协调之处。一如过去的很多战略部署一样，它更多的还是追求传统产能的扩大，而不是结构的调整、质量的提升和新兴产业的培育，因而很难为建设创新型国家和经济转型带来实质性的突破。据了解，在4万亿的投资中，中小企业受惠不多，大约只占到5%。上半年中国各个银行信贷额达到了7.36万亿，货币投放之多之猛前所未有，但中小企业融资难的问题并没有因此而得到缓解[1]。

（二）不同主体之间的利益冲突得不到有效协调和处理

利益问题是一个更深层次的话题。在理想状况下，国家利益、部门利益、个人利益之间应保持相对的平衡。当三者出现矛盾时，部门利益和个人利益毫无疑问应该让位于国家利益。然而，现实中常常是部门利益、个人利益取代了国家利益，所谓“国家利益部门化”就是这个道理。

首先，经济行为存在短期化倾向。

一味地追求GDP增长，以GDP论英雄，这是各级政府考核官员政绩的通行模式。过分注重用GDP来衡量政绩，就会驱使很多决策者急功近利，追求短平快，优先发展能快速产生“经济效益”的大项目、大企业，而不愿意把精力花在需要长时间培育的创新环境建设和中小企业方面，甚至有的地方，只要能快速产生GDP，不惜低价出让土地资源，低价向跨国公司转让和变卖优质的国有企业和国有资产。在这种经济环境下，中小企业的发展往往在政策和资源博弈中被边缘化，只能在内外交困的夹缝中求得生存。

其次，部门之间缺乏有效协同机制。

政府部门之间条块分割，不同部门各自为政，往往以维护自身的利益为重。各部

---

[1] 李子彬在北京大学的发言，“当前形势下中小企业的成长之路”，第五届中国民营企业投资与发展论坛，2009年4月16日。

门都在强调支持自主创新，而且即使都能认识创新型中小企业的作用，也在调整管理体制、政策、资源配置方式和重点等方面始终难有突破。这表明我国至今还没有在自主创新问题上形成一种超越部门利益格局的政体机制。

再次，对商业行为缺乏有效监管。

比如在公共采购（包括政府、国有企业）中，过分信赖和崇拜外国公司、大型企业，而歧视本土创新型中小企业，没有给中小企业适当的成长空间。这与当前的政企关系模糊有很大关系，因为采购非大品牌的产品，一旦出了问题便难辞其咎，而购买跨国公司先进技术对于决策者来说比较“保险”。另外，目前的监管也不够到位，近年来美国朗讯、德国西门子等公司相继曝出在华商业贿赂案件，反映出对外贸易中的灰色现象是客观存在的。

最后，鼓励创新型中小企业发展的思考与政策建议

尽管创新型中小企业是国家经济社会发展的重要贡献者，但它们往往在竞争中处于弱势地位。这里既有国家战略和政策方面的缺失，也有企业和企业家自身对于现代企业发展规律认识的不足，对企业的健康发展造成了很大制约，必须采取更为有力的举措加以解决。

但是支持中小企业的发展，绝不意味着政府直接去管具体的企业，而是要创造一个真正有利于中小企业健康持续发展的软硬环境，特别是公平的市场环境。中小企业作为国民经济的细胞，最大的优势就是其创新活力和应变能力。但是，在瞬息万变的市场竞争中，孰胜孰负，是难以预料的，只有市场才是真正的“检验者”。政府根据自身的判断来调配资源，对所谓“符合产业发展方向”的企业进行直接干预或扶持，这必然意味着对资源配置市场化手段的排斥或扭曲，其结果往往可能会得不偿失。

笔者建议，支持中小企业的健康持续发展，应从以下七个方面着手：

第一，把发展中小企业提升到国家战略层面。

在许多国家，中小企业发展被置于重要的战略地位，从规划布局到创业环境，从公共服务到配套政策，都对中小企业的发展给予全方位的鼓励和支持。比如，美国里根政府把中小科技企业称为“白宫经济制度的心脏和灵魂”，克林顿政府把中小科技企业称为“美国新经济的助推器”；德国政府把中小科技企业称为“德国经济的脊梁”；意大利政府把中小科技企业称为“意大利通往繁荣的必经之路”；日本政府认为，中小科技企业是“日本经济活力的源泉”。

近年来，我国在推进中小企业发展方面也做出了许多积极努力，取得了一定成效。但是，由于受传统工业经济“抓大放小”观念的影响，各级政府部门往往对中小

企业重视不够，没有把中小企业特别是创新型中小企业的发展真正摆到国家和区域发展战略的高度。国家已经出台的法律法规和相关政策实际上并没有得到有效的执行，使得中小企业对于政策的认同度明显低于大中型企业。

小企业是大企业的摇篮，也是成就大企业的基石。今天世界500强中的企业，大都是大浪淘沙、从小到大发展起来的。对于国家和区域经济的长远发展来说，营造良好的创新创业生态，让千万中小企业之花竞相绽放，远比吸引少数大企业更为重要。深圳市之所以在短短二十多年间培养出了华为、中兴通信、腾讯这样一批标杆型创新企业，正是因为政府长期给予创新型中小企业公仆式的、细致入微的扶持和帮助。也正是因为有众多“蚂蚁雄兵”般的中小企业，这些大企业的产业链才能保持健康和持续发展。

中国经济的未来，从根本上有赖于培育内生的经济增长动力，创新型中小企业正是这一动力的重要源泉。目前我国正处在调整经济结构的关键时期，在推进科技创新、增加社会就业等方面面临着关键和紧迫的需求，中小企业对此有着不可替代的作用。如何进一步营造有利于中小企业发展的良好环境，使之摆脱长期被“边缘化”的尴尬境地，对于我国经济社会和科技发展都有着极其重要的战略意义，应当从国家战略层次上加以全面规划和重点部署。

第二，设立相对独立的中小企业管理机构。

2009年9月19日国务院《关于进一步促进中小企业发展的若干意见》提出，“成立国务院促进中小企业发展工作领导小组，加强对中小企业工作的统筹规划、组织领导和政策协调，领导小组办公室设在工业和信息化部。各地可根据工作需要，建立相应的组织机构和工作机制”。

早在2000年，我国就成立了“全国推动中小企业发展工作领导小组”，其主要职责包括：负责全国各类中小企业工作的统筹规划、组织领导和政策协调；研究中小企业总体发展战略；讨论决定中小企业重要工作部署；就中小企业面临的倾向性和方向性问题，向党中央、国务院提出意见和建议。领导小组办公室设在国家经贸委。2003年，改为由国家发展改革委等14个部门组成的全国推动中小企业发展工作领导小组。领导小组主要职责不变，发改委中小企业司承担全国推动中小企业发展工作领导小组办公室工作。2009年2月，因机构改革，中小企业和非国有经济的宏观指导工作改为由工业和信息化部牵头，国家发展改革委、科技部、财政部、人力资源社会保障部、农业部、商务部、人民银行、税务总局、工商总局、质检总局、统计局、银监会、证监会、开发银行、全国工商联等16个部门组成的全国推动中小企业和非公有制经济发展工作领导小组负责。领导小组办公室设在工信部中小企业司。十来年的实践启示我们，中小企业工作涉及法律、政策和体制问题，仅由下设某部委的一个司来协调中小企业工作，的确有些勉为其难。

美国、日本、瑞士等很多发达国家都设有相对独立的中小企业管理机构。以美国为例，全国约有2 000万家中小企业，是美国经济中最具活力的部分。根据1953年的《小企业法案》，设立了专门负责实施小企业政策的联邦政府小企业局，该机构属联邦政府独立机构，在立法、融资、技术、培训、信息、咨询等方面对小企业进行管理与提供服务。小企业管理局目前有4 000多名工作人员，总局设在华盛顿，在十大城市设有分局，再下设100多个地方机构，分布在全国各地。它的主要职能是：制定小企业发展的政策和措施；帮助小企业制定发展规划；接受诸如制定企业经营策略等方面的咨询；为小企业提供国内外先进技术及市场的信息；向小企业提供管理人员和员工方面的培训；帮助小企业解决发展中的困难。为了方便总统和国会及时了解和掌握小企业发展中的重大问题，还设立了白宫小企业委员会和国会小企业委员会，协同小企业局工作。这样，建立了一套完整的从立法机关和行政机关的小企业管理机构。日本也形成了以中央为主导、地方为基础的中小企业行政管理组织系统。

我国有4 200万家中小企业，但在我国中小企业管理部门的行政体制中，一直没有一个国家级的统管单位。尽管国家发改委、工信部等设有中小企业司，各地设有中小企业局，但是部门之间难以协调，形成部门割据、各自为政。这在很大程度上使国家对中小企业的政策难以落实。建议在国务院设立最高级别的中小企业综合统管、监管机构，如国家中小企业发展局，来协调和解决中小企业面临的诸多政策、体制问题。

第三，引导中小企业将“做强”作为核心发展目标。

多年来，在相关政策的影响和引导下，许多中小企业都极力追求尽快“做大”。一方面，只有做大了政府才会给予更多关注，企业有可能得到更多的好处；另一方面，企业盲目求大，不专注于核心业务，往往公司资产盘子很大，核心竞争力却不升反降。一旦市场发生变化，企业的资金和业务风险极大。

实际上，德国、瑞士等欧洲国家的许多中小企业并不强求做大，但非常注重做强。很多企业往往默默无闻，在一个缝隙市场长期保持领袖地位，其产品甚至并不起眼，深深隐藏在价值链的“后方”，但市场占有率遥遥领先，被称为“隐形冠军”。如贺利氏（Heraeus）公司专门生产水笔的笔头，占有98%的市场份额，在奢侈品的高端市场甚至达到了100%。博医来（Brainlab）公司专为外科手术提供定位系统，占有全球60%的市场份额。杰里茨（Gerriets）公司专门生产剧院幕布，在全世界市场占有率为100%。无论是科隆大教堂，还是北京国家大剧院，都能听到来自世界最优秀的管风琴制造商加勒斯（Klais）公司的管风琴旋律，然而这个活跃于全球市场的企业100年来员工数目一直保持65人不变[1]。类似的企业不胜枚举，虽然它们的规模不大，但都在各自领域处于领袖地位。德国一直以来有着出口世界冠军的美誉，即使是人口15倍于德国的我国在最近几年跃居最大出口国，也没有让德国企业出色的出口显得逊色。然而，德国出口的持续强劲从根本上并不归因于大企业，而是中小企业。这些欧洲企业专注而稳定的发展，所传递的价值观不是“大”，而是“强”。

长期以来，我国的一些地方政府和企业常常把进入“500强”作为梦想，有的通过不计代价的多元化扩张勉强进入门槛，有的历经多次惨痛教训早已离这个目标越来越远。实际上，企业发展有其自身的规律，“大”是市场选择和竞争的结果，是市场、技术、资本、政策、管理、企业家以及企业文化等多方面因素共同作用的产物，那种靠简单规模扩张和政府资源“堆”起来的企业不可能有持久的生命力。只要拥有独特的客户价值，具备核心的竞争力，生产规模再小的企业也能够位居产业链的高端，成为行业发展的“领头雁”。对此我们需要有新的认识，更需要在体制和政策等方面进行新的调整，引导更多的中小企业致力于做“强”，在做强的基础上做大。

第四，从体制入手打破中小企业的社会化服务瓶颈。

我国政府对于中小企业的社会化服务给予了高度重视。早在2000年，原国家经贸委就曾发布《关于培育中小企业社会化服务体系若干问题的意见》，强调要把培育服务体系、组建服务中心作为当前扶持中小企业工作的重点，加强对这项工作的指导。2004年，中央财政专门安排中小企业服务体系专项补助资金，用于支持中小企业服务机构开展培训服务、信息服务、创业服务和管理咨询服务等。2008年，财政部、中信部又联合发布《中小企业专项基金管理办法》，进一步明确提出由中央财政预算安排支持中小企业结构调整、品牌建设、信用担保体系等。

然而，广大中小企业仍然无法低成本地获得诸如投融资、技术孵化与熟化、管理咨询、法律、人才、商业情报等方面的有效服务。在全球化的市场环境下，许多中小企业往往陷入孤军奋战的境地，要么在夹缝中求得生存，要么维持较短的存活期。不少极富高成长性的中小企业，正是由于无法得到及时有效的社会化、专业化服务，只能坐等市场机遇的逐渐丧失。呼唤完善配套的社会化服务，这是千百万中小企业共同的呼声。

---

[1] 赫尔曼·西蒙，21世纪的隐形冠军，北京：中信出版社，2009。

问题的关键不仅在于资源多少，更在于体制机制不顺。我们在调研中实际了解到，为中小企业提供服务的大量中介服务机构，包括生产力促进中心、创业孵化机构等，仍然多是作为依附于政府部门的事业单位，或主要依靠政府资助获得生存机会的服务型企业，能够以自身的服务质量、效率和品牌赢得市场的服务机构少之又少。也就是说，我国的中小企业服务体系离真正意义上的社会化、市场化、专业化还有很大的距离。

因此，政府在促进和完善中小企业服务体系中的角色定位就显得尤为重要。我们研究认为，各级政府在进一步加大支持力度、扩大财政投入的同时，应当首先回答中小企业服务体系的体制机制问题。在此过程中，政府部门应当把握以下几点：一是主要不是通过兴办新的机构，而是重点采取购买服务的方式；二是主要不是通过直接的方式，而是重点支持专业化的服务机构；三是主要不是通过拨款的方式，而是重点制定相关政策和营造发展环境。

建议政府建立科学应用政策杠杆（包括税收、保险、融资租赁、公共服务、法规要求、社会舆论、业绩考核等），让中介机构的发展产生一种“蝴蝶效应”。比如，如果政府希望通过鼓励社会中介服务机构及非营利机构（NGO）的发展来推动创业，政府就可以用税收（如免税）、法规要求（如财产保护）、社会舆论（如弘扬企业家精神）、业绩考核（如评估创业企业数和成功数）等政策手段来推动政府部门、公共领域、思想理论界、教育界、各金融机构、各类中介企业、各种媒体等中介机构来对创业者进行全方位的各种支持和服务。这实质上是为中小企业提供了创新的风险分担机制。

部分发达国家可供借鉴的做法：

美国：作为公共政策服务者的美国政府小企业管理局（SBA）的做法也许对我们有借鉴作用。SBA对美国的小企业来说，可以称为不折不扣的“服务员”，从贷款担保、培训咨询、政府订单到救灾援助等等，无事不办。

（1）通过财政援助、管理和技术援助、商业合同援助来实现扩大美国的私有制度；

（2）及时向受灾害的物业主、租户、非营利组织、企业提供财政援助；

（3）帮助小企业监管政府，以此改善经济环境，包括帮助疏通商业渠道和建立接受公众诉求的国家Ombusman办公室；

（4）面对客户需求，提高工作效率、简化流程、确保卓越的管理和组织，内容覆盖对人力资源、信息技术及财务和绩效的管理。

在过去10年，将近1 000亿美元的贷款和超过300亿美元风险资本运作给了小企业。到2008年底，超过2 000万家小企业通过SBA得到了政府的帮助。仅2008年，由SBA担保，有102 958家小企业获得贷款，另有8 630家边远地区的小企业和2 682家非常小的企业获得贷款。这些担保的贷款计划创造了770 944个新的就业机会。而且，小企业通过SBA与政府签署的直接合同额达400亿美元，救灾援助的贷款达10亿美元。另外，每年140万的小企业和企业家的发展受益于SBA及其合作伙伴，它们在咨询、培训和业务教育方面给予小企业专业的帮助，这些机构和资源包括美国小企业发展中心、妇女商务中心、小企业顾问团（SCORE）等。仅2008年，SCORE就动员了11 000多名具有专业经验和知识丰富的专家志愿者来帮助36万人创办和经营小企业。❶

特别值得强调的是，作为服务者，SBA通常是雪中送炭者。比如在灾害发生时，及时主动帮助小企业贷款，至今共批准了50 184项应对灾难的贷款，平均每年10亿美元左右，85%的人在申请后10天内即可获得援助。据新华网2009年3月16日新闻，美国政府16日公布一项计划，旨在通过采取一系列促进信贷等措施，帮助美国小企业走出目前的困境。根据这项计划，美国政府从7 870亿美元经济刺激方案中划出7.3亿美元，用于降低小企业借贷成本，并将受小企业管理局贷款项目覆盖的所有贷款的担保比例提高至90%。

政府对小企业的各项支持固然重要，但与政府打交道的成本很高，政府规章和文件管理要求的严密对小企业来说是一笔沉重的负担。如果派专人与政府打交道，仅人工费成本就高达每人每年7 000多美元，对于一个少于20名雇员的企业来说，是一大笔开支。而有了SBA的帮助，仅2008年就为1 200家小公司解决实际问题，为小公司节约了105亿美元，并因即时提供数据和信息，节省了小公司约396万工作小时数❷。

日本：政府注重对中小企业进行技术开发指导，为帮助中小企业进行产品开发研究，日本政府建立了技术顾问制度，在全国各地设立了200多个公立试验机构，聘用技术上有丰富经验的专家、工程技术人员担任顾问，就提高中小企业产品的技术水平进行可行性研究和试验，并到现场具体指导，在都道府县建立中小企业技术人员研修制度，为中小企业培养技术人才。

韩国：政府为中小企业的工场自动化提供技术指导、培育技术人力及提供技术信息等，韩国的“中小企业振兴公司”设立了“中小企业情报银行”，为信息情报力量

---

❶ “SBAs FY 2008 Annual Performance Report”，American SBA.
❷ “SBAs FY 2008 Annual Performance Report”，American SBA.

不足的中小企业提供必要的信息情报，并协助中小企业建立现代化的信息情报系统。

爱尔兰、威尔士、丹麦都建立了中小企业创新网，政府通过创新网给予企业资本支持。各国政府都非常重视产学研的联合，提出了政府要积极促进企业从高等院校引进新技术，学习新的生产方法，由企业、大学和研究机构共同进行联合开发。中介服务机构、信息咨询与直接技术援助对科技型中小企业创新也有着重大的积极意义。

第五，把解决融资难问题作为优先突破口。

很多人都已经看到，美国硅谷的成功，不仅仅是技术创新的成功，更是风险投资的成功。微软、惠普、IBM、谷歌……一个个好的创业团队之所以能够在这片神奇的土地上演绎出一幕幕神话般的成长大剧，与硅谷投融资体系立足知识和技术、人才和队伍、高风险性和高成长性等的现代发展理念有着密切的关系。此外，日本政府建立了中小企业金融公库、国民金融公库、商工组合金融公库、环卫金融公库、冲绳振兴开发金融公库等，以低于市场2～3个百分点的优惠信贷条件向中小企业提供中长期信贷支持。德国的银行也通过执行政府“创业资本援助计划”提供长期固定利率贷款。属于该模式的还有加拿大联邦商业发展银行、韩国的中小企业银行、新加坡的太平洋金融公司等。国外中小型高科技企业发展的历史经验表明，政府除在财政税收政策上予以优惠外，更重要的是建立政策性的金融体系为科技企业服务。

中小企业最需要资金帮助的是创业期和成长早期，“死亡谷”的存在就源于这一期间的“市场失灵”。我国许多中小企业在此过程中，往往很难获得金融资本市场的青睐，不得不主要依靠自身的积累获得生存和成长的机会。许多创新型中小企业历经多年，尽管拥有市场前景好的技术和产品，但仍然是“长不大的小老头”，根本原因就在于此——无法与社会资源形成有效的对接。当前应当把解决融资问题作为支持中小企业发展的突破口，使我国庞大的金融资本和民间资本与广大中小企业的创新发展真正有机地结合起来。

支持风险投资的发展和壮大。这是促进中小企业发展的有效政策工具。目前我国风险投资管理的资本总量已达数百亿元，但其中大量的投资都投向了相对成熟期的企业，与风险投资的本来含义相去甚远。国家应当改进对国有风险投资机构的考核机制与管理方式，使其真正产生引导和撬动民间风险投资的效果。同时，要抓紧制定相关法律和政策，对风险投资企业实行税收优惠、财政补贴和信用担保，特别是要通过规范化的税收优惠政策鼓励私人风险投资，这对于风险投资业的健康发展具有重要的意义。

为中小企业申请贷款提供保险和担保。最近，美国总统奥巴马公布了一项总金额达150亿美元的计划，旨在通过采取一系列促进信贷等措施，帮助美国小企业走出目前的困境，包括购买21家大银行的不良资产，以换取这些银行给小企业提供贷款；设立担保资金，降低小企业借贷成本，解决小企业担保难问题。目前我国存在的主要问题是担保体系不够规范和完备，担保规模小，大部分有政府投资背景的担保机构都不同程度地受制于政府行为，缺乏专业化、市场化的运作机制。为此，一方面应当进一步完善中小企业信用担保体系，通过风险补偿、保费补贴和业绩奖励等多种方式，鼓励担保机构更加广泛地开展对中小企业的贷款担保业务；另一方面要规范政府在贷款担保中的行为边界，注重通过市场机制加以引导和调节，使担保事业尽快走上市场化的健康发展轨道。

建立与创新型中小企业发展相适应的政策性银行。目前各大商业金融机构也都在积极进行针对中小企业信贷的探索实践，但传统的管理体制和模式决定了这些探索都是有限的，很难收到应有的效果。发展专业的金融机构如科技银行等，使其与国有大型商业银行形成合理的分工，从理论和实践来看都是可行的。就服务对象而言，该银行将专门为高科技企业提供金融支持，而不依据企业规模、财务状况、资产和担保品的情况来选择支持对象。就业务和产品构成来看，该银行将为科技企业提供贷款和投资为主要业务，并将针对处于不同生命周期的科技企业的融资特征提供相关的金融服务。

部分发达国家可供借鉴的做法如下。

美国硅谷银行：硅谷银行创立于1983年，当时的注册资本仅为500万美元，且由几家金融机构共同注资。从成立最初起，硅谷银行就将自己定义为“为硅谷而服务的银行”，最初的客户主要是一些硅谷的技术公司、房地产开发商和中型商业机构，并且也只有贷款和储蓄这两个简单的金融产品。这时，硅谷银行还是一个普通的区域性商业银行。自1993年起，硅谷银行敏锐地捕捉到了硅谷飞速成长期金融服务市场的缺失，决定调整战略，专门为发展迅速、有潜力的，却未展现价值、未被大银行列入潜在客户的一些中小科技企业提供金融服务，并将主要客户群定位为新技术以及生命科学等科技企业，成为名副其实的科技创业银行。自此以后，硅谷银行凭借其独到的经营战略和理念、有效风险控制方式、完善的组织结构，迅速成为美国最有影响力的银行之一。硅谷银行服务科技企业的三大理念是，第一，盈利在明天：不局限于公司大小和财务报表，服务有潜力的高科技企业；第二，良好的关系伴随客户一生：按照生命周期阶段甄别客户，提供针对性服务，帮助客户平稳度过生命周期；第三，依托风险投资网络，为科技企业服务。

迄今为止，它已为3万家初创公司提供金融服务，在2000年和2001年进行IPO的技术和生命科学公司中，近1/3是硅谷银行的客户。2003年6月，它拥有43亿美元资产，在全国14个州设有27家分行，成为推动硅谷发展的主要动力之一。硅谷银行的成功之处在于，准确地认识到自身的优势，并有效地利用市场资源，成功地将自身由一个规模不大的普通商业银行转型为联结风险资本和高科技企业的科技发展银行。其独特的经营模式表现为以下几个方面：（1）准确的客户甄别。自1993年起，硅谷银行就致力于为高科技企业服务，并将这些行业的企业作为自己的业务重点。（2）独特的服务运营。硅谷银行十分重视"关系说"指导下的服务理念，将与客户之间的服务和交易理解为与客户所建立的一种关系，并伴随客户的成长，为其提供全方位的个性化服务，而不是单纯地为客户提供一次性的金融服务。（3）成功的投资策略。通过直接投资与间接投资、权益投资和杠杆投资等多种方式实现低成本高收益。（4）有效的风险控制。通过风险管理，特别是知识产权的抵押，有效地控制了科技企业的信用风险。

日本政策投资银行（DBJ）：日本政策投资银行按照《日本发展银行法案》于1999年10月1日成立，并由日本政府拥有其全部所有权。鼓励大科技产业一直是DBJ的重点，他们在银行内部专门设置了技术与产业创新部门，下设技术与成长产业部、制造与技术部门、信息与电信部门，对处于不同的产业部门的科技企业提供专业化的服务，主要支持对象是科技企业。DBJ将科技企业按生命周期划分为种子阶段、起步阶段、成长阶段、成长中期和成长后期，并根据不同阶段的资金需求特点和风险特征提供相应的金融支持。DBJ还非常重视知识产权的价值，积极开展知识产权抵押贷款业务以发掘其价值。自1995年DBJ首推此业务以来，知识产权抵押贷款已经成为日本本土发展最为迅速的银行贷款业务之一。而作为先驱者的DBJ，从1995年至2006年末，累计知识产权抵押融资业务量已达300件，累计融资业务额则高达180亿日元。总之，DBJ将构建一个能够促进科技企业发展的创业金融体系作为首要任务，无论是构建政府、金融机构、研究机构和科技企业的合作平台，还是积极推行创新金融模式，引导国内的其他金融机构参与创业金融服务，或是积极与其他金融机构合作来共同为科技企业提供投融资，通过构建创业金融体系，极大地推动了科技企业的发展和技术进步。

第六，把"国内市场"作为推进中小企业发展的战略性资源。

长期以来，我们认为自己最可倚重的资源就是廉价的劳动力。所谓的"比较优势"，其实就是付出的多而得到的少。这种观念误区和认知缺陷导致我们将大量有限的战略性资源投到了全球产业分工体系的末端。创新型中小企业在发展中遇到错位的金融供给结构、税收结构、政府服务结构、教育结构，甚至错位的政策扶持结构，都与此有着密切的关系。在新的历史条件下，我们需要重新定义国家战略性资源，从而用好这些资源，“国内市场”就是最重要的国家战略性资源。

因为市场就意味着潜在的利润和财富，谁能把这种“潜在”变为现实，谁（无论是企业或国家）就会随之获得无比的权力。如果未来我国国内市场是美国市场的100%、200%甚至300%时（以货币计算），我国将获得的不仅仅是经济强国，更有在全球政治中的话语权和软实力。这也是为什么全球的跨国公司想方设法、有时不择手段地要在我国抢占市场份额的原因[1]。

国家出台的“扩大内需”政策，就是为了能把国内市场的这种“潜在”能力转变为现实。问题是由谁去开发这个市场？如果国家能通过创新的市场机制去鼓励成千上万甚至上亿敢于冒险的创业者去开拓国内市场，而不是用政府直接参与投资的方式来完成扩大内需的任务，那么5年、10年后，那些有“企业家精神”的创业者就有可能脱颖而出，不但占领我国的国内市场，还会进入全球市场。总之，国内市场是中国企业和企业家成长的摇篮，是我国技术进步的内在动力。我们再也不能轻言以市场去换取什么了，更不能拱手让与他人。

需要特别提出的是，政府采购中小企业创新产品／技术是实现国家战略的一项策略，其带来的长远效果要远远超过一般的贸易或生产补贴。第一，解决了融资问题，还为创新型中小企业建立了一个可靠的市场需求。例如，各级政府就可以率先购买以TD为标准的3G产品，扶持一批自主创新的本土企业。企业有了收入，就有了发展的资金。第二，可以引导创新型中小企业紧跟国家研发，并在此过程中获得战略性的指导，集中精力专注于有可能创造新的先进产业的技术创新突破。如美国对因特网的研发计划最初是为了满足军方在核状态下的通信需要，今天却成了一个重要产业。第三，创新产品的特点是必须在与客户的合作过程中变得完善。作为消费者，政府在产品的使用过程中会不断地向供应方提出意见和建议，有时还要与供应方共同改进产品和技术。这无疑为创新型中小企业提供了积累学习曲线的机会，加速其发展。第四，政府采购过程需要竞标，这给中小企业之间营造了竞争，政府可以好中挑好，迫使中小企业提高自身竞争力。

2008年，我国政府采购总额已达5 900多亿。如果其中有20%是给创新型中小企业

---

[1] 蓝寿荣，国外科技型中小企业创新制度述要，中华法律网（www.chinafalv.com）。

的，那么这对它们的成长将至关重要。如前所述，美国国会要求联邦机构必须建立针对小企业采购的目标，至少每年有23%的订单给小企业，而且中小企业可以享受高达12%以上的优惠。这些政策长期以来使得硅谷很多高科技企业受益匪浅，对我国也有重要的借鉴意义。

除了在市场准入和政府采购方面有所作为外，加大信息、通信、新能源等高技术产业的基础设施建设，也可以为中小企业的发展创造潜力巨大的新兴市场。20世纪80年代，克林顿政府在美国倡导实施的“信息高速公路计划”，使得当时新兴的信息技术得以应用和充分发展，成就了今天美国信息技术产业在全球的绝对领导地位，并造就了微软、英特尔、惠普、IBM、谷歌等一大批世界级企业。最近，美国又提出了“智能地球”计划，这将为下一代互联网技术、信息技术的发展创造新的发展空间。欧盟在应对金融危机的策略中，也包括了制定宽带战略、加快高速网络升级和扩展等，以促进知识和技术的快速扩散。这一切都说明，信息产业仍然有巨大的发展潜力。我国应该抓住机遇，加快无线、宽带等公共信息基础设施的建设，为信息技术领域的广大企业提供更多、更好的发展机会。

在新能源产业，太阳能、风能发电和电动汽车技术的发展也遇到同样的问题。有人认为目前太阳能、风能发电设备生产能力已经过剩，其实我国目前电力结构中的可再生能源所占比例还微乎其微。之所以出现产能过剩的情形，根本原因是缺乏有利于太阳能、风能技术发展的市场环境。如果政府能够在建设新能源基础设施方面（比如智能电网）加大投入，创造一个适宜新技术发展的市场机会，就可以避免太阳能、风能发电产生的电压不稳等问题，为可再生能源技术及相关企业的发展创造巨大的机遇。再如电动汽车方面，充电设施的缺乏已经成为制约电动车发展的重要因素，这方面的投资如同高速公路一样，只能主要由政府来承担。因此，建议有关政府部门加大在信息、通信、新能源等产业发展的公共基础设施建设方面的投入，抓住新一轮技术发展带来的重要历史机遇，为中国造就一批新兴产业的领袖级企业，提升中国在高新技术产业的国际竞争力，实现追赶和跨越。

第七，加快推进针对中小企业的税收政策创新。

与发达国家不同，我国的发展在不同的产业层面都正同时运行。现有的产业中（包括中小企业），有工业经济时代的制造和加工，也有知识经济时代的设计和创造，还有加工、创造、创意的混合。但是，我国17%的增值税政策是根据制造业来定的。对于一个生产加工型企业来说很容易将当期销项的税额减去当期进项税额（一般为17%），如果该企业当期进项税额的成本（有形物料等）越高，被允许扣除的部分越大，其结果总的税率就越低，可低至1%。但是，对于生物医药、软件、创意等无形资产创新驱动型企业来说，其研发、知识产权、技术诀窍等却无法形成有形成本进行抵扣。采用现有的进项税额抵扣方式，实际它们负担的税收比加工制造企业要高，甚至是加工制造企业的10倍或20倍。结果，这项增值税政策就有意无意地补贴了那些为外国消费者代工的加工型企业，对于那些靠研发、知识、创意来创造价值的创新型中小企业存在着明显的不公。建议政府针对创新型中小企业的高投入期、高无形资产、产品高附加值等特征，科学设计相应的特殊税项或税种。

部分发达国家可供借鉴的做法：

法国：1983年制定《技术开发投资税收优惠制度》，规定凡R&D投资比1982年增加的企业可免交相当于R&D投资增加额25%的企业所得税，最高限额为300万法郎。1985年该比例提高到50%，最高限额提高到500万法郎，1988年提至800万法郎，且规定：凡在1988年前被定为享受优惠的企业，无论R&D的年增长率是多少，在1988~1990年，均可按1987年增加数额的30%减交所得税。1990年又规定从1991年起减税的基点由原来的与上年R&D之比改为前两年R&D的平均值❶。

英国：1983年制定《企业扩展计划》，对中小企业投资于高技术给予税收优惠，对创办小企业者，可免60%的投资税，对创办的小企业免100%的资本税，公司税从1983年起从38%降为30%，印花税由20%减为1%，起征点由2.5万英镑提高到3万英镑，取消投资收入附加税❷。

日本：在具体措施方面，日本政府为科技型中小企业制定了各种税收优惠政策。1967年制定了《增加试验研究费税额扣除制度》，其中规定：当试验研究开发经费的增加部分超过去年的最高水平时，则对增加部分免征20%的税金。20世纪70年代以来推行加速折旧，对新兴产业的设备使用期限缩短到4~5年。对于信息行业还规定，计算机厂商除了大量提高折旧费外，还享有4种专门减税的待遇。这些减税包括：增加25%的科研税务贷款；扣除50%的“软件提供的收入”，作为用于软件开发费用的免税储备金；扣除相当于培训软件工程师开支20%的金额和相当于售价的25%用作意外损失储备金。1985年制定《促进基础技术开发税制》，对购置基础技术开发的资产，免征7%的税金。❸

---

❶ 法国宏观经济调节面临的挑战与改革，《西欧研究》，1988年第2期。

❷ 尹建华，国内外科技型中小企业发展政策比较，《山东科技大学学报（社会科学版）》，2000年第2卷第3期，第48~50页。

❸ 刘金梅、曾小萱，日本政府是如何支持本国发展高技术产业的，《中国科技论坛》，1997年第2期，第64~66页。

金融危机后研发全球化的发展态势及其对中国的影响

清华大学中国科技政策研究中心课题组❶

一、研发全球化的基本特征

研发全球化主要是指在经济全球化的背景下，研究与开发要素在全球范围内的自由流动与有效配置的过程。虽然本土企业、高等院校、科研院所机构和其他机构也是研发全球化的重要参与者，但跨国公司是研发全球化的最主要和最活跃的载体（UNCTAD，2005）❷。因此，本研究报告的主要关注对象是跨国公司，同时分析跨国公司研发全球化对中国本土创新主体的影响。

研发全球化并不是一个新现象，跨国公司在国外布置其研究与开发（R&D）相关的设施，并开展相关的R&D活动已经有半个世纪的历史。最早的案例之一是IBM公司于1956年在瑞士的苏黎世建立其第一个海外研究中心。到了20世纪60年代，日本汽车公司在美国设立一系列相关的设计工作室。大范围的研发国际化则出现在20世纪60年代末到20世纪70年代。根据法国INSEAD商学院和Booz&Company的调查，全球跨国公司在海外设立R&D设施的比例在1975年是45%，而经过30年的稳步增长，到2005年这个数字达到66%❸。研发全球化的驱动因素也是一个动态变化的过程。有研究证明，早期的研发全球化是伴随着跨国公司的制造基地扩张而进行的，而近期特别是2000年以后，

---

❶ 组长：薛澜，副组长：陈衍泰，其他成员：梁正、何晋秋、林泽梁、曹茜、牛杰，主笔：薛澜、陈衍泰、梁正。

❷ UNCTAD，Globalization of R&D and Developing Countries.UN，New York，2005.

❸ INSEAD，Booz & Company，R&D Globalization Annual Report，2006.

技术外包作为研发全球化的驱动因素显得愈加重要❶。

发达国家的跨国公司在研发全球化进程中一直占据主导地位。这与其在研发活动中的主导地位是密不可分的。无论是全球研究开发投资总额还是产业界的研究开发投资，一直都是以发达国家为主导的。长期以来，全球R&D总投资的90%以上都来自于世界上少数发达国家❷。美国、欧盟和日本“三驾马车”是全球研发投入的主体，也是研发全球化的主体。包含“三驾马车”的西方7国R&D占全部OECD国家R&D总投入的85%以上。当然，在研发全球化最为显著的发达国家中也存在着巨大的差异。美国麻省理工学院（MIT）1999年的一项研究表明，20世纪90年代初期欧洲企业具有最高的海外研发比例，约为30%；其次是美国和日本企业。其中日本最低，日本企业海外研发比率约为10%❸。

虽然全球研发活动目前主要集中在发达国家，但发展中国家近年来已经成为全球研发活动中的重要角色。中国和印度近年来已经变成了吸引发达国家研发海外投资的领袖。跨国公司在其他许多发展中国家也开始设立海外分支研发机构。究其原因，一方面是发展中国家巨大和高速成长的市场；另一方面，这些发展中国家能够提供数量众多的低成本、高质量的工程师和科学家。

从行业分布来看，跨国公司研发全球化主要集中在计算机、电子及通信设备制造业、汽车与交通运输设备制造业、医药与健康护理产业、化学原料及化学品制造业等行业。各国跨国公司在研发全球化活动中的作用也反映了其产业发展的特点。如美国在海外研发的主要产业集中在计算机和通信技术（ICT）、网络和软件产业，以及生物和制药业；德国多集中在机器、仪表和汽车领域；英国集中在制药和某些电子技术、计算机、音像以及电信领域；日本在电子设备和汽车等领域具有优势。

从资金流向来看，很多国家不仅是对外研发投资的重要输出者，同时也是外国研发资金的接收者。以美国为例，美国的大企业在2007~2008年对外R&D投入高达801亿美元。同时，总部位于美国以外的跨国公司对美国也注入了426亿美元的R&D支出，占在美国本土进行研发的总投入的40%❹。也有一些国家例外，特别是发展中国家。

---

❶ Frédérique Sachwald，Location choices within global innovation networks：the case of Europe，The Journal of Technology Transfer.Volume 33，Number 4/August，2008.

❷ Barry Jaruzelski and Kevin Dehoff.The 2008 Global Innovation 1000 is profiled in the Winter 2008 Strategy+Business article，“Beyond Borders：The Global Innovation 1000.”

❸ 王春法.科技全球化与中国科技发展的战略选择，北京：中国社会科学出版社，2008。

❹ Battelle and R&D Magazine，Global Growth Continues While U.S.Spending Slows....Dec.2008.

例如中国和印度，之前主要作为外国研发资金的接收者；但是21世纪以来，特别是在2008年前后全球金融危机背景下，越来越多的发展中国家企业纷纷在增加海外直接投资的同时加快了对海外研发投资的步伐。

2009年全球经济危机后，各国政府纷纷采取包括挽救金融体系和刺激需求等措施，以制止危机并促进经济快速复苏。但是，从长远的角度看，如果要使全球经济在危机后的复苏和增长是可持续的，则必须思考建立一个更为广泛、长期的创新战略。中国改革开放后的经济腾飞很大程度上是从劳动密集型加工工业起步的。但处于全球产业链中低端的一般加工工业技术含量低、环境污染严重、附加值低和利润薄。这不是中国工业化的最终目标，只是工业化过程的一个阶段。全球金融危机的外部压力和基础生产要素价格上升的压力，已经成为“倒逼”中国企业转变发展方式的动力。如果中国能够抓住这个机遇，积极推动自主创新，大力推动研发全球化，就可能站上一个新的战略高地，并在下一轮全球经济和科技竞争中占领有利地位。

为了深入分析研发全球化在金融危机后的发展态势及其对中国的影响，我们查阅了大量相关文献，重点采访了包括北京为主的环渤海地区和上海在内的长三角、珠三角、福建等地区的跨国公司研发机构、有代表性的本土企业、高等院校及科研机构。在此基础上力图揭示全球金融危机前后研发全球化的发展态势、最新变化及其对中国创新系统的影响，最后形成了本报告。报告的结构如下：

第一部分是介绍研发全球化的基本概念与特征。第二部分是重点分析跨国公司在金融危机前后的发展趋势，尤其是在中国的跨国公司的发展动态和新兴的中国企业海外研发投资活动，希望借此把握研发全球化的最新态势及其特征；在此基础上进一步调研中国本土企业、高等院校和科研机构等国家创新体系成员对研发全球化的反应，旨在分析研发全球化对中国国家创新系统造成的影响。第三部分在前两部分的基础上形成了研发全球化的几个分析和判断。第四部分提出相应的政策建议。

二、金融危机前后研发全球化的发展状况

（一）当前全球主要跨国公司研发全球化发展态势

1. 跨国公司研发全球化总体情况和新一轮增长特征

第一，跨国公司研发全球化程度不断提高。平均而言，在2007~2008年度全球前1 000家跨国企业将其55%的研发经费用在其本土以外的国家和地区；全球最大的1 000家企

业有91%在其总部所在地之外的国家或者地区进行R&D活动[1]，全球最大1 000家跨国企业参与研发全球化的地域分布情况如表1所示。2008年以来的全球金融/经济危机对这一趋势没有明显影响。跨国公司在其总部基地以外的国家进行的研发投入愈加重要，而且在不断增加。

表1 全球最大1 000家跨国企业R&D地域分布情况（2007~2008年）

跨国公司R&D投入来源国（以跨国公司总部所在地为依据）		跨国公司R&D最大执行国（包括公司国内R&D支出）		全球R&D纯“进口国或地区”	
国家	金额（亿美元）	国家	金额（亿美元）	国家或地区	金额（亿美元）
美国	1 461	美国	1 085	中国	247
日本	716	日本	404	印度	130
德国	307	德国	278	以色列	65
法国	197	中国	248	澳大利亚	43
英国	181	英国	233	西班牙	40
瑞士	168	法国	198	爱尔兰	40
韩国	111	印度	131	俄罗斯	37
荷兰	92	加拿大	90	新加坡	32
芬兰	77	意大利	78	中国台湾	24
瑞典	68	瑞典	72	巴西	23

注：1. 数据来源：Bloomberg（2009），以及Battelle 2009年研究报告（www.rdmag.com）；

2. R&D执行国是指产业界R&D投资发生地所在的国家（东道主国）；

3. R&D投入来源国是指产业R&D来源于本国以外企业所进行投资的国家。

第二，新增长点集中在中国和印度。尽管总部位于中国本土和印度本土的跨国公司在2007~2008年研发投入占全球前1 000强跨国公司研发仅仅为1%，但是2004~2008年5年平均增长率却高达22%，而全球5年平均增长率为5.6%。从研发员工看，跨国公司全球研发人员增加高达22%，而新增加部分中的91%是流向中国和印度两国的[2]。

第三，金融危机前后研发全球化活动最集中的行业依然是汽车、健康及护理（包括生物医药）、计算机与电子技术等三大行业。全球这三大行业的184家跨国企业在

---

[1] National Science Board，Science and Engineering Indicators 2008.January 2009.

[2] BATTELLE，R&D MAGAZINE 2009 FUNDING FORECAST.Feb.2009.www.battelle.org.

全球47个国家建立了3 400多个研发基地。这些公司2007~2008年度R&D总投入高达3 500亿美元，占全球1 000家最大企业R&D总投入的71%和全球所有私人部门R&D总投入的57%。平均而言，这三大行业的184家企业将其55%的R&D在其本土以外的国家和地区进行投资❶。

第四，跨国公司研发全球化的组织模式更具备多元化特征。随着跨国公司全球研发活动规模的扩大，其全球研发的组织模式也在不断翻新，并具有多元化特征。其中最主要的四种模式包括❷：

★ 寻找技术导向型的组织模式：这类跨国企业将其全球研发中心放在全球卓越的知识或技术中心，并且重点放在个体研究领域，R&D总部的核心在于进行跨国协调。一个典型的例子是诺华制药公司（Novartis）。

★ 寻找全球机会的组织模式：采取这种模式的跨国企业往往将R&D主体放在母国，而全球研发中心则是本地化后独立管理的。企业发现新的市场需求或者根据本地化技术需要再建立新的研发中心。德国精密仪器制造商赛多利斯就是一个典型例子。

★ 全球市场开拓者的组织模式：此类跨国公司将其基础研究放在全球各个关键的研发中心，而应用开发（实现本地化的产品）则放在本土。瑞士的奇华顿公司（Givaudan）是全球最大的香精生产和研发厂商之一，采取的就是这种组织模式。

★ 全球行业领导者的组织模式：这一类跨国企业在全球选择一些地点构建创新网络，并构建核心研究中心和本地化的开发中心网络。R&D总部的主要任务是在核心研发中心和各分散中心进行强有力的有机协调工作。美国的3M公司就是一个典型的例子。

第五，跨国公司研发全球化的驱动因素的演化和多元化特征。早期跨国公司研发全球化主要是基于其制造基地的扩张而发展的，这一驱动要素在中国体现得最为明显：20世纪90年代中国改革开放初期，中国巨大的市场和低廉的劳动力和制造成本吸引了大批的跨国企业在中国进行制造。伴随着制造基地发展的需要，跨国公司为了提高制造产品的质量和工艺进行一定程度的技术转移。例如中国汽车和电子技术等行业就是在这个过程中不断学习和成长的。而随着全球化和技术更新步伐进一步提速，以及各国特别是发展中国家的技术、人才可获性的不断提高和相对低成本，跨国公司逐步采取了技

---

❶ European Commission，2008 Industrial R&D Investment Scoreboard，October 2008.

❷ 祝影.全球研发网络——跨国公司研发全球化的空间结构研究，北京：经济管理出版社，2007。

术外包等战略以促进研发全球化的发展。全球生物制药业发展模式就是一个典型例子。

另外，不同行业R&D国际化驱动因素也存在着一定的差异。包括生物制药业在内的健康护理产业研发全球化的目的中，获取东道国的技术和可用的人才比市场进入更为重要；工业产品（特别是工程产品）大部分研发全球化是为了更好的市场进入；汽车及相关产业的供应商的研发全球化则是为本地顾客提供应用需要；化工产业的跨国公司往往将其基础工程研发放在全球研发中心，而应用工程则实行本地化。

2. 主要产业跨国公司研发全球化战略调整简况

著名的研发全球化观察机构（Battelle an R&D Magazine）2009年的报告数据显示：2000年以来，ICT、汽车及制药这三大产业在研发全球化中占了约3/4的比例，起着主导作用，因此其最新态势有重要的参考价值。为此，我们专门针对全球500强的跨国公司2008~2009年的研发战略和行为进行跟踪，归结如下：

（1）计算机与电子、通信技术产业研发新态势

全球500强企业中属于ICT产业的共有61家。其中8家企业削减了研发投入，削减R&D投资的比例从5%到20%不等；8家企业增加了研发投入；有6家企业宣布推迟或冻结原有计划投资的项目。与研发经费变化相应的是研发人员的调整。这个行业的企业在全球范围内大量裁员，约1/5（13家）的企业拿出了裁员计划。但其中4家企业在中国增加了研发人员。同时，各跨国公司出于降低研发成本和提高研发效率等目的均采取了不同的战略来调整其全球范围研发活动的组织模式。采取的策略包括：削减、新建或扩建研发中心；合作研发；加强与大学的合作。

（2）汽车及相关产业研发新态势

全球500强企业中属于汽车及相关产业的一共31家，其中4家公司明确了削减研发费用，3家公司冻结或放弃已有研发计划。6家企业明确计划加大研发投入。整个汽车产业研发经费主要投向低耗能和环保技术开发领域。从人员调整来看，金融危机后汽车行业500强企业裁员约4万人。尽管如此，现代汽车、上汽集团分别增加了400名和250名研发人员。在组织结构调整方面，两家企业关闭工厂。其他企业积极寻找多种方式提高研发实力，包括扩建本国研发基地、整合已有机构、收购相关业务和企业间合作研发等。6家企业在中国追加研发投资，主要形式有建立研发中心、收购、追加已有项目研发投资以及加强与本土汽车公司的研发合作。

（3）健康与制药产业

全球500强企业中属于健康与制药产业的共有12家，其中两家企业削减研发投入，3家企业增加研发投入。500强制药企业裁员总数约为3万人，但是在研发人员调整方面

并没有具体的数据。较大规模研发人员的裁员集中在辉瑞、默克和百时美施贵宝3家企业。从组织结构调整看，3家企业关闭原有的若干实验室（主要发生在发达国家，例如加拿大、德国和日本）。10家企业准备或已经在中国、印度、新加坡等地扩建或新建研发中心。制药企业中掀起了并购热潮，特别是世界比较大的几个制药公司，例如基因泰克和健赞等，纷纷在全球金融危机背景下加大了对中小型研发制药公司的并购，以增强和巩固其核心竞争力。此外，合作研发态势加强，也呈现出强强联合的局面。

（二）金融危机背景下跨国公司在华研发新动向

在梳理各方面文献资料和报道的同时，我们走访了在华的丹麦诺维信生物制药公司、丹麦帝斯曼化工集团、美国惠普公司、美国安捷伦科技、美国通用电气、美国AMD、美国通用汽车、德国SAP、德国西门子、德国舍弗勒、德国REHAU、日本横河电机、日本丰田汽车、英国天顺金属、韩国三星、新加坡茂友集团等20多家跨国公司。这些在华跨国公司分别位于北京、天津、上海、南京、苏州、无锡、嘉兴、深圳、广州等地，产业涉及电子与通信技术（ICT）、汽车及零部件、电气机电、生物制药、精细化工和新能源等多个行业，其来源国遍布研发全球化的主要“三驾马车”，即美国、日本、欧盟（德国、英国、丹麦等），以及一些新兴国家和地区如韩国、新加坡及中国台湾等，希望更加详细地了解金融危机对跨国公司在华研发活动的影响。

以下是我们调研的主要发现：

1. 金融危机对跨国公司在华研发投资的影响不大，多数跨国公司反而出现了更加积极的表现

总体来说，金融危机使许多跨国公司在全球范围内受到比较大的冲击。许多发达国家的跨国公司纷纷采取减产、停产和裁员等方式来应对严峻的形势。其中，负面影响比较大的是ICT和汽车等行业。以制造业为主的OEM和ODM企业受到的冲击最大。影响比较小的是生物制药产业和精细化工。另外，金融危机为有些产业却提供了机会，如新能源和新材料领域。但是这种恶劣的环境对跨国公司在华研发活动的影响不大。

2. 多数跨国公司在华研发投入不减反增

作为保持企业核心能力的重要来源，跨国公司并没有在研发投入方面进行太大的压缩，许多跨国公司甚至增加了在华研发投入，仅有少部分跨国公司减少研发活动。造成这种现象的最主要原因可能是中国市场的重要作用（20多家跨国公司中，2/3以上的被访谈企业均有如此表示）、贴近用户及了解中国用户的需求（一半的被访谈企业表示），以及中国研发成本低与效率高的综合考虑。例如，全球著名土壤和精细化工领军企业、荷兰的帝斯曼（DSM）中国区总经理就表示，他们不会因为金融危机而缩减研发投资，相反，这正好是他们逆流而上增加人才储备的好时机；位于南京的三星研究院则减少了很多行政会议的费用，转而加大投入到图像设计等研发领域，以及招聘有竞争力的中国年轻研发人员。

3. 跨国公司调整了在华研发层次

金融危机对于跨国公司在华R&D层次的调整是一个契机。主要的调整是优化R&D结构，提升跨国公司在华研发机构在公司内的地位。例如，总部位于德国的企业SAP将上海研究院升级，作为其全球八大研发中心之一，并与其他研发中心共享内部知识，其中全球中小企业软件研发中心则放在上海。著名芯片企业AMD也将上海的研究院作为仅次于美国本土两家研发中心以外的第三大研发中心，而削弱了其位于加拿大的北美研发中心的地位。

另一方面，有些企业则将位于中国的一般研发中心升级为全球研发中心。特别是制药企业。例如著名的美国礼来公司在2008年12月宣布加大对上海研发中心的投资，并将其升级为全球研发中心，以储备为未来发展所需要的人才和增加对本地市场的了解。

4. 跨国公司积极寻找与中国政府、高校和科研院所的合作

金融危机之后，跨国公司积极寻找与中国政府的合作，主要体现在把中国政府作为2009年甚至是未来若干年业务发展的最大客户（主要表现在政府采购方面）。这些公司特别重视4万亿元的经济刺激机会以及十大产业振兴计划等项目可能提供的机会。另外，跨国公司也进一步加强与中国高校、科研院所的合作活动和升级合作内容。在与中国高校和科研院所合作方面，跨国中小企业也表示出了兴趣。

例如，日本横河电机公司位于北京的中国部总经理就表示，希望能够加强和中国政府采购的合作，并进一步加强与高校的合作研发；中国总部位于上海张江的通用电气（GE）研发部总监则明确表示，希望能够有机会参加中国国家“863”及“973”等基础研究项目，即使是不占用中国国家的科研经费、以他们自己投入的方式也可以接受。例如位于苏州的德国企业REHAU，是一家从事节能环保新材料生产的中小企业，他们则表示想了解中国哪些高校这个领域有比较强的研究基础和合作意愿。

（三）中国本土创新主体对研发全球化的反应

为了分析中国本土创新主体对研发全球化的反应，我们走访了部分中国各地有代表性的企业、大学和科研院所，就研发全球化的态势、跨国公司在华研发的影响、本土创新主体的反应以及与中国现有研发全球化相关的政策体系进行了探讨。

走访或电话访谈的中国本土企业包括北京神州数码技术有限公司、北京本元正阳

基因技术有限公司、中海油服务有限公司、中联重科有限公司研发总部（北京）、江苏开元集团、无锡药明康德、无锡尚德太阳能技术有限公司、上海同济同捷汽车有限公司、展讯通信（上海）有限公司、杭州阿里巴巴网络技术有限公司、杭州西子（控股）集团、浙江茉织华集团、浙江良友集团、浙江弘生集团、福州网龙技术有限公司、泉州三力公司、福建恒安集团、福建晋工机械公司、厦门厦华电子、深圳比亚迪技术有限公司和深圳华为技术有限公司等20多家中国本土企业；走访的中国本土大学和科研院所包括清华大学、北京理工大学、复旦大学、上海交通大学、南京大学、浙江大学，以及中国科学院在北京、上海的部分机构。

这些本土企业或高校、科研院所分布在京津唐、长三角、珠三角和福建等地，与我们访谈的在华跨国企业的区位分布有着高度一致性。所访谈的本土企业从事的行业包括电子信息技术、计算机软件与网络技术、健康医药、机电、汽车、机械、新能源和轻纺等多个行业。这些行业分布一方面与研发全球化主导的产业高度一致；另一方面部分行业也是中国具有优势的行业。

以下是我们调研的主要发现：

1. 中国本土企业、高校、科研院所普遍反映研发全球化对中国具有一定的负面影响，但是积极影响更大一些

被调研的中国本土创新主体均表示，研发全球化态势是经济社会发展的必然趋势。正是中国30年改革开放政策的实施，才使得企业有机会从萌芽状态慢慢成长起来；跨国公司从20世纪80年代开始进入中国，给中国本土企业带来了新的管理理念和进行适当的技术转移。当然，技术转移既有跨国公司主动的，也有被动的过程。跨国公司刚刚来到中国，在其发展过程中需要寻找一定的本土合作企业，与产业链上、下游进行合作，一起开拓市场，在这个过程中跨国企业主动向本土企业进行技术转移。例如，在访谈过程中，上海同济同捷汽车表示，在公司发展的起步阶段，其技术成长除了创业者本身来自高校的基础外，另外一个重要的技术来源是与上汽大众、上汽通用做上、下游配套商的结果。

本土企业主动从跨国公司合作中获取技术转移是另外一种重要的技术合作方式。在合作过程中，本土企业自身的研发能力是基础，只有那些本土企业与跨国企业之间技术能力差距较小，同时本土企业学习能力强的企业才能从合作中主动获得技术转移。在杭州访谈西子（控股）集团时，被访谈者表示，西子集团与美国奥蒂斯（OTIX）合作的过程就是一个主动获取技术转移的过程。合作之初西子集团的优势在于本土市场占有率和本土知识，而奥蒂斯的优势在于其电梯技术，在这个合作过程中，西子集团一方面主动加强研发的投入以提高自己技术基础，另外一方面主动派出企业内部的技术骨干到美国奥蒂斯总部进行学习，在互动过程中不断提高自身的能力。浙江弘生集团也是一个例子，作为中国民营的纺织机械企业，其在早期发展阶段通过购买德国技术为主要方式，在不断学习消化和实施“反向工程”等措施过程中积累了良好的研发基础。在2005年为了进一步发展，成功并购了总部位于德国巴伐利亚州的全球著名纺织机械企业格鲁斯（GROSSE），将其作为自己的全球研发总部，并且在并购之后取得了良好的绩效。

当然跨国公司进入中国对本土企业也存在着一定的负面影响。被访谈的本土企业、高校和科研院所一致表示，最大的负面影响是跨国公司吸收了一部分中国最高端人才，特别是研发人才。很多本土企业培养的高端人才在积累了良好的基础之后，往往为了个人更好的职业发展，选择到在华跨国企业或者政府机关、国有企业工作。这在与基础科学研究紧密相关的产业，例如生物技术、汽车和化学化工产业中体现得更加突出。在访谈北京本元正阳基因技术有限公司、北京神舟数码技术有限公司、无锡药明康德公司和福建三力集团等过程中，企业均表示，这是现阶段本土企业最难解决的现实问题之一。在这个过程中，本土企业内部的用人机制、管理理念和工资待遇等与实力雄厚的同行业跨国企业相比确实存在一定的差距。这需要本土企业不断提高自身能力。其他负面影响还包括跨国公司在华设立一定的专利壁垒，使得中国本土企业的研发活动偏离了基础研究而偏重于应用研究；并购有一定竞争能力的本土研发机构等。

2. 跨国公司在华研发对中国不同行业的影响存在着差异性

研发国际化对于中国一些产业发展具有比较积极的效应。这主要体现在ICT、汽车及零部件、家用电器产业、传统机床等领域，除了培养相关产业链之外，中国在这些产业积累了良好的知识基础和进行了人才储备，并培育了一批具有一定代表性的企业。例如，ICT中计算机领域的神舟数码集团，通信行业的华为和中兴等公司；汽车及零部件行业在研发国际化过程中也形成了吉利、深圳比亚迪和同济同捷等不断成长的中国自主创新品牌；家电产业中海尔和格兰仕等代表性企业分别占据着国际比较重要的地位；在传统机床方面，北京第一机床厂和大连机床等除了较好地巩固了在中国的市场地位，也在走向国际化的过程中迈进了一步，在国际市场上有了良好的发展基础；总部位于长沙、研发中心位于北京的中联重科机械工程有限公司在国内积累了相关的研发和市场经验之后，开始慢慢实施国际化战略，于2008年并购了意大利的CIFA；新兴产业领域，特别是太阳能光伏产业领域也出现了无锡尚德和深圳比亚迪等具有国际竞争力的企业。

跨国公司在华研发全球化对中国某些产业也具有一定负面效应。从技术、资本密集型产业分析，计算机芯片、无线电传导领域、动力系统、电力系统设备、通信设备、大型数控机床设备、航天飞机、生物制药、精细化工和新能源等领域均存在着对跨国公司的技术依赖性持续增强的趋势，本土产业发展处于“被跨国公司技术锁定”的状态。从全球来看，计算机芯片行业也属于寡头垄断的格局。两家最主要的厂商英特尔和AMD占据了大部分市场份额。即使跨国公司在华进一步增强R&D投入，本土企业成长的空间也非常小，配套的本土企业只能在非核心领域进行合作研发。这实际上是中国企业面临着自身技术的空心化。如大型数控机床中70%为日本、德国和美国等跨国企业所控制。航天设备、精密仪器和大型医疗设备等具有战略意义的高技术含量产品，主要还是控制在欧盟的几个主要国家和美国的跨国公司中。

3. 在华跨国公司研发对中国不同国家创新系统主体的影响存在差异

调研中发现，中国的大学与跨国公司互动相对比较多，承接比较多的外包、合作研究和人员流动（高校学生人员实习、跨国公司人员到高校兼职等）活动。与中国高校科研体制改革、中国高校与国际高校交流增多、相关部委政策导向有直接关系。例如，惠普公司已经在2008年金融危机爆发后开始和清华大学、北京大学、复旦大学等开展“开放式创新”合作，主动约请高校和科研院所参与惠普的研发，主题由高校确定而非由惠普内部确定，以求获得更多的创新想法。而中国大学的科研经费也来源于多方面，除了承接国家基础研究、相关部委委托的科研课题，也有部分课题和经费来自企业，其中一大部分是来自跨国企业委托研发的。

科研院所相对于高校，与跨国公司的互动比较少。在对中科院有关部门进行访谈时发现，他们的主要任务是承接国家基础研究、国家有关部委或者以本土企业委托的科研任务为主，而来源于跨国企业委托或者合作研发的比较少。

在华跨国公司与本土大企业互动要比本土中小企业多。与大企业互动是基于产业链上、下游关系，而且需能力匹配；而与本土中小企业联系少与目前的知识产权保护环境有一定关系。无论是在计算机电子技术、软件和网络技术，还是在生物医药行业中，跨国企业主要和本土有实力的中大型企业（特别是民营或者混合所有制企业）合作。例如，著名的芯片企业AMD和青岛海信、厦门厦华等均有一定的上、下游合作关系，但不涉及竞争性的领域。一旦中国本土企业成长之后，特别是具备很强的研发能力之后，很多跨国企业就视其为巨大竞争对手，不仅没有进行合作，反而采取标准、技术专利陷阱和并购等方式来打压竞争对手。其中典型的例子就是中国的EVD行业和正在发展的蓝光联盟。中国本土不断成长的汽车品牌也是跨国公司潜在的竞争对手，在对深圳比亚迪和上海同济同捷汽车进行访谈时，本土企业均表示，在开始成长阶段跨国企业还是持欢迎合作的态度的，等到中国本土企业具备了与其竞争的能力（特别是研发能力）之后，在华跨国企业就采取不同的方式来应对甚至是限制中国本土企业的发展。当然，从企业理性发展的视角来看，这也是自由市场竞争的结果之一。

中国政府各部门跨国公司与地方政府互动要比中央政府多。而与商务部、国家发改委和工信部等的主动要比科技部、知识产权局等多。

三、关于研发全球化的若干分析与判断

（一）研发全球化是全球经济和科技发展的大势所趋，不可逆转；金融危机后研发全球化的格局面临新的调整机遇；中国和印度有可能成为新的全球科技研发高地

首先，经济全球化是研发全球化最为直接和最为重要的动因。如前所述，2007~2008年度全球前1 000家跨国企业将其55%的研发经费用在其本土以外的国家和地区；全球最大的1 000家企业有91%在其总部所在地之外的国家或者地区进行R&D活动[1]。这种现象背后重要的原因就是经济全球化大潮的影响和科技发展的内在推动。

随着国际贸易的迅猛发展、对外直接投资的日益频繁和全球生产链的延伸拓展，集知识流动和技术扩散为一体的研发活动必须在全球范围中重新布局。一方面，从满足全球化多样性的需求来看，随着创新速度的加快和全球市场的拓展，产业界必须在最有市场潜力和最接近顾客的地方获取信息、研究需求、整合知识、开发产品并取得试验反馈。另一方面，从降低成本的角度看，跨国公司也必须在全球范围内寻找并接近知识高地，用尽可能低的成本网罗最好的人才，与有竞争优势的公司组成研发合作战略联盟，整合各方资源，开发出更新更好的产品以满足市场需求。

同时，随着现代科技的发展以及人们对研发活动规律的掌握，研发活动的“模块化”趋势也越来越明显。在很多研究领域中（如信息和生命科学研究领域），研发活动本身也可以像制造过程那样被分解成为不同的但相对独立的环节。而这些环节可以根据相对比较优势被“发包”到全球各地的研发基地完成。最后各地不同的研发结果被整合起来，完成总体任务。现代信息技术的高速发展和广泛应用使得这个分解与整合过程变得越来越容易。全球不同研发基地的时差往往还可以使许多跨国公司的研发

---

[1] BATTELLE，R&D MAGAZINE 2009 FUNDING FORECAST.Feb.2009.www.battelle.org.

工作24小时不间断，从而赢得宝贵的竞争时间。这个趋势的出现使得不同国家和地区的研发活动专业化趋势也逐渐出现，从而形成了新的国际研发格局。

当然，全球科技能力的多极化也是推动研发全球化的重要原因之一。中国、印度、韩国等新兴科技力量的崛起也改变了国际科技能力的美、欧、日“三驾马车”的局面❶。全球国际科技活动在诸如气候变化、能源与可持续发展、新能源、全球流行疾病、生物技术变革和信息技术革命等问题上的重大合作，为研发全球化创造了有利的氛围和平台。在2008年金融危机之前，中国和印度等新兴国家已经成为跨国公司拓展研发全球化活动的重点地区，中国和印度两个国家在吸收研发国际化的资金和项目方面远远高于其他任何一个新兴国家。在2004~2008年，主要跨国公司新增长的海外研发基地83%位于中国和印度，新增加员工91%来自中、印两国，两国5年平均投入增长率为22%❷。

金融危机后，中国和印度经济的迅速恢复使得以中国和印度为代表的新兴国家巨大的市场潜力进一步得到印证。同时，金融危机后跨国公司大都面临巨大资金压力而不得不调整其包括研发活动在内的整体发展战略。中国和印度质优价廉的科技人才资源尤其引人注目。再加上中国和印度在一些新兴产业的研发领域中后来居上的态势，更加使得跨国公司对中国和印度市场刮目相看。以汽车行业为例，金融危机之后，各著名跨国企业纷纷从传统汽车技术向新能源和环保技术型的新兴发展方向转型。汽车行业研发全球化重点集中在低耗能和环保技术开发领域。

应当说，研发活动的基础设施与制造业的基础设施一样，需要较大规模的前期投入和积累。同时，与研发活动相关的政策及制度安排也是研发活动基础设施中不可或缺的组成部分。中国政府多年对相关领域的投入，中国企业如比亚迪汽车在相关领域的研发优势，都使得中国成为跨国公司在这些领域研发投入的必选之地。如果中国能够抓住这些机遇，进一步改进和完善中国的研发环境和制度安排，使得中国的研发软硬基础设施都能够领先其他竞争对手，就有可能在研发全球化的新一轮调整中稳操胜券。

（二）中国是研发全球化过程中最大的受益者之一，这与中国近30年经济发展阶段性特征和相关政策有关；与其他受益于研发全球化的新兴国家相比，中国具有自己的特殊性

跨国公司从20世纪90年代开始在中国设立研发机构。根据我国商务部的数据，外资企业在中国设立的研发中心，1997年为24个，2008年超过了1 200个，而2009年6月

---

❶ Demos Conference on Science，Innovation and Globalization，2007.www.demos.co.uk.

❷ BATTELLE，R&D MAGAZINE 2009 FUNDING FORECAST.Feb.2009.www.battelle.org.

底已经达到1 250多个。同时，外资企业的研发投入在我国研发经费中所占比重逐年提高。2007~2008年，中国吸引国际研发资金达到240亿元。我国大中型工业企业研发经费支出额中“三资”企业所占比例从2003年的23.2%增长到2007年的29.1%。❶

这些研发活动最直接的效益就是其在中国的投资和提供的就业岗位，但更重要的是这些研发活动所提供的间接效益。首先，这些研发活动有很大的潜力，可以提高中国在全球生产价值链分工中的地位。在中国目前的发展阶段，集成创新和引进“消化”吸收、再创新仍然是中国企业自主创新的主要手段。跨国公司在中国的研发活动有利于中国企业掌握更多的国际前沿趋势，在更大的技术平台上进行选择；有利于中国企业发挥中国科技人力资源优势，以技术进步和效率提高为主，实现产业的发展与跨越，使中国从高技术产业中低附加值生产环节的集散地逐渐转向知识生产和传播的重要基地。在中国的研发活动也从适应性、本地化的开发逐渐演化到更高层次的应用开发或基础研究。这种转变也将催生众多相关的服务业，提高中国企业和研究机构承担科技服务外包的能力，有利于中国产业结构的调整和升级。

其次，这些研发活动在中国的开展有利于从全世界各地集聚优秀研发人才以及开发新的研发人力资源。跨国公司在华的研发活动，一方面，从全世界各地网罗了一大批优秀的科技创新人才（其中很多是中国留学生）；另外一方面，也吸引了一大批高校毕业生中的优秀人才。这些人才在中国本土的研发活动和经历不但发挥了他们的才智，也开辟了从海外吸引和在国内留住我国优秀科技人才新渠道，使他们在中国工作，为中国企业和研究机构储备了优秀的R&D人力资源。

同时，跨国公司在中国的研发活动也产生了重要的知识溢出效应。虽然这种溢出效应难以衡量，但是中国的高校、研究机构以及企业在与跨国公司之间的接触、交流与合作过程中也了解到了产业科技领域的前沿，学到了跨国公司先进的生产工艺、管理方法和商业模式等。跨国公司的研发机构无形之中也对同行业的东道国企业产生了一定的示范作用，提高了中国企业的创新意识、竞争意识和知识产权保护意识。

一方面，研发全球化对于中国的影响（包括积极和负面两种影响）并不是偶然的。事实上，其他全球新兴大国（特别是“金砖四国”另外三个国家印度、巴西和俄罗斯）也在研发全球化过程中同样阶段性地受益，同时也受到类似的负面影响❷，只

❶ 科技部，中国科学技术指标，2008。

❷ UNCTAD，Globalization of R&D and Developing Countries.UN，New York，2005.

是研发全球化影响程度存在差异、行业和区域重点之间存在着差异。相比之下，中国在30年改革开放过程中，从研发国际化过程中获益的阶段性特征存在着差异。以中国和印度为例进行比较：跨国公司在华研发国际化最早起源于20世纪90年代末美国摩托罗拉和德国大众等在华设立研发中心，但是真正具有影响的阶段是2000年左右，1997年在华研发中心为24个，而此后则以级数般的速度快速上升。根据商务部数据，截至2008年底，中国共有920家跨国公司的1 200个研发中心（而2009年7月底，根据中国商务部数据，在华研发中心总数为1 250个）；而印度则有671家跨国公司在印度设立的781个研发中心[1]。尽管中、印两国在跨国公司研发中心数量上存在着比较大的差距，但两国的演化路径是一致的。在21世纪初互联网泡沫破灭以后，中、印两国都迎来了越来越多的跨国公司设立研发中心。

——两国的成本和智力存量具有可比性，印度曾经在接收跨国公司R&D中心方面领先中国20年。

——在数量上中国吸引的跨国公司R&D中心领先于印度，不过印度在研发中心的平均规模上优于在华的R&D中心。

——在2005~2008年期间，跨国公司在中国设立研发中心的速度高于印度。多数希望获取印度的经验以及其低成本、巨大的人力资本存量的跨国企业已经在2005年之前建立起研发中心。在此期间，全球中小企业在印度设立研发中心的居多。

另一方面，追根溯源，中国成为研发中心热点与中国近30年经济发展阶段性特征和相关政策有关。中国市场潜力巨大、投资硬件和软件环境改善与研发人员成本较低、质量不断提高有关。首先，改革开放以来，受中国低廉劳动力成本的吸引，众多跨国公司已把生产组装环节陆续转移到中国。据中国商务部统计，跨国公司世界500强已有近480家在华投资。伴随着跨国企业制造中心的扩展，跨国公司研发中心也因此不断增长。2001年加入WTO前后，中国市场地位的上升和竞争的加剧迫使跨国公司调整在华战略布局，加大在华上游研发环节的投资，力图实现价值链一体化。跨国公司普遍认为，中国市场发展潜力巨大，在未来10~20年间，其发展速度将难以估量；跨国公司在中国不仅进一步要与本土企业进行竞争，还要和实力同样雄厚的其他跨国公司进行竞争，不贴近市场加大本土研发其产品将难以获得优势；政府相继出台的优惠政策和中国大量高素质的低成本人才也是重要诱因。2000年4月，原外经贸部出台

---

[1] India Dept. of Science & Technology，India’s Ranking in Terms of Quality of Scientific Research Institutions，Feb.2009.

《关于外商投资设立研发中心的通知》，规范了外商投资设立研发中心的形式、经营范围、条件和设立程序，并列出了相关优惠政策。根据该通知，研发中心是从事自然科学及其相关科技领域的研究开发和实验发展（包括为研发活动服务的中间试验）的机构。研发中心可以转让自己的研发成果，可以委托或联合开发的形式与国内科研院所开展合作研发。2000年以后，中国科技部等制定了加强促进跨国企业与本土大学、科研院所和企业合作的政策，并不断改善知识产权保护环境。2006年商务部为了顺应全球服务贸易、服务外包、高附加值的高端制造环节以及研发机构的转移潮流，制定了“万商朝西”十大促进政策。中国高素质人才的成本相对较低，以2008年软件业为例，美国软件人才的使用成本是中国同等人才的9倍，印度软件人才的使用成本是中国的2倍。跨国公司在华研发中心的研究人员绝大部分是在国内招聘的高校毕业生或者引进的留学归国人员，人才本地化平均已达到95%。另外，根据国际经验，发展中国家人均GDP超过8 000美元以后会导致“人才回流”[1]，经过30年的发展和积累，大批中国海外留学生已经在海外学成并积累了相关经验，且正值中国经济高速发展阶段，这正是人才回流的良好时机。以上这些中国发展的阶段性特征综合因素是导致中国在研发全球化潮流中成为最大获益者之一的原因。

（三）积极参与研发全球化有可能会加速提升中国整体创新国际竞争力，为中国在新的国际科技创新竞争格局中争得有利地位；排斥或迟疑参与研发全球化将必然丧失中国现有的科技创新优势和潜力，使中国被排除在国际创新强国之外

如前所述，在当前研发全球化的大趋势下，任何一个国家和地区，任何一个行业领先的企业，都无法置身于这场大潮之外。从世界各国创新能力发展的历程看，闭关自守，力图把本国的企业和研发机构隔离在国际竞争之外，最后的结果只能是被研发全球化的进程远远地甩在后面。只有用开放的心态积极参与全球化的过程，才有可能提高本国研发机构的能力，增强本土企业的国际竞争力，在国际市场上赢得一席之地。

中国自身改革开放的历程最能够说明，闭关自守意味着落后，竞争开放才有成功的机遇。30年前，中国改革开放之初，中国的科学技术水平总体上来说与美国、日本、欧洲的发达工业化国家相比有着相当大的差距，技术创新的概念都是全新的，高技术产业的发展更是处于萌芽期。但是中国坚定不移地走改革开放的道路，吸收和引

---

[1] YIFEI SUN，MAXIMILIAN VON ZEDTWITZ & DENIS FRED SIMON.Globalization of R&D and China：An Introduction.2008.

进国外先进技术，推动改革与竞争，使中国的企业和研究机构的创新能力大大提高，高新技术产业也破土而出，茁壮成长。2006年，Hu&Jefferson通过对中国数据的计量分析后发现，在控制研发经费总量和企业所有制后，一个行业的外资集中程度与该行业中本土企业申请专利高度相关。外资集中程度越高，该行业中本土企业申请专利的可能性就越高。这也从一个侧面说明，外资的进入也提供了新的技术机会，促使本土企业通过专利活动来加强其创新竞争能力❶。如果没有开放创新的环境，很难想象中国能够出现华为、联想和比亚迪这样具有国际创新竞争能力的企业。

对研发全球化的怀疑或排斥态度不仅仅在发展中国家存在，在发达的强国中也同样存在。20世纪80年代，日本在一些主要制造业领域的创新国际竞争能力赶上或超过了美国。当时，如何加强美国企业在创新领域的竞争力成为政策讨论的热点。美国国家科学基金会（NSF）为了促进美国的产学合作，增强美国企业的创新竞争能力，出资在一些著名的研究型大学中设立国家工程研究中心（Engineering Research Centers）❷。笔者当时所在的卡内基梅隆大学就曾经开展过相关的讨论。当时卡内基梅隆大学已经设立了一个工程设计研究中心，正在申请设立另一个数据存储研究中心。中心的申请者在工业合作伙伴中列入了一些日本的著名企业，从而引起了一些人的强烈反对并就此展开了激烈的辩论。笔者印象最深的是一位在企业界工作多年后回到卡内基梅隆大学任教的资深教授的发言。他说，日本的这些企业都是全球这个行业最领先的，把它们排斥在外，就意味着我们这个数据存储研究中心从成立之初就是一个二流的，就无法真正与国际一流的研究者去探讨一流的问题。

时间过去了多年，美国的工业界和学术界就研发全球化问题的争论从来就没有停止过。美国的国家科学院和工程院也曾经就这个问题组织讨论并出版报告。美国商务部从20世纪90年代中期开始就跟踪这个方面的国家趋势，并出版相关研究报告。就在几年前，美国《商业周刊》还发表封面文章，抱怨美国的跨国公司在把制造业工作转移到海外之后，现在又把企业的研发工作往国外输送❸。尽管如此，美国工业界研发全球化的步子从来就没有停止过。如上一部分所提到的，2007~2008年美国最大的80家跨国公司在全球R&D总投入1 460亿美元的54.9%是在美国本土之外投入的，已经超过了这

---

❶ Hu，Albert G.Z.And Gary Jefferson，2006，“A Great Wall of Patents：What Is Behind China’s Recent Patent Explosion?”，accessed August 2，2007，from http：//courses，nus.edu.sg/course/ecshua/Chinapat%20Jan%202006.pdf.

❷ National Research Council，The New Engineering Research Centers：Purposes，goals，and expectations，1986.

❸ ...... “First manufacturing，now it’s the R&D，” *Business Week*.

些公司在美国本土的R&D投入。另外美国相关政策的基本态度也比较宽松。正是这种开放的环境和文化，使得美国不断开拓技术创新和产业发展的新领域，并能够保持其强大的创新优势。

（四）把跨国公司在市场竞争中的正常逐利行为与不正当的垄断行为区分开来；把跨国公司在市场竞争中作为自利性主体的经济利益与其宗主国的国际政治立场和国家利益分开；从而客观认识跨国公司本质，冷静分析研发全球化对中国自主创新能力建设的影响

在关于研发全球化利弊的探讨中，我们往往缺乏一个比较稳定客观的分析框架来认识跨国公司研发活动的本质，或者认为跨国公司研发机构在中国研发活动的最终目的是扼杀中国企业的创新能力，服务于其国家“遏制”中国的总体战略，或者认为这些研发机构应该承担社会公益责任，为中国建设创新型国家的战略服务。这两种看法都是缺乏对跨国公司本质的认识，是不切实际的。

首先，所有商业公司的最基本的特征就是追求“利润最大化”。这是在自由竞争的市场环境下，由商业公司的使命定位和治理模式所决定的，而不是由个别人的价值偏好所决定的。因此，通过各种合理合法的经营活动在市场上与包括本土和跨国企业的同行竞争来获取利润是所有公司的天性。在充分竞争的市场环境下，超额利润往往需要企业通过技术创新、市场创新和营销创新等形式来获取。对超额利润的预期是驱使企业进行创新的最根本的动力。因此，利用现有的市场竞争规则与市场上其他企业通过种种方式开展激烈的竞争，使企业利益最大化，是跨国公司和本土企业共同的天性，是无可厚非的。但是如果跨国公司利用其雄厚的资本和技术积累，利用中国市场环境不够完善的弱点，通过不正当的竞争行为来打击对手，影响竞争，实现垄断，那么，我们就必须坚定地依法予以制止和惩罚。在经济全球化的环境下，同样的准则也适用于中国本土企业。

同样，除个别特例外，作为市场经营主体的跨国公司的经营和竞争行为与其宗主国的国际政治立场和国家利益没有必然的联系。绝大多数跨国公司在海外经营活动的首要原则之一就是在其东道国和宗主国之间的政治争端中保持中立。当然，由于跨国公司经营受益者往往大部分都在其宗主国，所以，这些国家在处理国家经济和贸易争端方面往往会反映这些跨国公司的利益。但从根本上说，跨国公司没有义务也没有必要参与到国家之间的争端中。这种参与违背其社会分工的职责，不利于企业的正常经营与发展。因此，在讨论和分析跨国公司研发全球化的利弊时，我们仍然需要从企业经营的本质，而不是企业的国籍来考虑和分析问题。

在了解了跨国公司的本质之后，我们就可以用平常心来分析跨国公司研发全球化的行为了。这些公司在中国从事研发活动，既不是为了实现其宗主国“遏制”中国的战略，也不是为了配合中国建设创新型国家。它们在中国从事研发活动最本质的动机，就是为了实现企业利益短期或长期的最大化。而中国巨大的市场潜力和相对较低的研发成本是吸引这些企业最重要的因素。

同时，企业研发全球化的行为从根本上说，有利于企业创造更多更好的产品和服务，更好地满足包括中国在内的全球消费者的需求。在一个经济全球化的市场范围中，这种活动从根本上说是利大于弊的。如果否认这个前提，就否认了经济全球化的历史发展趋势，否认了中国加入经济全球化的合理性和必要性。因此，我们讨论研发全球化的利弊，其实是讨论没有反映在市场内的经济成本和效益，也就是研发全球化活动的外部性。

（五）区别对待研发全球化的负面外部性现象，探析其不同的形成机理，从而找准解决问题的思路，把握中国本土创新主体在研发全球化背景下减少或避免负面效应的方向

由于前文（二）中对于研发全球化的正外部性讨论得比较多，下面集中讨论研发全球化的负面外部性，一般性的“技术挤出效应”“工资效应”和“人才挤出效应”等研发全球化带来的负面影响，无论是在发达国家还是在发展中国家都是客观存在的（UNCTAD，2005），此处不多加讨论。这里主要讨论跨国公司在中国研发活动的负面影响这一比较特殊的问题，综合起来主要有以下几个方面：

1. 技术依赖效应

跨国公司加强其在中国的研发活动，可能会有助于其通过专利战略和标准制定来加强其对技术的控制能力，在产业发展的技术路径上设置“专利陷阱”。跨国企业控制和主导产业创新体系，由于开展基础研究和竞争前技术研究，拥有高端技术和新兴技术，能够设定创新目标，主导创新过程，拥有创新成果，掌控整个创新体系。在该创新体系中，虽然有本土资本加入其中，但执行的是跨国资本的功能，为跨国公司研发体系服务。本土企业只能按照跨国公司的技术方式加工组装，难以提升技术层次，甚至形成技术“路径依赖”。一个典型例子就是碟机产业，中国碟机产业过去10多年来留给中国产业界更多的是惨痛的教训。早在1999年，由日本、美国DVD技术开发商结成的6C联盟开始向中国企业追讨缴纳DVD技术专利费。自从20世纪90年代经过了10多年黯淡的“DVD时代”后，中国的碟机产业已经失去了往日的锋芒——超过80%的企业在3C、6C和汤姆逊等专利所有人的专利枷锁下破产，而仅剩的万利达、步步高、德赛和TCL等企业也纷纷转而为国外巨头OEM来赚取微薄的利润。由于在DVD时代久经专利费困扰，国家经贸委及信息产业部科技司进行牵头，国内十几家DVD生产骨干企业开始联手进行EVD技术的研发。EVD作为我国在DVD领域首度进行自主知识产权开发的项目，备受重视。但是早在中国EVD标准出台之前，国外9C联盟已经向外公布了完全区别于原有DVD技术的全新“蓝光技术”，并且将在3年内投入规模生产。而中国DVD生产企业与6C联盟的专利费问题也已尘埃落定，此时，EVD标准才姗姗到来。2005年开始又在EVD等红光高清领域耽误了几年时光。目前跨国公司在华设立的“蓝光技术”技术专利陷阱，也是中国本土碟机行业发展的一个重要障碍。

2. 外资研发使得中国本土企业研发路径发生改变

跨国公司在中国的研发活动对中国本土研发活动产生“挤出效应”的另一种表现就是，通过给本土企业一定的外包业务，使得本土有一定研发能力的企业为了短期利益而进行偏向应用性的开发工作，使得相关领域本土企业研发投入回报的预期降低，从而减少或取消相关基础性的、对未来长期发展具有重要意义的研发活动。同时，跨国公司的进入也提高了本土企业和研究机构的研发成本。制药业的发展就是一个典型案例。

制药业正经历着异常巨大的改变，从新药开发理念和更严格的药政审批，到重组、合并和收购。由于这些巨变都发生在经济低迷时期，变化对专为制药业提供服务的CRO（生物医药研发外包）行业带来了巨大冲击。2000年以来CRO（Contract Research Organization）公司继续在亚太地区扩张，并通过自己的中央实验室不断增加生物分析服务。与此同时，CRO和药厂（顾客）还达成了几项更大合作范围和金额的战略合作计划，让亚太地区的药厂尝到一定程度的甜头，愿意与CRO寻求更为深入的合作伙伴关系。而中国等从事临床前研究服务的CRO公司既要在激烈的市场竞争下控制成本，又要通过拓展其他服务挽回损失；从事临床研究服务的CRO公司则用后期研究服务收入来填补前期研究服务收入的缺口。在经济和资本市场低迷的大环境下，中国的企业多数是小型生物技术公司，为了争取与大公司的合作机会和融到新资金，便放弃投资者不太关注的临床前项目，将所有赌注压在后期项目，此举犹如杀鸡取卵。大量作为发达国家在华的CRO企业，偏离了应有的基础研究轨迹，而转向做外包等非核心环节，导致技术发展能力不具备后劲而被“挤出”的结果。

3. 在华研发外企并购本土技术优势企业

随着跨国公司在华研发战略的不断深化，其战略执行方式也越来越多样，包括合资、合作、独资、并购和设立专门计划等多种方式。其中，跨国公司通过并购本土技术优势企业，包括具有长期技术积累的民族品牌企业，获取先进或核心技术，进一步加强资本和技术控制。例如，2008年德国拜尔公司以12.64亿元的价格收购东盛科技包括“白加黑”在内的东盛科技启东盖天力制药有限公司止咳及抗感冒类西药非处方药业务，以及一个生产研发基地和一套销售网络等相关资产。某轴承生产企业多年来是中国轴承行业的重要研发和制造力量，该企业在被一家外资企业以企业并购其具有相当实力研发基础的铁路轴承这一优势资产的方式合资后，放弃了控股权，不仅没有得到先进技术，而且原有名牌产品生产萎缩，直至丧失制造资质，退出了原有市场。

4. 区别研发全球化的负面外部性现象背后的原因

在中国，这几种现象在不同程度上都有所表现。技术依赖问题从本质上更多反映的是在市场竞争中，技术领先的企业希望通过各种策略来保持和扩大其领先优势的行为。在一定范围内，这种行为是无可厚非的。问题的关键是，这种行为是否存在着不正当竞争从而影响市场效率的因素。我们应该区分不同现象背后形成的机理差异性。

20世纪90年代以来，外国公司针对我国提出的“五年计划”大量申请专利，在我国很多产业的未来发展领域设置了“专利陷阱”，封杀了我国企业自主开发技术，控制了这些产业的发展。从根源上说，一方面原因是由于跨国公司研发设下的“专利陷阱”，另外一方面中国企业在传统发展过程中不重视知识产权战略，中国缺乏相应的专利预警系统也是另外一个客观原因。

中国企业承接跨国企业的研发外包服务在一定意义上同时具有积极和消极的作用。国际服务业转移已经成为大势所趋，涉及软件、电信、金融服务、管理咨询、芯片和生物信息等多个行业，涵盖产品设计、财务分析、交易处理、呼叫中心、IT技术保障、办公后台支持和网页维护等多种服务类型。国际研发外包涉及的行业越来越多，并且日益深入到企业内部核心环节和过程。同时，研发外包形式趋于多样化。承接全球研发外包的益处是可以成功转接成千上万的工作岗位，业务金额则以数亿美元计。研发外包带来负面影响的主要原因是复杂多样的，其中一个重要原因就是中国本土企业内生能力不足，其发展阶段处于成长期，在市场竞争过程中为了获取市场机会而承接相应的外包工作；另外，企业和企业家的短视思维也是一个间接原因。因此，要正视此类跨国公司在华研发外包带来的“挤出效应”原因的多样性。

客观认识跨国公司在华研发机构并购本土研发企业的行为。从世界范围看，并购是外商直接投资的主要形式，是一种普遍的竞争规则。长期以来，外资进入中国并购不是主要方式，其原因是当时中国没有并购的条件——没有并购对象，缺乏相应的法律规范和市场标准等。从这个角度看，近年外资并购案的增多，反映了中国企业的发展和市场经济的完善，以及外资对中国经济发展的信心。如果从全球化大视角及历史发展的观点来看，我们会认识到外资并购仅仅是中国企业成长壮大走向世界全过程中的一个阶段。核心的问题是考虑并购是否会导致外资企业形成行业垄断。对外资企业的垄断倾向我们可通过相关法规加以约束。应该说，过去中国的反垄断法律法规是非常不完备的，给很多跨国公司不正当竞争的行为提供了可能的土壤。中国最近通过了《反不正当竞争法》。相关行业中的企业应该按照这部法律，对跨国公司的各种市场行为进行认真的分析，并及时通过法律手段来约束或制止所发现的不正当竞争行为。同时，更关键的是要鼓励市场竞争中的后来者通过加强自主创新能力和其他手段来摆脱“技术锁定”的命运。

但是，我国相关法律法规不够完善，使得我国的高校、研究机构和企业在人才流动中遭受不应有的损失。中国的研发机构对于知识产权的保护还有很多漏洞，一些相关的法律法规、行业规则不健全是造成这些损失的重要原因。例如，国外企业在雇用员工时往往都要与其签订防止同行业竞争的条款，约定员工在离开公司的一定时间内不允许到公司的竞争对手去工作。此外，国外高校、研究机构和企业对相关知识产权都有非常严格的管理办法，使得人才的流动不会造成知识产权的流失。中国的研发机构却很少有这样的规定，因此需要尽快采取措施迎头赶上。

另外，针对跨国公司在中国的“工资挤出效应”的分析。跨国公司研发活动提高本土研发成本最关键的是跨国公司给其研发人员往往提供更加优厚的薪酬待遇条件，从而提高了整个从业人员的薪酬标准。中国研发机构在高技术人才的薪酬方面长期与跨国公司的薪酬标准有较大的落差，在中国形成高技术人才的二元市场。在人才竞争激烈和人才流动自由的今天，由于这种落差而造成的国内研发机构人才的流失是不可避免的。从某种意义上说，这种影响有利于消除目前普遍存在的外资企业和内资企业薪酬待遇上的差别，有助于本土企业更加尊重知识和尊重人才。其解决的办法是国内研发机构转变观念，重视人才，真正给高技术人才具有国际竞争力的薪酬待遇和良好的工作环境。

综上所述，跨国公司在中国进行研发活动的负面影响不同程度地存在着。这些问题的存在，一方面是由中国企业目前在国际竞争中的地位所决定的，另一方面也与中国相关法律法规不健全以及企业创新能力不足有密切关系。需要我们通过各种政策手段来解决。

（六）中国经济、科技和社会发展新阶段要求中国重新审视研发全球化的目标，作为选择新的战略和政策工具依据，来促进中国从研发全球化中获益

改革开放初期，中国因为缺乏资金、技术、管理经验和人才，特别制定了一系列优惠政策，邀请跨国公司来中国发展。对于研发全球化的态度，最初中国政府和其他很多国家政府一样持有复杂的心情，也因此制定了各种混乱甚至是矛盾的政策。部分政策是保守和谨慎的，例如关于外资参与中国基础研究和重大专项研发等；部分政策是开放积极的，例如期望"以市场换技术""引进、吸收与再创新"等政策。30年来，中国制定关于研发全球化的战略目标和政策工具是多元化的，也是中国这30年来经济科技社会发展阶段性的表现。

经过30年的发展，中国的经济、科技和社会发展进入了一个崭新的阶段，同时面临着新的国际形势。现阶段经济发展是创新驱动和低能耗、清洁和内涵式发展、注重内需与国际市场并重、以"自主创新"为核心的时期。同样，国际发展的新形势也体现在研发全球化势不可挡的态势、各国重视金融危机后的经济复苏和可持续创新、发展和培育新的增长点以及下一轮科技全球制高点等核心上。

我们应该充分认识到，当前吸收外资研发仍然面临一些有利条件和优势。一是总体而言，中国制造业的生产规模、配套体系、市场份额和劳动力素质等综合优势仍然存在；二是30年对外开放，奠定了我国开放型经济的良好基础，形成了产业集聚优势。因此，后危机时代，先进制造业、高端制造业、具有地区特色和比较优势的制造业，如通信设备、计算机及其他电子设备制造业、医药制造业、通用设备制造业等，仍将表现出良好的投资前景；三是未来几年全球国外直接投资虽然流动将会减少，但还将朝着稳定的方向发展，长期增长的趋势不会改变。

思考我国吸收外资研发当前的和潜在的增长率，还必须考虑国外和国内两方面的不利因素，最突出的就是金融危机使跨国企业投资乏力；而从自身来讲，在投资产业选择方面，我们也缺乏亮点。

从近几年的情况看，发达国家国内政策的调整日益成为影响跨国投资规模的主要力量。在这一轮金融危机过后，世界经济将进入一个较长期的修复和调整时期。美国经济将经历较长时间的低速增长，欧盟经济比美国恢复的难度会更大。国际资本流动的基本格局不会有太大的改变，但可能会有一定调整。今后几年，全球经济只能缓慢增长，美国等发达国家将不断增加储蓄，对外直接投资会有所减少。同时为了弥补企业资本损失，发达国家资本将大量回归。虽然美、欧、日应对危机政策的有效性还有待观察，但可以肯定的是，其经济将经历较长时间的低速增长，至少在3年内恢复的可能性较小，企业对外投资的意愿将受到一定影响。

从国内来看，随着资源和环境对经济增长约束的强化，以及劳动力、土地成本上升，过去依靠低成本优势支撑外商投资快速增长的现象将不会再出现。同时，随着投资过度扩张，不少行业出现了产能过剩，中国国内经济增长和消费放缓，也影响了中国市场对于外资的吸引力；一些关键领域和重点环节的市场化改革滞后，限制了欧美大中型外国投资者的进入，也在一定程度上限制了跨国企业在华设立研发基地的积极性。在短期内，很难设想外资规模未来还能够像以往那样继续高速增长，在华跨国企业的研发活动可能也会随之起伏。

纵观30年发展历史并冷静思考现阶段世界和中国发展的时代特征，中国应该重新审视研发全球化的态势，国家创新的各个创新主体应该重新思考和设定自己的发展目标。相关政策制定者更应该明确新时期研发全球化的目标。一旦明确了目标，所有的政策设计就都要围绕其展开并形成体系。在上文分析的基础上，我们将在下面中讨论有关的政策建议。

四、利用研发全球化推动创新型国家建设的政策建议

党的十七大报告中明确提出："我们要充分利用全球科技资源……创新利用外资方式，优化利用外资结构，发挥利用外资在推动自主创新、产业升级、区域协调发展等方面的积极作用。创新对外投资和合作方式，支持企业在研发、生产、销售等方面开展国际化经营。"十七大精神是我们利用研发全球化推动创新型国家建设所必须遵守的重要原则。

（一）加强本土企业创新能力和吸收能力是发挥研发全球化作用的重要基础，重新审视30年来我国促进本土企业自主创新的政策

培育及加强本土企业内生创新能力和吸收能力是发挥研发全球化积极作用的基础。扩大研发全球化的溢出效应及减少研发全球化的不良外部性的根本是，中国本土企业能够具有足够的创新能力与跨国公司在同一平台上竞争或合作。近年来，各级政府在为企业技术创新提供体制、机制和政策保障方面做了大量工作，包括鼓励企业建设各类研究开发机构并增加研发投入，促进企业之间、企业与大学、科研院所之间的知识流动和技术转移，支持企业大力开发具有自主知识产权的关键技术等。与这些措施同等重要的是要深入调查研究，了解本土企业在创新过程中面临的种种障碍，并积极探讨如何消除这些障碍。

重新审视促进本土企业进行自主创新的激励政策。笔者认为，有必要对我国高新技术企业所享受的税收优惠进行整合。

从优惠目标来看，税收优惠的应该是"能力企业"，即所有具有自主创新能力的

企业。从国家竞争战略角度看，我国鼓励具有自主创新能力的企业的发展，而非单指高新技术企业，对于目前实行全面优惠的高新技术企业要进行整合。因此，税收优惠应着重加强管理和认定，对于一般性的高新技术企业，如果在一定年限内不能形成自主创新能力，要取消其“进园”资格或者终止其享受的税收优惠，而对于传统行业或者劳动密集型企业，只要具有自主创新能力，国家就应及时将其纳入优惠范畴。

从具体的优惠重点来看，R&D是优惠的重点。R&D是自主创新能力形成的关键，尤其是它对所得税的反应异常敏感，这有可能导致企业将转移关注重点而重点争夺税收优惠。据统计，在我国现行的科技税收激励政策中，对生产投入环节进行支持的政策共29条，占25.66%；对研发环节进行支持的政策共16条，占14.16%；对应用环节进行支持的政策共15条，占13.27%[1]，可见企业研发活动所受税收政策支持较为薄弱，因此未来税收优惠政策的整合应加强对其实行税收优惠，鼓励和引导企业自主安排研发活动。

制定并实行创新需求鼓励政策。主要是政府通过直接补贴、税收优惠和价格优惠等措施鼓励用户购买创新产品，通过强制性标准和倾向性措施引导民众使用创新产品，或者以政府采购的方式直接购买创新产品，同时发挥“胡萝卜”加“大棒”的作用。建立在技术研发基础上的创新产品在投放市场之初，由于生产规模小和研发费用分摊大，甚至生产工艺还不太成熟，加上社会化的生产配套体系没有形成，生产成本和销售价格往往比较高，需求受到抑制。同时，创新产品的性能可能还不为外界所熟悉，会导致使用和购买意愿低。需求鼓励政策可以有效提升对创新产品的需求，有利于消除创新供给方对于市场需求的不确定感，有利于减少其财务压力，有利于创新供给方的合理竞争，从而刺激供给方的创新活动。国际上的研究表明，政府的需求鼓励政策往往比研发资金拨款等供给促进政策更能有效地带动创新。

（二）坚定不移地强化和完善中国知识产权保护体系是发挥研发全球化作用的基本保障；同时，不断建设国家专利预警系统，进一步完善中国相关的专利和反垄断等法律体系，为促进研发全球化创造良好的软环境

研发全球化从本质上说是科技知识和资源在全球范围内的有效配置。这种全球配置的前提就是在全球范围内对知识产权的有效保护。这也就是WTO规则中包括《与贸易相关的知识产权协议》（TRIPS）的原因。尽管TRIPS是以发达国家为主制定

---

[1] 匡小平、肖建华.我国自主创新能力培育的税收优惠政策整合——基于高新技术企业税收优惠的分析.当代财经，2008。

的规则，很多条款对于发展中国家的利益考虑不够，但是从激励技术创新及其推动知识的有效扩散来说其作用还是非常重要的。我国是WTO成员，企业在进行对外贸易时应注意WTO中TRIPS对知识产权的规定，同时对主要贸易国有关知识产权的法律和实践也应有所了解，掌握其主要法律规定、立法趋势及法院的判例，才能更大限度地避免撞入知识产权壁垒。另外，各国经济技术发展都有一个从模仿创新到自主创新的发展过程。中国经过近30年来的高速发展，目前的发展阶段已经超出了仅仅依靠模仿创新的阶段，进入了需要依靠严格的知识产权保护体系来促进自主创新的时代。

为了实现2020年建成创新型国家的目标，中国政府近年来采取各种激励措施推动技术创新。但相当一部分措施效果不佳，其中重要的原因就是我们对违反知识产权行为的监管和惩罚远远不够。只有加大知识产权的保护力度，严格执法，严厉惩罚违法者，把严格监管和执法的“大棒”高高举起来，才能使各种促进自主创新的优惠政策真正发挥“胡萝卜”的激励作用。这种执法应该是全面公正的，同等对待中外企业，同等对待大中小企业，只有这样才能够树立知识产权保护体系的威信，创造尊重知识产权的氛围，使得中国成为知识创造和应用的乐园。

与此同时也必须看到，中国对于不正当竞争行为的监管同样也是非常薄弱的。《反不正当竞争法》直到最近两年才出台，落实的程度远远不如《知识产权保护法》。这种法律法规的真空给了很多大型跨国公司以可乘之机，他们利用技术领先优势，制造各种技术壁垒，阻碍现有技术领域的创新。因此，在加强知识产权执法的同时，也必须坚定不移地加强对垄断和不正当竞争行为的监管，对各种运用技术壁垒等方式阻碍技术创新的不正当竞争策略和行为运用法律武器进行坚决的遏制。

另外，我国企业及政府应充分认识到企业及民族工业面临的危机与挑战，真正树立起知识产权意识。既重视国外企业的知识产权，又要加强自主知识产权技术的开发，实施专利权部署战略。发挥政府主导作用，组织高等院校、科研院所、行业协会、企业和中介机构等参与专利信息服务平台、专利管理平台的建设。实施专利预警制度，要建立和健全国家专利预警网络系统，主要完善以国家知识产权为核心，包括海关、法院、科技部和商务部等多部委的组织网络，同时也要建立专家和计算机专利预警网络等。

（三）有条件地允许跨国公司研发机构参与中国的研发计划，发挥这些机构在突破中国技术瓶颈或解决疑难问题中的作用

在我们的调研过程中，很多跨国公司的研发机构都表达了希望参与国家研发计划的意愿。这个问题在20世纪90年代末期我们开始从事跨国公司研发的研究开始就有人提出，到目前已经10多年了，国家应该有一个比较明确的政策出台，有条件地允许跨国公司参与一些中国的研发计划，使其更好地成为国家创新体系整体中的有机组成部分。

根据我们的调研得知，跨国公司研发机构希望参与国家科研计划的动机主要有以下几个方面。首先，这些机构希望通过参与国家科研计划在更大程度上提高其社会声誉，获得中国社会和其母公司的认可。其次，这些机构也希望通过参与国家科研计划，更准确地了解中国在一些重要领域的科研发展水平和领先研究机构，为其选择本土合作伙伴创造条件。同时，也有部分跨国公司研发机构由于金融危机出现资金短缺，但又不希望由于短期困难马上削减其通过长期努力建立起来的研发队伍和规模。因此，他们希望通过参与国家研发计划来渡过难关。从实际情况看，有些跨国公司研发机构已经通过与国内机构合作等间接方式参与到相关研究项目中。

从中国目前的实际情况看，加入WTO后，由于WTO补贴与反补贴的相关规定，政府对企业研发的直接支持已经基本取消。更多的是通过政府不同类型的科技任务或科技计划，以招标评审等方式吸引包括大学、专业研究机构以及企业的研究机构参与。这些计划一般来说可以分为两类，一类是增强能力型，一类是攻关任务型。增强能力型的计划主要是通过国家财政投入设立研究项目，希望通过相关研究活动增强执行机构的创新能力。这类计划主要面对大学、科研机构以及具有公共使命的特定的国有企业，不适合向跨国公司开放。另外一类是攻关或重大任务型计划。这类计划的目标是要解决中国经济社会发展过程中面临的一些重大瓶颈或疑难问题。在这些项目中允许跨国公司研发机构参与，可以更好地把握国际前沿动态，整合相关领域最优秀的研发资源，直接利用最新技术，更快地突破中国在发展过程中面临的技术瓶颈，造福于国家和人民。同时，跨国公司研发机构与中国高校、研究机构和企业的合作也有利于加强相互关系，为促进研发全球化的正面溢出效应打下基础。此外，跨国公司研发机构的参与还可以增强这些科技计划的竞争程度，有利于中国的企业和研发机构在竞争与合作中学习提高。

例如，推进由中国大学、本土企业和在华跨国企业等合作研发联盟的组建，可以以中国研究型大学的国家研究基地和国家工程技术中心为平台，选择一些不影响国家安全和对中国产业发展形成技术垄断的项目，公开向在华跨国公司和本土企业共同招标，并制定相关的制度和管理条例来保障相关方案的落实。当然，从具体实施和操作来说，还需要深入研究、制定相关配套政策与措施，理清相关知识产权的归属，保证权利和义务的平衡。

（四）认真分析，努力解决在华跨国公司研发中出现的困难；以科学发展观协调相关部门的政策，营造良好环境；争取在新一轮全球研发调整中占据有利地位

如前所述，跨国公司研发机构在国内的运作过程中也存在着一些问题和困难，希望得到解决。反映比较强烈的包括统一研发机构的认定标准，科学细分认定标准，改变政策上以“所有制身份”来界定“超国民待遇”和“非国民待遇”从而实施的优惠资格，取消对在华跨国企业、民营企业的各种歧视性政策，创造公平竞争的研发市场环境。

这些问题的解决涉及中央政府的不同部门，也涉及许多地方政府，需要认真梳理。同时，还需要协调各部委和各部门的发展目标，促进有关部门的政策协调一致，力争尽快解决。对于一时尚不能解决的，也应给予这些机构合理的解释和说明。

针对国家各个部委对于中国研发全球化政策缺乏整体协调性特征，建议以科学发展观来引领发展，协调各部委和各部门的发展目标，促进有关部门的政策协调和一致性。

1. 招商引资方面，统一思想，按照产业配套性原则，按照节地、降耗、环保和投资强度高原则，按照规模经济的原则，按照科教兴国战略的要求招商选资。

2. 创新利用外资方式，优化利用外资结构，发挥外资在推动自主创新、产业升级和区域协调发展等方面的积极作用。按照这一要求，加强商务、科技主管、工商、外汇管理、税务和财政等部门的合作，共同努力，优化我国利用外资的结构，引导外资投向我国的优势和集群产业，提高外资到位率和外商投资企业存活率，促进我国外商投资企业又好又快地发展。

3. 将投资促进机构纳入国家创新系统体系之中，将投资促进工作与国家总体发展战略、科技发展战略结合起来。设立激励机制，促进与中国相关的投资促进机构倡导吸收FDI，并对东道主国的技术基础设施作出贡献，鼓励其在研发方面的投资，促进与本国国家创新系统的合作和互动等。

4. 设立专门协调管理小组，促进各部委沟通和磋商，联合制定和发布一致的政策；定期沟通和反馈，跟踪全球新经济技术发展动态，进行新的政策调整；审核并更新、调整滞后的政策。

（五）积极鼓励和扶持有条件的中国企业从事海外研发活动，进一步了解有计划在海外设立研发中心的中国企业所面临的具体障碍，积极探索解决办法

从我们调研掌握的情况看，中国企业海外研发仍然处于发展前期，除少数个别公司外，绝大多数的中国公司目前没有从事海外研发的计划。这种情况与中国当前企业发展的水平是比较一致的。但是，在全球科技竞争愈演愈烈的情况下，鼓励支持有条件的企业从事海外研发活动也是非常重要的。当前，跨国公司在技术转让中对关键技术十分敏感，我国企业很难通过技术引进等方式直接获取先进技术。在海外从事研发活动，可以充分利用发达国家技术集聚地的外溢效应，获取及时准确的技术信息，了解世界前沿技术动态，为调整企业技术研发方向和发展战略提供依据。

具体来说，需要进一步了解有计划在海外设立研发中心的中国企业所面临的具体障碍，并积极探索解决办法。此外，还应努力提供一系列具体的激励政策，例如特殊的税收减免，对外投资提供资助、培训和信息服务等。同时，还应加强对目标国家相关政策的了解，例如这些国家的技术贸易政策、对外投资政策和移民政策等。在此基础上为中国企业在海外的经营活动提供充分的信息，使得中国企业在海外研发活动按照谨慎有序的方式推进。

（六）主动参加并引导研发全球化的规则制定，积极主动学习OECD国家关于全球科技治理的经验，使研发全球化的发展趋势朝着有利于发展中国家的方向改变

目前研发国际化态势还是集中在主要发达国家，中国和印度等新兴国家正在逐渐加入研发全球化的大潮。从某种意义上说，这对现行的相关国际规则也是一种新的挑战。目前，OECD已经开始就全球科技合作的治理问题开展研究。

2000年以来，OECD各国政府对于研发全球化均持鼓励和吸引的积极态度，没有限制和反对外国跨国公司在其国内设立研发中心和开展科研活动。但是各国均采取一定的政策来引导外国研发有利于本国发展。一方面这些国家一定程度上允许外国的研究机构和科学家申请并承担国家科技计划项目，另外一方面对外资参与国家科技计划实行一定程度的限制。例如美国原则上允许外国研发机构独立申请美国研究项目，但是只有和美国的合作伙伴合作申请才有可能最终实现；日本和德国则提出属地限制，即要求外国的机构和科学家必须在本国注册成立机构或在本国工作，并且要有长期的业务以及拥有可持续的研究开发能力才能申请。

OECD国家管理外国单位参与本国研发的知识产权管理方式采用多样化的模式，有单方所有制、均等共享制和协议合同制等。但是所有权方面则主要还是以东道主国使用为主。例如日本、德国和意大利等国允许外国参与本国科技计划研发，但是由国家科技计划资助成果的知识产权由当地政府或机构所有，或者必须在东道国使用❶。

在对外国企业参与资格认定方面，OECD国家则也有一套系统的管理方式。例如

---

❶ 杜德斌等，跨国公司在华研发：发展，影响及对策研究，北京：科学出版社，2009。

美国政府在外资申请和参与政府科技项目之前，会对这些外国公司实行严格的资格审查，以确认外国公司的加入是否真正能给美国带来巨大的利益。对于外国企业参与有望提高美国资助的创新项目被采用为国际标准的可能性的，或者外国参与能够带来国外相关技术诀窍及创新能力的，以及外国参与者同意在美国提高产品的增加值有利于巩固美国经济的技术和生产基地地位的，均给予支持。

由于中国在这个方面发展较晚，对这些问题了解不多，相关政策研究积累不够，需要及时补课。在此基础上，处理好与发达国家和其他发展中国家的关系，积极参与并引导全球科技治理的规则制定，使研发全球化的发展趋势朝着有利于发展中国家的方向改变。

（七）把握金融危机后研发全球化最新态势，加快部署和培育新兴产业发展，培育经济新增长点，抢占全球未来科技制高点，引领研发全球化未来趋势

新兴产业的战略意义主要为：（1）促进产业国际竞争力。在这些领域上，中国和西方处在同一起跑线上，在全球产业竞争中有可能占领制高点和领先地位，为中国在金融危机之后新的全球经济发展和产业竞争中赢得有利地位。（2）带动自主创新及促进结构调整。新兴产业的发展主要依靠技术创新、商业模式创新和市场营销模式创新等等，对推动现代服务业发展，调整产业结构有重要带动作用。同时，新兴产业需要加强产学研一体化的创新网络与主导企业为首的产业群体的融合，对于加快建设国家创新体系，加快建设产业与区域创新网络等具有重要推动作用。（3）产业连带效应及创造就业。新兴产业往往涉及多个技术领域和产业领域的融合，有比较丰富的产业连带效应，可以创造较多的高质量就业岗位。

针对改革产业政策部门分割的现状，成立由国务院主管领导牵头的新兴产业发展政策协调小组，加强对相关产业政策的研究、指导和协调，形成系统稳定、科学前瞻以及有针对性的产业政策。

把政府培育新兴产业工作的重点从支持供给方的政策转移到支持供给和刺激需求并进的政策上来；从“择优”支持具体项目转移到改善市场环境上来；从支持大型国有企业转移到支持大型国有企业与支持民营中小企业并举上来。

加强对产业技术基础研究的投入，在条件适合的研究型大学中设立新兴产业国家实验室；建立类似中国台湾工业技术研究院的产业技术创新机构与服务平台；与企业的研发机构共同构建适应新兴产业特点的产业技术创新体系。

（八）进一步细化相关政策，促进中国创新主体在研发全球化中获取效应最大化，避免或减小研发全球化对中国带来的负面影响

为了使得中国从跨国企业研发全球化中获得最大的收益，政府需要制定相应的配套政策。划分和讨论R&D全球化相应的政策目标和相应的政策工具，其目的是提供一个有益的分析框架来设计和评估国家的政策体系，以促进R&D国际化给本国带来的正外部效应最大化[1]。

R&D全球化化包括两个方向：（1）吸引外国公司对本国进行R&D；（2）促进本国企业到海外进行R&D。促进R&D全球化效应最大化包括两个角度：一方面当然是使得外国公司在本国R&D效应最大化，这也包括调整本国的国家创新系统，使得本国能够从外国企业在本土R&D过程中收获最大；另一方面是从本国企业在海外进行R&D活动中促进本国的企业和创新系统收益最大化。

归纳而言，促进本国在R&D全球化中效应最大化的政策目标可以归结为四个方面：

1. 进一步提高东道主国R&D投资环境（国家创新系统）的政策体系

要从跨国公司研发全球化中获得收益，东道主国应关注的核心在于提高本国的国家创新系统的能力。这无论是对于吸收跨国公司到东道国进行R&D活动，还是对于吸引外国R&D之后留得住这些跨国公司都具有重要的意义；同样，这对于本国提高吸收能力以获得外国公司在本国R&D外溢效果是重要的基础。

2. 促进外国公司在东道主国进行R&D相关的投资——“引得来”投资

政府在吸收外国投资时，投资促进机构重点宣传和突出本国有利于跨国R&D的亮点，旨在使得这些亮点（特别是不断提高的国家创新体系）对于跨国投资群体而言更加突出，同时影响投资决策者的决策；另外还包括促进外国公司在本国R&D投资前的系列服务；在本国投资之后的关照跨国公司的系列服务；其他相关的服务，主要包括为外国R&D相关的投资者向负责制定和执行创新政策的政府部门提供政策建议和建设社会网络的作用。这往往由投资促进机构（IPAS）来完成。为了更有效地充当这个政策咨询角色，投资促进机构（IPAS）需要和政府不同的部委和机构建立良好的社会联系，同时与跨国公司的本地经理人、其商业合作伙伴、大学、研究机构和专业协会等建立良好的社会联系。

---

[1] ……Dominique Foray.Globalization of R&D：linking better the European economy to foerign sources of knowledge and making EU a more attractive place for R&D investment.http：//ec.europa.eu/invest-in-research/，2006.

3. 从在东道主国的外国公司中获得最大的R&D外溢效果的收益——“用得好”的政策举措

把跨国公司引进之后，另外一个关键是要“用得好”，即能够为本国创新系统所用。这主要可以通过两种途径来实现：（1）开发本国创新系统的吸收能力；（2）鼓励外国R&D机构和东道主国创新系统之间建立联系。

4. 从本国企业对国外R&D投资中获益

母国政府为了能够促进本国企业在海外进行R&D中获得收益，关键得培育一些关键机构，以促进本国企业和其他创新系统主体能够开发相应的管理和组织技能，最终实现成功的“反向技术转移”。